U0155425

中国科协学科发展研究系列报告

中国科学技术协会 / 主编

航天科学技术
学科发展报告

—— REPORT ON ADVANCES IN ——
SPACE SCIENCE AND TECHNOLOGY

中国宇航学会 / 编著

中国科学技术出版社
· 北 京 ·

图书在版编目（CIP）数据

2018—2019航天科学技术学科发展报告 / 中国科学
技术协会主编；中国宇航学会编著 . —北京：中国科
学技术出版社，2020.9

（中国科协学科发展研究系列报告）

ISBN 978-7-5046-8542-1

Ⅰ. ① 2… Ⅱ. ①中… ②中… Ⅲ. ①航天科技—学科
发展—研究报告—中国—2018—2019 Ⅳ.① V52-12

中国版本图书馆 CIP 数据核字（2020）第 037015 号

策划编辑	秦德继　许　慧
责任编辑	何红哲
装帧设计	中文天地
责任校对	焦　宁
责任印制	李晓霖

出　　版	中国科学技术出版社
发　　行	中国科学技术出版社有限公司发行部
地　　址	北京市海淀区中关村南大街16号
邮　　编	100081
发行电话	010-62173865
传　　真	010-62179148
网　　址	http://www.cspbooks.com.cn

开　　本	787mm×1092mm　1/16
字　　数	385千字
印　　张	16.75
版　　次	2020年9月第1版
印　　次	2020年9月第1次印刷
印　　刷	河北鑫兆源印刷有限公司
书　　号	ISBN 978-7-5046-8542-1 / V・83
定　　价	95.00元

2018—2019

航天科学技术
学科发展报告

首席科学家　吴燕生

专家组组长　王礼恒

副 组 长　杜善义　包为民　王　巍　王一然

成 　 员（按姓氏笔画排序）

于登云　王　巍　王一然　王礼恒　史克录

包为民　江　帆　孙泽洲　杜善义　李　洪

余梦伦　张庆君　张柏楠　张贵田　陈善广

侯　晓　黄江川　谭永华

撰 写 专 家（按姓氏笔画排序）

万　鹏　马继楠　马琦秀　王　龙　王　闯

王　芳　王　南　王　琦　王　强　王　盟

王一杉　王小勇　王丹丹　王永富　王虎妹

王建设　王拴虎　王彦钦　王梦魁　尹彦亮

序
FOREWORD

当今世界正经历百年未有之大变局。受新冠肺炎疫情严重影响，世界经济明显衰退，经济全球化遭遇逆流，地缘政治风险上升，国际环境日益复杂。全球科技创新正以前所未有的力量驱动经济社会的发展，促进产业的变革与新生。

2020年5月，习近平总书记在给科技工作者代表的回信中指出，"创新是引领发展的第一动力，科技是战胜困难的有力武器，希望全国科技工作者弘扬优良传统，坚定创新自信，着力攻克关键核心技术，促进产学研深度融合，勇于攀登科技高峰，为把我国建设成为世界科技强国作出新的更大的贡献"。习近平总书记的指示寄托了对科技工作者的厚望，指明了科技创新的前进方向。

中国科协作为科学共同体的主要力量，密切联系广大科技工作者，以推动科技创新为己任，瞄准世界科技前沿和共同关切，着力打造重大科学问题难题研判、科学技术服务可持续发展研判和学科发展研判三大品牌，形成高质量建议与可持续有效机制，全面提升学术引领能力。2006年，中国科协以推进学术建设和科技创新为目的，创立了学科发展研究项目，组织所属全国学会发挥各自优势，聚集全国高质量学术资源，凝聚专家学者的智慧，依托科研教学单位支持，持续开展学科发展研究，形成了具有重要学术价值和影响力的学科发展研究系列成果，不仅受到国内外科技界的广泛关注，而且得到国家有关决策部门的高度重视，为国家制定科技发展规划、谋划科技创新战略布局、制定学科发展路线图、设置科研机构、培养科技人才等提供了重要参考。

2018年，中国科协组织中国力学学会、中国化学会、中国心理学会、中国指挥与控制学会、中国农学会等31个全国学会，分别就力学、化学、心理学、指挥与控制、农学等31个学科或领域的学科态势、基础理论探索、重要技术创新成果、学术影响、国际合作、人才队伍建设等进行了深入研究分析，参与项目研究和报告编写的专家学者不辞辛劳，深入调研，潜心研究，广集资料，提炼精华，编写了 31 卷学科发展报告以及 1 卷综合报告。综观这些学科发展报告，既有关于学科发展前沿与趋势的概观介绍，也有关于学科近期热点的分析论述，兼顾了科研工作者和决策制定者的需要；细观这些学科发展报告，从中可以窥见：基础理论研究得到空前重视，科技热点研究成果中更多地显示了中国力量，诸多科研课题密切结合国家经济发展需求和民生需求，创新技术应用领域日渐丰富，以青年科技骨干领衔的研究团队成果更为凸显，旧的科研体制机制的藩篱开始打破，科学道德建设受到普遍重视，研究机构布局趋于平衡合理，学科建设与科研人员队伍建设同步发展等。

在《中国科协学科发展研究系列报告（2018—2019）》付梓之际，衷心地感谢参与本期研究项目的中国科协所属全国学会以及有关科研、教学单位，感谢所有参与项目研究与编写出版的同志们。同时，也真诚地希望有更多的科技工作者关注学科发展研究，为本项目持续开展、不断提升质量和充分利用成果建言献策。

中国科学技术协会
2020 年 7 月于北京

前言
PREFACE

航天是当今世界最具挑战性和广泛带动性的高科技领域之一，航天活动深刻改变了人类对宇宙的认知，为人类社会进步提供了重要动力。作为国家科学技术和经济实力的综合体现，航天科学技术已成为世界各国竞争的重要领域，是支撑国防军队建设、推动科学技术进步、服务经济社会发展的重要力量。

近年来，在载人航天工程、月球探测工程、北斗导航工程等重大工程牵引下，中国航天领域突破了一系列关键技术，产生了一大批技术成果，航天科学技术取得了新的重要发展。受中国科协委托，中国宇航学会第三次承担了《航天科学技术学科发展报告》的编纂工作。《2018—2019 航天科学技术学科发展报告》由 1 个综合报告和 10 个专业领域报告组成，旨在全面总结我国航天科学技术近五年的最新进展，系统阐述我国航天科学技术的发展现状，并通过客观比较我国现状与国外研究进展，研判我国航天科学技术在未来几年的发展方向，最终为提高我国科技自主创新水平做出贡献。

本书在编纂中得到了中国航天科技集团有限公司、中国航天科工集团有限公司、中国电子科技集团有限公司等有关单位的高度重视和大力支持，航天领域两院院士、系统两总（总指挥、总设计师）、权威专家和一线科研骨干共 200 余人参与了本书的撰写、研讨和审定工作。在此，对以上单位及所有为本书付出辛勤努力的航天科技工作者表示衷心的感谢！

中国宇航学会
2020 年 1 月

综合报告

专题报告

ABSTRACTS

Comprehensive Report

Report on Special Topics

综合报告

学科发展现状与前景展望

一、引言

当今世界，新一轮科技革命和产业变革加速演进，全球格局正在发生广泛而深刻的变化。航天作为最具挑战性和广泛带动性的高科技领域之一，是国家综合实力的集中体现，主要国家均把航天作为抢占战略制高点的重要领域，予以优先发展，全球航天活动呈现出前所未有的蓬勃发展态势。我国一直将航天事业作为国家整体发展战略的重要组成部分，始终坚持了了和平目的的探索和利用外层空间。经过多年努力，特别是近年的快速发展，我国航天事业取得了以载人航天、月球探测、北斗导航等为代表的一系列举世瞩目的成就，在若干重要技术领域已经跻身世界先进行列。同时，航天在国民经济建设、社会发展和科技进步中发挥着越来越重要的作用。

航天科学技术是一门探索、开发和利用太空以及地球以外天体的综合性科学技术，是开展航天活动的重要物质技术基础。2013 年年初，为综合反映当时我国航天科学技术发展的状况和水平，在中国科学技术协会领导下，中国宇航学会组织航天各专业领域的有关专家学者，撰写并发布了《2012—2013 航天科学技术学科发展报告》，取得了良好的社会效益。2014 年以来，我国航天科学技术快速发展。载人航天实现跨越，空间站工程全面展开，进入空间站时代。月球背面着陆探测技术取得突破，嫦娥四号探测器实现月球背面南极艾特肯盆地软着陆。运载火箭技术瞄准模块化、组合化、系列化发展，能够满足国内外市场的发射需求，具备较强的国际竞争力，新一代中型运载火箭、重型运载火箭技术进展显著，大推力高性能高空液氧煤油发动机关键技术实现突破，垂直回收制导控制技术成功完成验证。首颗高通量通信卫星中星十六号正式投入使用，首次在通信卫星上应用 Ka 频段宽带技术，总容量达 20Gbit/s，超过我国此前研制发射的所有通信卫星容量的总和，标志着我国的卫星通信进入高通量时代。北斗三号卫星在技术上实现了全面自主可控，开展了高速星间激光通信与高精度星间测距试验，大幅提升了北斗卫星导航系统星间通信能力和测距精度。高分五号高光谱观测卫星可高效获取从紫外到长波红外谱段的高光谱分辨率遥感数据产品，解决了对国外高光谱遥感数据的依赖问题。天基科学实验和空间天文观测领域，第一颗电磁监测试验卫星张衡一号成功发射并在轨应用，首次实现在轨精确磁场探测，性能指标达到国际先进水平，使我国成为世界上少数拥有高精度地球物理场探测卫星的国家之一。第一颗空间天文卫星慧眼正式交付使用，使我国高能天文研究进入空间观测的新阶段。低轨宽带通信卫星系统建设迈出实质性步伐，虹云工程首星、鸿雁星座首星相继发射，天基信息网、未来互联网、移动通信网进一步融合发展。商业卫星遥感产业进入发展快车道，高景一号成功发射，首个全自主研发的 0.5m 高分辨率商业遥感卫星星座正式投入使用，大幅提升了我国商业遥感领域的服务能力。吉林一号实现 10 颗卫星组网运行。商业应用方面，长征十一号运载火箭以"一箭多星"的方式完成了多次商业发射，快舟一号甲成功发射试验卫星，捷龙一号首飞成功，朱雀一号实施了首次轨道发射任务。中国卫通公司在 2018 年全球卫星运营商中收入排名第六位，北斗导航系统在全球范围内为各类用户提供高精度、高可靠的定位、导航、授时服务。

为全面客观反映 2014 年以来我国航天科学技术发展概貌，并且体现学科发展报告的连续性和系统性，中国科学技术协会和中国宇航学会再次组织航天领域相关专业人员，共同研究完成并发布《2018—2019 航天科学技术学科发展报告》。本报告作为《2012—2013 航天科学技术学科发展报告》的延续和拓展，主要从最新研究进展、国内外比较和未来发展趋势及展望三方面，对航天科学技术重点专业领域 2014 年以来的发展情况进行了系统的介绍。在最新研究进展方面，回顾总结和科学评价了我国航天科学技术学科的新进展、新成果、新见解、新观点、新方法、新技术；在国内外比较方面，在了解和掌握国际最新研究热点和前沿研究方向的基础上，重点对我国与国外在航天科学技术领域上的差距进行了比较和评价；在未来发展趋势及展望方面，深入分析了我国航天技术学科发展的战略需求，提出了未来五年优先发展的领域和重点方向。

二、研究进展

2014 年以来，我国在航天核心关键技术、航天专业基础技术等领域，在航天技术应用服务等方面的研究取得了重要进展。航天科学技术整体水平实现大幅跃升，部分技术领域实现重大突破。航天科学技术学科建设日趋完善，对航天前沿与颠覆性技术的研究日益成熟。为发展航天事业，建设航天强国打下了深厚的物质基础。

（一）航天核心关键技术取得突破性进展

2014—2018 年，航天运载器技术、航天器技术、载人航天器技术、深空探测器技术等航天核心关键技术实现重要突破。

1. 航天运载器技术

新一代运载火箭相继实现首飞，有效提升了我国进入空间的能力。2015年9月20日，长征六号新一代小型液体运载火箭首飞成功，一箭20星飞行任务创造了我国航天一箭多星发射的新纪录，这也是我国新一代运载火箭的首次发射。该火箭首次采用补燃循环液氧煤油发动机及大温差隔热夹层共底储箱等先进技术，发射准备周期7天，700km太阳同步轨道运载能力达1000kg。2015年9月25日，长征十一号首飞成功，长征十一号是新一代小型固体运载火箭，是长征系列运载火箭第一型固体运载火箭，具有小时级发射、机动发射、无依托发射、长期贮存等特点，具备海上发射能力，700km太阳同步轨道运载能力达400kg。长征七号火箭是我国载人航天工程为发射货运飞船全新研制的火箭，为新一代中型液体运载火箭，采用全数字化等创新手段研制，近地轨道运载能力达14000kg。长征七号火箭2016年6月25日在文昌发射场首飞成功。长征五号火箭历时10年完成研制，为新一代大型液体运载火箭，首次采用大推力液氧液氢发动机5m级大直径箭体结构等先进技术，标准地球同步转移轨道运载能力达14000kg。长征五号火箭及远征二号上面级于2016年11月3日在文昌发射场首飞，将实践十七号卫星组合体送入预定轨道，任务取得圆满成功，使我国火箭运载能力水平进入国际先进行列，填补了我国大型运载火箭的空白。2019年8月，捷龙一号运载火箭成功发射，是利用社会资本推动商业火箭研制模式创新的重要标志。

火箭上面级等空间运载器在轨运行时间和启动次数不断提升。我国以二代卫星导航系统重大专项工程为应用背景研制了YZ-1、YZ-2上面级，并发展出YZ-1A和YZ-1S两种改型。YZ-1、YZ-2上面级在轨时间6.5h、起动次数2次。YZ-1A上面级在YZ-1的基础上进行长时间在轨和多次起动改进，在轨时间48h、起动次数20次。2018年12月29日，YZ-3上面级与长征-2丁火箭组合圆满完成了一箭多星首飞发射任务，该上面级具备20次以上的自主快速轨道机动部署能力，主要用于异轨多星部署任务，可将多颗卫星分别直接送入预定空间位置。

重型运载火箭动力系统和箭体结构等关键技术取得重要突破。我国从2016年开始深化论证了重型火箭关键技术攻关和方案，旨在完成重型运载火箭总体方案深化论证，形成优化可行的总体方案；完成大直径箭体结构、大推力发动机等原理样机研制；攻克影响总体方案的核心关键技术，具备发动机整机试车条件。论证中的重型火箭最大构型起飞质量超过4000t，近地轨道运载能力140t，地月转移轨道运载能力约50t，可以满足未来载人月球探测、火星取样返回、太阳系行星探测等多种深空探测任务需求，保障我国在未来宇宙探索和更大更远空间的话语权。

重复使用运载器研究与演示验证工作有序推进。我国结合长征系列运载火箭发射任务，搭载进行了助推器伞降测控终端等飞行试验，以实现对运载火箭子级落点精确控制，后续我国运载火箭残骸落点控制将进入工程应用。此外，为攻克运载火箭基础级重复使用关键技术，开展了垂直起降演示验证试验，正在进行多型重复使用发动机研制。未来我国运载火箭基础级将具备垂直返回、重复使用的能力。

2. 航天器技术

通信卫星平台具备了高承载、大功率、高散热、长寿命、可扩展的技术特点。东方红四号卫星增强型平台应用多项国际先进技术，包括多层通信舱技术、电推进技术、综合电子技术、锂离子电池技术和重叠可展开天线技术等，平台能力和整星技术指标已经达到国外同类卫星平台先进水平。实践十三号卫星是我国自主研发的东方红四号卫星平台全配置首发星，卫星首次使用电推进完成全寿命期内南北位保任务，大幅提升卫星承载比；首次采用 Ka 频段多波束宽带高通量通信系统，单颗卫星星地系统最高通信容量超过 20Gbps；搭载激光通信系统，采用直接探测体制，可实现远距离、高速星地双向通信能力，最高通信速率达 2.4Gbps。东方红五号卫星平台采用了桁架式结构、分舱模块化设计、大功率供配电系统、先进综合电子系统、大推力多模式电推进系统、二维多次展开的半刚性太阳翼、高比能量锂离子电池、可展开热辐射器等多项先进技术，是我国新一代超大容量地球同步轨道公用卫星平台。我国独立自主研制的首颗地球同步轨道移动通信卫星天通一号，首次突破同频多波束整体优化方法，实现了多波束 AEIRP、C/I 和功率动态调配能力的整体优化设计，具备多波束覆盖区和功率动态调配能力。研制过程中成功解决了大口径多波束天线的地面验证难题，波束形成质量和地面测试、在轨测试精度均达到国际先进水平。

导航卫星性能大幅提升，突破星间链路等一批关键技术。建立了自主创新的全球导航信号体制，信号数量和质量大幅提高，提升信号利用效率和兼容性、互操作性，实现了北斗系统多个信号平稳过渡、与国际其他卫星导航系统兼容等。首次实现新型导航信号播发，服务能力大幅提升。首次实现有源定位业务多波束、大容量、高增益及可动波束覆盖，区域短报文通信服务能力增大为 1000 个汉字，容量提升 10 倍，用户发射功率降低到 1/10。首次实现全球短报文通信服务，支持位置报告、短报文、非实时语音和图片传输等。采用先进调制技术，增强了捕获灵敏度和弱信号接收稳健性。突破了星间链路关键技术，通过了在轨试验验证，提出并实现了北斗三号中、高多轨道联合工作的星间链路体制，形成了具有自主知识产权的星间链路系统方案的设计，解决了我国导航卫星管理无法全球布站的难题。突破多轨道混合星座星间链路技术。自主研发我国首个全桁架式卫星平台，突破卫星构型优化、结构力学影响等关键技术，解决导航卫星现有平台难以满足一箭多星发射的难题，自主研发独具特色的导航卫星平台，卫星承载比等指标达到国际先进水平。突破导航卫星高精度光压建模、导航星座健康评估及预测等关键技术，北斗系统的轨道预报精度显著提高，提升了系统服务精度。空间段可用性、连续性达 100%，卫星导航信号非计划中断大幅降低。导航卫星核心器部件自主可控。突破了星载原子钟、行波管放大器等核心单机关键技术，攻克了国产部件长寿命指标考核等瓶颈难题，实现了 CPU、高性能 DSP 等百余项国产元器件上星应用，形成了完整的卫星产品及应用指南。

遥感卫星平台与载荷技术取得重要进展，量子成像等前沿技术实现新突破。实现了高、低轨卫星的协同配合使用，解决了高空间分辨率与高时间分辨率观测能力有机结合问题；突破了卫星姿态快速机动、载荷参数自主设置等技术。扩展载荷工作新频段，发展太赫兹、紫外、激光等新型载荷手段，攻克多/超光谱、多模式、多极化、多功能一体化等新型载荷技术；针对现有探测手段进一步提高应用效能需求，开展大口径、高性能载荷研制，提高载荷的空间/光谱分辨率、观测幅宽、探测灵敏度、测向定位精度；针对技术储备需求，探索分离式载荷、稀疏孔径成像、量子成像、薄膜衍射成像、微波光子技术等前沿技术，为有效载荷的跨越式发展提供有效途径。卫星平台性能不断提高，突破了大容量数据存储、在轨高效处理、星地激光数据传输等多项关键技术，进一步提高了对地数据传输的码速率，形成稳定的型谱产品，扩展了平台的应用。

空间科学与新技术试验卫星在高能宇宙射线探测和量子技术试验等方面取得进步。我国首次直接测量到了电子宇宙射线能谱在 1TeV 处的拐折，反映了宇宙中高能电子辐射源的典型加速能力，高能宇宙线及伽马射线探测卫星用于寻找空间暗物质粒子。利用我国服务能力升级后的返回式卫星，开展了空间微重力及生命科学实验。外太空导线绝缘层着火实验等项目结合航天器防火等关键技术需求，为我国航天工程后续发展提供支撑。墨子号继 2017 年 6 月实现千米级星地双向量子纠缠分发和量子力学非定域性检验后，在国际上首次成功实现了从卫星到地面的量子密钥分发和从地面到卫星的量子隐形传态。硬 X 射线调制望远镜卫星实现了宽谱段、大有效面积和高时间分辨率的空间 X 射线探测和 200keV–3MeV 低能段伽马射线暴监测。在原返回式卫星技术基础上，实现了多舱可分离流体回路控温技术、整星微重力保障技术、部分产品可重复使用技术等；根据不同卫星任务和有效载荷的特点，实现了大载荷与卫星重量比设计；硬 X 射线调制望远镜卫星采用直接解调成像方法，解决了低成本探测器高精度成像问题，硬 X 射线调制望远镜探测载荷种类全，基本覆盖整个 X 射线谱段，实现了适应无固定对地面惯性空间定向姿态控制机动状态下，复杂的热控保障、对地测控与数传保障以及载荷长期工作下的能源保障的能力。通信技术试验卫星实现了 Ka 频段宽带高速率通信技术试验验证，开展了脉冲星导航技术空间飞行试验研究，验证脉冲星探测器性能指标和空间环境适应性，积累在轨试验数据，为脉冲星探测体制验证奠定了技术基础。

3. 载人航天器技术

天宫二号实验室突破航天员中期驻留、人机协同在轨维修等关键技术。两名男性航天员完成了在轨 30 天中期驻留，为空间站长期运营摸索了经验。建立了集信息管理、手动控制、遥操作和自主控制一体化的人机协同在轨维修系统，形成典型人机协同体制，有效提升了任务目标的成功率和安全性，为后续空间站任务中的人机协同作业奠定了技术基础。实现对空间站流体回路维修技术、典型产品维修技术、系统维修技术、维修工具验证和维修工效学验证五方面的维修需求进行在轨验证，并实现空间站三件关键部件的飞行验证，为后续空间站阶段的在轨维修设计积累了经验。

神舟十一号载人飞船任务突破面向变高度、变相位的交会及返回轨道设计技术，解决了飞船入轨轨道异常、远程导引变轨超差、空间碎片应急规避等异常情况下需要快速、精确、可靠实施应急轨道控制的难题。解决了393km高度返回时多目标高精度轨道控制参数耦合设计难题，满足了分散在目标飞行器分离撤离段、载人飞船制动点和返回圈升交点多个阶段、多个目标的轨道维持需求，首次实现了393km轨道高精度的返回轨道控制。突破了面向变乘组、变载荷的高适应性人货天地往返运输技术等。

天舟一号货运飞船任务突破多功能货运飞船总体设计、推进剂在轨补加等关键技术，解决了空间站物资上行、废弃物下行、组合体支持和拓展试验多重任务要求约束下平台轻量化设计难题，上行货重比达到0.48。解决了补加量精准控制、推进剂高效利用、加注高可靠高安全等技术难题，继俄罗斯之后成为第二个掌握航天器间推进剂补加技术并实现在轨应用的国家。天舟一号货运飞船对天宫二号空间实验室成功实施了3次推进剂在轨补加，解决了货物上下行运输状态多变及抗菌防霉、阻燃、无毒、高强度的货物包装等技术难题，满足空间站工程复杂多样货物运输需求。

4. 深空探测器技术

我国结合长征系列运载火箭发射任务，搭载进行了助推器伞降测控终端等飞行试验，以实现对运载火箭子级落点精确控制，后续我国运载火箭残骸落点控制将进入工程应用。此外，为攻克运载火箭基础级重复使用关键技术，国内开展了垂直起降演示验证试验，正在进行多型重复使用发动机研制。未来我国运载火箭基础级将具备垂直返回、重复使用的能力。嫦娥三号着陆器创造了全世界在月面工作最长时间纪录，取得了许多重大成果。实现了多学科总体优化设计，突破了软着陆的自主制导、导航和控制技术，复杂推进系统设计和变推力发动机技术，软着陆的着陆缓冲技术及月面移动技术等。首次提出了巡视器运动性能的技术评价体系，对巡视器的移动性能进行了综合评价。突破了月面生存技术，创造性提出了两相流体回路分析方法和地面试验方案，解决了月夜生存难题，丰富了航天器热控制的硬件产品，促进航天器热控制技术产生了新飞跃。首次采取了地外天体表面探测器全断电休眠、光照自主唤醒的月面休眠唤醒策略，实现了我国航天器在轨长期休眠和自主唤醒的工作模式。

嫦娥四号月球探测器是全球首个在月球背面着陆的探测器，突破了多项关键技术，包括地月L2点中继轨道设计技术、月背崎岖地形软着陆自主控制技术、地月中继通信技术、月夜采温系统技术、巡视器高可靠安全移动与机构控制技术、月背复杂环境巡视器昼夜周期规划技术等多项关键技术。在国际上首次提出在地月L2点配置中继通信卫星，提出了基于地月L2点的统一对地、独立对月链路的多用户再生转发中继通信系统方案，实现了人类首次月球背面探测器与地面站之间全时覆盖的可靠中继通信。"鹊桥"号中继卫星采用了单组元的肼推进系统，实现了近月制动等需要大速度增量的轨道控制，星上共配置了4台20N推力轨控发动机，与以往嫦娥任务采用的单个大推力轨控发动机方案相比，工作组合多，完成轨道转移任务的可靠性大大提高。实现了中继通信天线指向的高精度指向控制和在轨标定，首次在轨实现了对高精度天线指向的精确测试标定。"鹊桥"号中继卫星在不同轨道位置下的标定测试结果表明，中继通信天线的指向精度在0.1°以内。实际在轨飞行结果表明，在着巡组合体环月、落月以及两器月面工作过程中，中继通信天线指向均满足要求，保证了中继通信链路的畅通。首次实现了再生伪码测距功能，大大提高了测距能力，测距灵敏度从 –115dBm 提升到 –140dBm 以上。

5. 小卫星技术

小卫星技术全面发展，形成了体系化布局。我国小卫星全面覆盖通信、对地观测、技术试验、空间科学等领域呈现出进一步细分化发展的趋势，导航领域提出导航增强的发展需求；对地观测领域，成像体制覆盖光学、视频等，谱段范围逐步扩大，规划的能力覆盖全色、多光谱、高光谱等谱段；通信领域提出了低轨移动星座，同时开展海事监控应用、航空监控应用。卫星平台型谱不断丰富，卫星多学科集成综合优化设计、整星耦合集成仿真、大型复杂航天器动力学分析、在轨服务、高精度定量化遥感、深空探测等总体技术取得重要进展，有效提升了卫星平台总体设计、分析、优化及验证水平。

100kg 以下微小卫星发展迅猛。以"低成本、模块化、标准化"为核心，开展了低成本、高性能微纳卫星的实践，建立了微纳卫星标准体系，形成了覆盖产品设计、试验、接口、可靠性、元器件选用等方面的系列化标准。现代小卫星的"快、好、省"卫星为多星协同应用奠定了基础，由此带来卫星星座设计的革命。

（二）航天专业基础技术实现整体跃升

1. 航天制造工艺技术

2014—2018 年，我国探月工程、新一代运载火箭等一系列国家重大工程的科研生产进入关键阶段，新一代型号产品研制更注重精细化、整体化、轻质化、低成本化和高可靠性，采用大量新材料、新技术、新结构，在轻质高强材料成型加工、精密成型技术、新型金属与复合材料、故障检测技术等方面突破了一批核心工艺技术。

针对大型空间结构等热加工与精密成形技术取得重要进展。针对某大型空间航天器带法兰异构壁板薄厚不一致、刚度不均匀、在成形过程中容易产生断裂等难题，利用先进工具对整体壁板压弯成形过程进行了有限元分析，讨论了直接压弯成形过程中易产生缺陷的部位和原因。研究结果表明，壁板直接压弯成形加强筋及其交汇处应力集中，应力值最大，为成形过程的薄弱区，容易产生失稳及断裂。针对该情况，提出了柔性补强压弯成形工艺方法，并进行了成形工艺实验验证。

航天特种加工技术领域实现技术手段和工艺技术创新。开展了某航天发动机用涡轮盘榫槽的特种加工技术研究，针对零件材料特性、结构特点以及技术要求，分析了慢走丝线切割加工工艺在涡轮盘榫槽加工中的应用情况，并与传统加工方法进行对比，总结出了特种加工技术在航天发动机制造中的优势。在研究慢走丝线切割加工工艺特点及工艺规律的基础上，通过试验研究，总结出一套适用的新加工工艺方法及加工参数，提出了实现整盘加工的技术手段。

突破大型箭体结构的全搅拌摩擦焊技术。我国在特种加工技术领域取得了重要进展，成功掌握火箭贮箱主焊缝的全搅拌摩擦焊接技术，实现筒段的纵缝焊接，完成箱底的全搅拌摩擦焊接研究，并实现工程化应用，实现贮箱卧式全搅拌摩擦焊接。

在各类表面工程技术综合应用方面进行了有益的探索和尝试。海南文昌航天发射场通过表面涂层技术、镀层技术、改性技术等表面工程技术和涂抹防锈油等各种方式的综合运用，取得了较好的防护效果，有效降低了设备维护成本，提高了设备运行可靠性。表面工程技术在发射场的应用还存在着巨大的可继续拓展的应用及研究空间，主要包括展面向损伤涂层的原位高性能修复技术研究、多种防护方式综合运用、新型涂料技术的材料优化和性能评估以及深度推进军民融合等方面。

研制成功具有国际先进水平的多种先进复合材料与结构。研发成功阻燃预浸料、高韧环氧预浸料、聚酰亚胺预浸料和分切预浸丝制品等多种新材料，自主研制成功多件套、具有国际领先水平的多种结构、不同成型工艺的复合材料构件。

开展航天智能化装配研究与实践，有效提升装配效率。针对航天复杂产品多品种、小批量的特点，研究了由搬运机器人与柔性功能点组成的智能化装配生产模式，即通过柔性功能集成技术实现设备动态重用，并能够实现装配工艺柔性。在空气舱装配中，通过工业机器人、柔性工装及末端执行器协作完成空气舱装配所需的复杂装配路径，并针对关键装配环节利用视觉识别技术进行精度补偿，提升产品的装配效率与设备灵活度。

在数控集成制造工艺方面取得重要进展。针对某航天动力系统用齿轮箱箱体的制造过程中存在的瓶颈短线问题，从加工过程中的变形控制以及集成加工工装装夹方案出发，对航天动力系统用精密齿轮箱箱体类零件的数控集成制造工艺进行了深入研究。研究结果表明，通过在产品坯料适当部位设置工艺夹台并结合工装的使用，可以实现齿轮箱箱体的集成制造。该研究成果在航天动力系统用齿轮箱箱体类零部件研制中得到广泛推广和应用。

增材制造技术在理论和工艺等方面取得一定进展。国内增材制造技术的发展现状可概括为："国家战略规划、各级政府支持，基础研究火热，工业应用薄弱，产业初具雏形"。一批高校和科研院所在国家项目资助下在增材制造理论、工艺及应用研制方面取得了一定进展，成功研制了一批各具特色的系列增材制造装备。国内航空领域率先开展应用技术研究，激光直接制造技术（LMD）研制航空大尺寸钛合金主承力构件，钛合金、高温合金复杂薄壁结构件等中大型金属构件成形方面具有世界领先水平。我国3D增材制造技术起步较晚，航天领域的3D打印技术应用尚处于起步阶段。

2. 航天制导导航与控制技术

近年来，我国航天制导导航与控制技术（GNC）快速发展，制导、导航理论和方法，控制理论和方法，控制系统设计、测试及试验技术，导航设备与姿态敏感器技术，执行机构技术等方面取得了长足进步。

载人航天制导导航控制方面突破快速交会对接 GNC 和空间站控制关键技术。认识了快速交会对接制导脉冲、轨道要素和相位角调整的规律，提出了一种适合工程应用的基于轨道要素和相位协同的全程自主快速交会对接制导导航控制方法和飞行方案，飞行时间约 4 个飞行圈次。解决了传统的地面任务规划方式、地面轨道预报及轨道上注的方式无法满足快速交会对接制导导航任务要求的难题。采用基于环境力矩的空间站姿态和角动量鲁棒控制技术，解决了空间站惯量比普通航天器高出 4~5 个数量级，空间环境干扰力矩达到 1~10Nm 量级，无法采用普通航天器采用喷气或磁力矩器进行卸载的难题；通过姿态调整，利用环境力矩进行系统的姿态控制与角动量管理控制，实现了基于环境力矩的空间站在轨飞行能力；针对高维状态空间模型，采用线性不等式等鲁棒控制。

深空探测制导导航控制方面突破月球着陆器软着陆 GNC 技术。嫦娥三号的成功标志着我国已经掌握了地外天体软着陆 GNC 技术，嫦娥四号在嫦娥三号基础上进一步发展了智能自主 GNC 技术，提出了基于测量数据多层筛选学习的前后台并行容错导航方法，完善了基于目标自学习和参数自适应相结合的智能制导方法，提出了垂直接近与智能避障相融合的控制方法，实现了下降过程全系统全自主故障诊断。嫦娥四号的成功标志着我国月球软着陆 GNC 技术逐步成熟。跳跃式再入飞行 GNC 技术，嫦娥五号试验飞行器的返回器实现了人类历史上第二次成功的跳跃式再入飞行，在国际上首次完成小质量低升阻比飞行器跳跃式再入飞行。

在轨服务制导导航控制方面突破非合作目标相对测量技术，在轨加注制导、导航与控制技术。该技术提出了能对转动或抖动非合作目标，进行相对位置和姿态精确测量的，新的敏感器结构和空间目标视觉测量的快速高精度智能处理方法。突破了灵巧高精度空间多自由度机械臂的机构结构设计、关节高精度驱动控制等关键技术，研制了具有大范围操作空间的 7 自由度串联机械臂和具有大承载的 7 自由度串并混联机械臂。解决了非合作目标平台相对测量和机械臂手眼测量问题，完成了气浮台自主接近控制、对漂浮目标的相对位姿测量和抓捕、对合作加注口相对位姿的测量和对接等关键技术。突破了微重力环境下流体传输过程管理和自主控制等关键技术，初步掌握了卫星在轨加注所涉及的核心技术。

卫星控制方面突破新构型、新概念航天器控制技术。突破了大跨度细长体的多极化 SAR 卫星控制技术、同步轨道面阵遥感卫星姿态控制技术、卫星高敏捷机动控制技术、具有大型柔性天线的航天器动力学及控制技术、高轨卫星电推进位置保持和动量轮卸载技术、"三超"平台控制技术、航天器集群分布式控制技术等新型卫星控制技术。

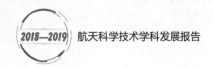

3. 航天推进技术

新型无毒无污染、性能高液体火箭发动机主要指标达到国际先进水平。我国航天液体火箭发动机实现了从开式到闭式循环、有毒到无毒、小推力到大推力的跨越。重型运载液氧煤油发动机和液氧液氢发动机完成了方案论证和关键技术攻关。突破了液氧甲烷发动机重复使用关键技术，开展了可重复使用火箭发动机技术研究，实现了新一代运载火箭液氧煤油发动机和液氧液氢发动机多次不下台试车。

直径 2m 和 3m 分段式固体火箭发动机研制取得重要进展。首型 1200kN 大推力固体火箭发动机实现了工程应用，完成了直径 2m/2 分段固体发动机地面试验，突破了直径 2m 级金属壳体分段连接与密封技术、燃烧室分段绝热与对接技术、分段式固体发动机总体设计技术。以重型运载火箭固体助推器为背景，我国首台直径 3m/2 分段固体助推发动机地面试车取得了成功。

开展了特种组合循环发动机系统方案优化与关键技术研究。开展了空气涡轮火箭发动机、涡轮辅助火箭增强冲压发动机等特种组合动力关键技术研究。完成了复合预冷发动机系统方案优化、参数匹配、预冷器研究及验证、空气压气机论证、氦循环系统研究等工作，具备进行中等尺度预冷发动机样机的基本条件。完成了火箭冲压组合循环发动机原理样机的研制和马赫数为 2～7 地面试验验证。

开展离子推进与核电推进特种发动机的关键技术研究与飞行验证。正在开展霍尔、离子、磁等离子体动力学发动机、可变比冲磁等离子体发动机等多类型产品预研。完成 10kW 霍尔推力器工程样机研制、50kW 级霍尔推力器设计，实现 100kW 磁等离子体动力学发动机成功点火，性能指标达到国际先进水平。正在开展核电推进系统方案设计和关键技术研究。微小功率电推进领域，完成微阴极电弧推进、电喷推进、脉冲等离子体推进等多型产品研制和空间飞行验证。

4. 空间遥感技术

突破单光子探测激光雷达技术。在 2015 年成功研制了首台 51 波束单光子探测激光雷达，并开展了机载三维地形探测及标校试验，精度达到 1∶2000 比例尺测绘要求，为后续国家开展星载多波束单光子三维测绘应用奠定了技术基础。

在航天重大工程和重大项目牵引下实现了空间遥感技术新突破。目前已发射或在研的星载激光设备，主要是嫦娥系列的深空激光高度计、XX-4 对地激光高度计等。在高分专项支持下，为我国首颗 1∶1 万比例尺测绘卫星高分七号研制了激光测高仪，在 2GHz 实现地物回波全波形数字化采集的同时，还具备激光落点区域的可见光影像获取能力，可为控制点测量提供精确的高程和二维图像匹配数据。

5. 空间能源技术

锂硫电池、全固态电池的技术水平已达到国际同类产品的先进水平。太阳电池阵的发展步伐紧紧跟随国际，实现了太阳电池阵种类的全覆盖，目前可达到刚性太阳电池阵的大量应用、半刚性太阳电池阵的在轨应用以及柔性和全柔性太阳电池阵的研制和开发；温差电技术一直处于预先技术研发状态，随着嫦娥四号探测器携带同位素温差电池成功发射和出色任务表现，势必带动温差电技术学科的迅猛发展。

针对通信、导航、遥感、微纳卫星等形成了电源控制器系列化产品。新产品得到了广泛的应用。190 Wh/kg 比能量的锂离子蓄电池已经在卫星工程上应用，200Wh/kg 的锂离子蓄电池也已完成工程应用验证。

6. 航天测控技术

系统梳理并研究了行星际通信网络的关键技术。从体系结构、信息传输、网络接入、应用服务等方面对太阳系行星际通信网络的关键技术进行了全方位阐述，基于队列比例公平原则，对 CCSDS Proximity-1 协议的接入容量性能进行了优化，实现了多火星车公平接入，仿真结果表明，与其他多用户接入策略相比，该方法在火星中继场景中具有良好的工作性能；基于博弈论豪泰林模型，对 CCSDS Proximity-1 协议的接入选择性能进行了优化，实现了多轨道器接入优选；太阳系公转轨道星座解决了地球与火星之间通信的间断性问题，可实现地球与火星之间全天候全时段全连通信息传输，信息传输性能优于火星直接对地链路（约 11dB）。

突破了用于月球与深空探测 X 频段 50kW、Ka 频段 400W 发射机研制关键技术。目前正在开展更高发射功率的技术攻关；成功开展了本地和异地天线组阵接收试验，并对上行天线组阵能力进行了初步验证；干涉测量能力进一步提高，时延测量精度达到 1ns；利用嫦娥四号中继星已完成了再生伪码测距的在轨试验验证，具备在未来深空探测任务中使用的能力。成功实现了对月球表面巡视器的遥操作控制，在月面图像处理、视觉定位、任务规划和仿真验证等方面取得重大突破，视觉定位精度达到厘米量级。

用于星间链路空间激光通信技术和空间网络技术研究取得进展。微波链路在中继卫星、北斗导航系统中已投入应用或开展建设；在空间激光通信领域已取得了长足的进展，突破了 ATP、相干通信等技术，实现了高码速率通信，并开展了系统级演示验证试验，为后续工程应用奠定了基础。针对 CCSDS 协议体系进行了分析和仿真工作，开展了改进和分析工作，对 IPv6 协议开展了分析和测试，对 OSPF 协议进行了适应性改进，进行了空间网络的半物理仿真与测试，提出了一种基于拓扑预测的 OSPF+ 协议；针对 SDH 协议做了分析和仿真工作。

我国低轨通信星座可实现全球任意地点之间的高速通信与网络接入服务。2018 年 12 月，虹云工程、鸿雁星座相继发射技术试验星，计划于 2022—2025 年完成系统建设。为有效支撑我国北斗导航系统重大专项工程任务的实施，先后突破了大型星座在轨组网、构型保持、自主运行、星间链路以及全空域多波束天线、随遇接入系统体制设计等关键技术；开展了全空域多波束设备建设，即将投入使用，可极大增强多目标测控能力，有效缓解在轨卫星/星座数量急速增长带来的长期管理压力。

突破了航天测控站网自动化运行技术、测控资源远程监控体系等关键技术。提升了测控资源操作与运行效率，多星运行管理能力进一步提升。开展了测控系统可靠性评估技术研究，形成了航天任务测控可靠性定量化评估能力。开展了在轨卫星故障诊断与维修技术研究，初步形成了有效的卫星故障预警、诊断与应急处置体系。优化了站网资源配置，在地面骨干站点增配了高码率数据接收设备，拓宽了骨干站点对外通信带宽。航天测控系统随遇接入体系架构的研究方面取得突破，确定了航天测控系统随遇接入的发展技术路线，初步完成了基于控制信道的随遇接入体制设计和协议设计，正在研制原理样机，开展体制联通和演示验证。

7. 航天发射技术

运载火箭海上发射技术取得突破。2019 年 6 月 5 日，长征十一号在我国黄海海域成功完成"一箭七星"后海上发射技术试验。这是我国首次在海上进行航天发射，填补了我国运载火箭海上发射的空白，为我国快速进入太空提供了新的发射方式。

首次针对火箭发射喷流噪声及发射系统热防护问题开发大流量喷水降温降噪技术。实现对火箭及发射系统综合防护，圆满完成多次飞行试验。降噪幅度超过 10dB；突破复杂条件运载火箭发射喷水多相燃气流场数值预示技术瓶颈；突破小尺度试验技术瓶颈；完成无喷水条件的燃气流场理论预示及喷水多相燃气流场理论预示；提出小尺度试验依据的关键相似参数及其控制方法。

针对低温连接器自动对接与分离技术进行了持续研究。完成了在火箭各向晃动范围 < ±120mm、复合晃动速度 < 80mm/s 情况下低温连接器的自动对接、低温加注、自动分离及二次对接全流程试验。

突破箭地接口自适应低温连接器远控对接技术。通过低温旋转接头、两种自适应对接连接器及水平自适应对接装置、竖直自适应对接装置的研制、试验，验证了这两种自适应对接方式的可行性，突破了箭地接口自适应低温连接器远控对接技术、低温二次对接技术，为工程应用及开展气液连接器一键式对接研究奠定了基础。

基于无人值守的智能化地面供配气技术处于国内领先水平。拥有关键单机专利，具备压力、流量、温度参数及气路通断状态智能远控的集成化地面供气系统研制能力，已研制智能减压阀高中低压产品系列及多种自动化供配气设备，可满足运载火箭最高压力 ≤ 45MPa、最大流量 ≤ 3kg/s 的无人值守地面供配气需求。

重型运载活动发射平台总体设计技术攻关取得重要进展。经过持续研究，重型运载火箭活动发射平台完成总体设计技术、高精度终端定位控制技术、多点大功率电驱动控制技术的攻关，建立了行走装置数字样机，开展了结构和动力学仿真分析。总体技术方案采用双轨行走方式，分为四组行走装置，每组结构为五层形式：大平衡梁、中平衡梁、小平衡梁以及台车上架和台车下架，各层采用铰轴连接的静平衡结构，单台行走装置16轴32轮，轮压 110t，最大行走速度 60m/min。

发射平台故障诊断与健康管理技术研究持续推进。以状态监测技术为基础，突破了故障诊断、健康管理技术，逐步进行故障预测、自学习专家系统等智能技术的研究，形成了故障诊断、健康管理、ITEM、装备保障规划等系列产品，应用于型号装备保障规划方面，提高了武器装备的保障能力。针对发射台开展了多次发射环境及结构动态响应的测试工作，首次获得了发射环境和动态响应的有效数据。分析这些参数的变化对结构可靠性的影响，建立动态响应与发射台结构响应可靠性的关系，初步建立发射台可靠性评估技术方法，指导发射台结构检修，并对发射台寿命评估提供支持。

8. 返回与再入技术

航天器返回与再入的气动、防热及动力学基础问题研究有新的突破。开展了返回系统参数辨识研究，初步构建着陆系统可重复使用性能评估方法。针对高超声速充气展开式再入减速前沿技术，我国开展了系统概念研究、方案论证、气动设计、防热设计等工作，研制了耐温1400℃的柔性复合防热材料。利用探空火箭开展了该项技术的演示验证试验。采用附体式层叠圆环构型，试验器展开直径2m，重50kg，由探空火箭携带至60km海拔高度分离并减速下降，演示验证试验取得了圆满成功。此外，我国还发展了充气式展开翼、弹载减速浮空系统等新型返回与再入技术。

有效验证了针对新一代载人飞船的返回与再入技术。新一代飞船返回舱采用全新外形设计，重7t以上，将具备搭载7名航天员或下行1.5t货物的能力。2014年，开始研制新飞船缩比返回舱，以获取返回舱气动特性，验证新气动外形设计，并对可重复使用关键技术进行初步验证。缩比返回舱于2016年完成飞行试验，返回舱结构完整回收。新一代载人运输飞船回收着陆系统采用特大型群伞减速方案，并采用多组特大型气囊实现着陆缓冲，涉及超声速减速伞技术、特大型群伞技术、特大型缓冲气囊技术等全新的关键技术，相比神舟飞船又是一次巨大的跨越。目前已经完成了群伞空投试验验证，缓冲气囊着陆冲击试验验证。

突破了接近第二宇宙速度跳跃式再入返回的减速与着陆技术。回收着陆系统的集成化轻量化水平显著提高。我国首次火星探测工程任务已经立项，火星物理环境与地球的物理环境存在较大差异，降落伞开伞条件为超声速、低动压、低密度环境，为降落伞减速系统的研制与验证带来了巨大的挑战，已经研究掌握了包括火星降落伞技术、自适应开伞控制技术、高空开伞试验技术等关键技术，目前正在开展型号正样阶段研制工作。

开展了火箭助推器和可控回收系统与技术研究。我国正在开展4t级运载火箭助推器安全可控回收系统的研究，采用可控翼伞再入系统，研制成功了1∶4缩比样机，并通过了空投试验的演示验证。研制了300m²可控翼伞系统，完成了高塔投放试验，后期将开展空投试验及搭载发射飞行验证。开展了低成本运载火箭一子级回收着陆系统的研究，采用群伞及气囊组合的回收着陆系统方案，完成了500kg级缩比样机研制及其高塔投放和空投试验，验证了降落伞及缓冲气囊关键技术，正在开展4t级样机研制，拟进行着陆缓冲试验、

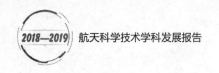

转换吊挂试验和空投试验验证。

9. 发射试验技术

发射试验总体设计、测试和发射技术能力实现新的突破。形成了测发流程仿真优化、航落区安全计算机辅助分析决策能力，初步形成了发射场数字化试验能力，新"三垂"和"三平"测发模式取得突破并开展了实际应用。新型运载火箭具备了基于1553B总线技术的箭地测试能力，部分测试发控系统构建了以PXI总线技术为支撑、标准化的自动测试系统，且不同型号运载火箭的测试发控系统正在向"三化"（通用化、系列化、组合化）、统型方向发展。完善了陆基地面塔架式发射、场坪式发射和预设阵地机动发射能力，开展了空基发射的概念性研究，突破了固体火箭海基发射技术；突破了大型运载火箭发射台、大流量低温推进剂加注技术和燃气导流技术等发射关键技术。

固体火箭快速发射能力和液体火箭小倾角多任务发射能力快速发展。2014年以来，酒泉发射场建成了固体运载火箭发射场，具备了采用"三平"测发模式、场坪式发射方式快速发射小型固体运载火箭能力；太原发射场建成了小型低温液体运载火箭发射场，具备了采用"三平"测发模式快速发射CZ-6运载火箭的能力；西昌发射场通过对3号工位的持续改进，具备了CZ-3A系列火箭两个工位交替发射的能力，并具备了小倾角中低轨道航天器发射能力；文昌航天发射场建成并投入使用，具备了采用新"三垂"模式发射新一代CZ-5、CZ-7系列运载火箭的能力，可满足地球同步轨道卫星、货运飞船、深空探测器、大质量的太阳同步轨道、极轨道等航天器发射任务和对外发射服务的要求。

10. 光电技术

突破大口径碳化硅关键技术，在高性能光栅等领域取得多项进展。研制成功国际最大口径4.03m碳化硅反射镜镜坯，同时完成4m量级高精度碳化硅非球面反射镜集成制造系统研制，为空间大口径光学系统的研制解决了核心技术难题，系统性能达到国际领先水平。开展了轻质镜技术研究，主要从材料和结构方面入手，研究反射镜材料的性能要求、材料制备技术、主镜轻量化结构、轻量化主镜制备工艺以及主镜支承材料，为我国大型光学望远镜的发展提供了重要技术支撑。研制成功大型高精度光栅刻划系统，刻划出面积达400mm×500mm的世界上面积最大的中阶梯光栅，结束了我国在此领域受制于人的局面。持续推进高性能空间激光器的技术研发，重点在单频、高能、高重复频率全固态激光器方面，研制脉冲能量500mJ、重复频率100Hz的单频1064nm激光器。并在此基础上采用OPO和OPA技术研制了1.5μm单频中红外激光器，采用倍频、三倍频技术产生的532nm、355nm激光输出。

突破多项关键技术，多个核心指标达到国际最高水平。突破星地光路快速捕获、微弧度量级高精度跟踪与瞄准、复杂光机系统高保真偏振调制、近衍射极限量子信号发射以及高效单光子探测等多项关键技术。研制的高重复频率532nm单频窄脉冲激光器，作为量子卫星信标光发射成功，两年在轨运行稳定。同时搭载的相干激光通信3W连续单频高相干光纤激光器成功应用于星地相干激光通信上。首颗可监测全球碳排放分布情况的碳卫星载荷研制，光谱分辨率最高达到 0.04nm，填补了我国天基高光谱温室气体测量的空白，载荷整体性能国际先进，部分指标国际领先。首台新型多角度宽波段成像仪随天宫二号空间实验室成功发射。仪器在轨获得了大量高质量的宽波段光谱和多角度偏振图像，并取得了较好的应用成果，标志着新型的宽波段、高光谱、高灵敏度与多角度偏振复合对地探测技术实现重大突破。其中，800×2 铟镓砷短波红外探测器、400×2 碲镉汞红外探测器、轻型气动分置式斯特林制冷机、多角度偏振检测、偏振定标等具有自主知识产权的关键技术首次实现空间应用。研制了天宫二号紫外临边成像光谱仪、风云三号广角极光成像仪、嫦娥三号极紫外相机等多个空间紫外成像与探测载荷，实现国际首次紫外临边成像、国际首次月基对地紫外成像，为相关研究提供了大量基础数据。研制了海洋一号 C 卫星紫外成像仪，具备对全球一天一次的覆盖能力，进一步拓展我国水色卫星遥感探测的波谱覆盖范围，提高大气校正能力，提高对海洋可溶性有机物及碳循环的遥感监测能力，为大面积海上溢油等灾害提供了探索性验证手段。高分六号宽幅相机上成功应用自由曲面离轴四反光学设计技术，将相机的视场角由 2.5 提升至 70，覆盖宽度达到 800km 以上。

11. 无人飞行器技术

高速长航时、隐身多用途和集群协同是无人技术发展的重要趋势。中低空无人机正在向大载荷能力、多用途方向发展；高空高速无人机发展势头强劲，正在向长航时、多用途方向发展，常规布局无人机整体性能接近世界先进水平，高速隐身无人机成为发展重点，部分型号完成首飞。临近空间无人机方面，正在积极开展高超声速飞行器技术研究；微型仿生无人机正在开展相关技术研究，部分实验室成果已展现出较大的发展前景。集群协同作战在无人飞行器领域得到基础应用，我国科研单位与高校研究机构已意识到发展集群协同作战的重要性，我国已经开展集群协同相关关键技术研究与探索，并相继公开报道了多次大规模集群飞行试验。

具备察打一体能力的无人机发展迅速。先后研制成功翼龙系列、彩虹系列、WJ-700 和云影等攻击无人机，隐身无人机方面出现了天鹰和彩虹 -7 等系列无人机，同时一系列太阳能无人机也相继开展试验飞行。国内企业生产的 T1000 碳纤维材料可以广泛用于飞机蒙皮的制造。在发动机方面，专门为无人机研发多个量级的涡喷和涡扇发动机，填补了多项国内空白。

12. 计算机应用技术

操作系统技术研究与应用成效显著。神舟操作系统和 SPACE OS 操作系统分别针对星载领域和箭载领域的信息系统。神舟操作系统目前在星载和箭载领域正在开展应用验证工作；SPACE OS 操作系统在探月工程中，应用于嫦娥三号任务控制计算机中，成功实现了型号的应用。在未来的探月工程、载人航天工程和武器型号研制任务中，加强神舟操作系统和 SPACE OS 的推广和应用。2018 年 12 月 7 日 12 时 12 分，我国在酒泉卫星发射中心用长征二号丁运载火箭，成功将沙特 –5A/5B 卫星发射升空，同时搭载发射 10 颗小卫星，其中有一颗百千克级民营商业卫星瓢虫一号是我国商业航天新秀，该卫星搭载了翼辉 SylixOS 实时操作系统，该系统采用与"智能操作系统"相似的软件架构，即在一个成熟可靠的操作系统内核上建立一套专门针对航天产品共性需求的标准软件框架。

标准化、嵌入式操作系统技术取得进展。实现绝大多数系统功能与服务全部提供脱离硬件的标准化接口，大大缩短了卫星应用软件开发周期，降低了应用程序与其他服务的耦合性，提高了系统的可靠性。多家单位已经开展一些嵌入式操作系统弹上应用问题研究，如开展了基于操作系统的飞行控制软件开发方法研究，基于分区操作系统的一体化制导控制软件的软件架构、分区调度策略的研究，嵌入式操作系统与弹上计算机硬件环境的适配技术等相关技术的研究。

13. 探测与导引技术

国内首台太赫兹雷达通过飞行试验，量子雷达仍处于起步阶段。2014 年首次搭建了以钦宝石飞秒激光振荡级为泵浦源的太赫兹雷达系统。2016 年，成功研制出了我国第一台全固态太赫兹成像雷达系统样机。对该样机进行了太赫兹宽带一维距离像和 ISAR 成像试验，设备成像分辨率、成像副瓣电平等技术指标均达到国际先进水平。2018 年，成功研制出首台太赫兹视频合成孔径雷达，并通过飞行试验，成功获得首组视频 SAR 图像。国内量子技术在雷达探测领域的研究还处于起步阶段，对量子探测的机理缺乏深入的研究。

研制出可实现小目标实时成像的微波光子雷达验证系统。该系统发射端利用微波光子倍频技术将 C 波段的线性调频信号倍频到 K 波段，由天线辐射到自由空间。该宽带信号经待测目标反射后，由接收天线收集并与参考信号进行光混频去斜，得到仅包含目标距离、多普勒频移等信息的低速信号，通过数字信号处理实现对待测目标的实时成像。该系统利用微波光子技术对接收信号进行预处理，使成像分辨率优于 1.8cm，在不损失信息量的前提下极大地压缩了数据量，成功实现了对小尺寸目标的实时高分辨成像。

14. 结构强度与环境工程

结构强度试验方法与关键技术取得突破。开展了典型平板结构热噪声失效试验，建立了典型平板结构热噪声剩余刚度、剩余强度、疲劳寿命预估方法，发展了复合材料非线性力学性能有限元分析方法。突破了 1000℃耐噪声石英灯加热、多声源多通道相关性控制等多项关键技术，获得了舵结构热噪声响应特性，验证了螺钉连接结构脱落、蒙皮开裂等失效模式，为结构设计考核提供了重要支撑。

动力学试验与分析和环境工程技术有新的进展。形成了基于光学测量的时变结构动特性辨识方法，突破了基于广义力等效的非定常气动力地面试验模拟关键技术，突破了试验与有限元模型的相关性分析、模型诊断与误差定位、模型修正等多项高温动力学建模关键技术，建立了 1000℃高温环境模态试验系统，可分别采用激振器激励和声激励，实现大型复杂结构的热模态试验，开展了多柔体建模方法研究，大直径、大重量分离体回收技术已趋成熟。突破了现有能量有限元软件对复杂加筋中高频声振响应预示的应用限制，验证了在强背景噪声和反射边界下的瞬态声源定位辨识精度。

基于失效物理的产品故障与剩余寿命预测评估、基于多源信息融合的复杂系统贮存寿命与可靠性评估、基于失效比对的复杂系统加速贮存试验与评估等一批新理论与新方法，在型号故障分析、航天装备贮存延寿工程中得到推广应用，开展了一系列航天可靠性技术研究和应用工作，型号任务成功率和产品寿命与可靠得到有效提升，运载火箭控制系统可靠度超过 0.995。激光、红外等非接触式测量方式深化应用，发展了智能对中控制、加热光谱分段避让和软件补偿等方式。针对高温应变计在更高温度应用中局限的问题，发展了光纤高温应变传感器、数字图像相关测量技术等高温应变测试技术。开展了基于同步辐射 CT 原位观测的典型航天材料与结构内部损伤演化试验与三维可视化分析技术研究、声发射损伤信号特征识别技术研究等。

15. 航天医学工程

围绕中长期载人航天飞行航天员安全、健康及高效工作的目标，航天医学工程取得了重要进展。航天医学基础与应用研究获得了新成果。完善了航天驾驶员、航天飞行工程师和载荷专家三类选拔标准和方法，识别确定了长期航天飞行疾病谱，远程医疗方案通过飞行验证，深化失重生理效应及机制研究，国际上首次获得了飞行条件下人体微血管内皮细胞功能变化特征，开展了复杂任务的脑力负荷动态评估及脑机交互在轨验证实验。承担国家载人航天领域首个"973"项目"面向长期空间飞行的航天员作业能力变化规律及机制研究"和自然基金重点项目"Exosome 介导的 microRNA 转运在失重性骨丢失对造血微环境影响中的作用和机制"等均获得重要基础研究成果。突破了航天医学工程领域多项新技术。面向空间站长期飞行需求，突破了水电解制氧，CO_2 收集、浓缩与还原，尿处理水再生、微量有害气体去除等物理化学再生生保关键技术并进行部分在轨验证，提出我国第三代生保系统的基本原理、技术构成与体系架构，在密闭的人 – 环境体系中实现食物、大气和水的高效循环再生，首次开展了微重力条件下受控生态生保植物典型部件的长期栽培关键技术研究。针对我国空间站任务的新要求，研制了新一代舱外航天服。在出舱时间、操控工效及使用次数等性能上全面提升。持续发展轻量化、智能化、低负荷、高集成度的航天医学装备，突破了食品长保质期技术，为空间站任务航天员长期飞行生活保障奠定了基础。建立了完善"以人为中心"的载人航天工程工效学测评方法和标准。

（三）航天技术应用深度和广度继续拓展

我国空间基础设施进一步完善。研制的应用卫星系统有效促进了各行业的发展。高性能卫星与新一代信息技术结合，形成了卫星应用天地一体化系统，通过跨系列、跨星座卫星和数据资源组合应用、多中心协同服务的方式，提供多类型、高质量、稳定可靠、规模

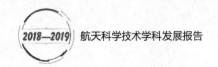
化的空间信息综合服务能力。

信息化与广播电视方面，目前我国已形成固定通信广播、移动通信、数据中继等卫星通信技术服务体系，逐步建成覆盖全球主要地区、与地面通信网络融合的卫星通信广播系统，推动信息化与工业化融合，服务宽带中国和全球化战略。首颗高通量宽带卫星中星十六号首次应用 Ka 频段多波束宽带通信系统，率先在西藏实现了基于 Ka 频段宽带卫星的 4G 网络应用，同时具备 WiFi 和微基站服务能力。卫星 4G 覆盖技术主要基于卫星终端接入宽带互联网覆盖，可在无光缆传输、无基站覆盖情况下提供 2G、4G、高清语音、家庭宽带等全业务服务，对于提升西藏盲区覆盖、电信普遍服务、边境通信等重大通信工程网络覆盖和传输能力具有重大现实意义。天通一号正式面向商用市场放号，我国进入卫星移动通信的"手机时代"。我国已经初步形成了有线、无线、卫星互为补充的广播电视传输覆盖网络，支持移动、宽带、交互、跨屏广播电视融合业务的开展，提升了广播电视融合媒体的传输覆盖能力。国家广播电视总局通过中星九号等直播卫星，推进实施直播卫星"村村通"和"户户通"工程。截至 2018 年年底，全国已经有超过 1.3 亿户家庭通过直播卫星收听、收看广播电视节目，全年新增用户超过 1000 万户，农村广播影视公共服务体系不断完善。首个卫星超高清频道——中央广播电视总台 4K（CCTV4K）正式开播。该频道通过中星 6A 卫星和全国有线电视干线网向全国传输，已有北京、广东、上海、浙江、四川等 15 个省区市开通 CCTV-4K 超高清频道。

教育培训方面，卫星传输手段具有覆盖范围广、不受地域限制的特点，在远程教育中发挥着重要作用。采用建设成本低、部署灵活快捷、易于维护的高通量宽带卫星传输技术，是补偿地面固网无法到达地区的有效技术方案，是实现 2020 年全国"校校通"网络的重要保障。我国"利用高通量宽带卫星实现学校（教学点）网络全覆盖试点项目"通过验收。该项目选取甘肃舟曲、云南彝良、四川雷波作为项目试点县，通过接入高通量卫星，为试点县学校和教学点建设多媒体网络教学环境，开展基于卫星网络的专递课堂和同步课堂、网络教研、学生自主学习等的教学教研实践。

应急管理方面，我国利用风云系列卫星、高分系列卫星和通信卫星全面支援国内外重特大自然灾害应急救援工作。随着新型卫星的投入，我国卫星灾害监测范围扩大 6 ~ 10 倍，灾害监测评估业务时效性提高 3 ~ 6 倍。

国土资源方面，我国卫星遥感技术及数据已实现在国土资源管理主体业务中的常态化、规模化应用。我国基于资源系列、高分系列、海洋系列卫星形成的高、中分辨率观测平台开展卫星应用工作，增强遥感应用合力，实现了从周期性调查到动态化监测的转型升级，全面提升了自然资源遥感应用的能力与水平。"十三五"时期是深入实施"一带一路"倡议和海洋强国战略的关键阶段，航天技术在海洋应用、海洋监测和海洋科技等领域均发挥着重要作用。拓展蓝色经济空间、推进海洋生态文明建设、保障海洋安全、建设海上丝绸之路、提升认知海洋和经略海洋能力，都需要利用卫星等高技术手段提供有力保障。

生态环境方面，生态环境遥感监测具有大范围、全天时、全天候、周期性监测全球环境变化的优势，是监测宏观生态环境动态变化最可行、最有效的技术手段。我国基于环境一号小卫星星座和高分系列卫星数据，实现了水环境、大气环境、生态环境和环境监管等应用的遥感业务运行，为国家水污染防治、大气污染防治、生态环境保护和监管等提供了有力支撑，应用成效显著。在大气环境方面，利用卫星实现了全国秸秆焚烧、灰霾、大气颗粒物、二氧化碳、二氧化氮、沙尘等遥感动态监测，并在重污染天气应对和国家重大活动大气环境遥感监测等方面发挥了重要作用；在水环境监测方面，开展了 300 多个饮用水源地、30 多个重点城市黑臭水体、80 多个良好湖库等遥感监测与应用工作，有力支撑了水污染防治；在生态环境监测方面，完成了国家重点生态功能区 724 个县域生态环境质量核查，有力支撑了县域生态环境监测、考核和评价工作。启动了"千里眼计划"，通过卫星遥感等先进技术手段，在京津冀及周边地区"2+26"城市全面开展热点网格监管工作，发现并解决了一批环境问题。

交通运输方面，交通运输行业正在经历深刻变革，以北斗卫星为代表的航天系统为智能交通新需求提供了重要的信息支持。北斗导航定位服务可以为交通运输管理部门提供准确的车辆位置信息，结合网络传输等技术有效提升交通运输的监管水平。目前，全国超过 617 万辆道路运营车辆、3.5 万辆邮政和快递运输车辆、36 个中心城市约 8 万辆公交车、370 艘交通运输公务船舶等安装或兼容北斗系统，国产民航运输飞机也首次搭载了北斗系统。多单位联合发布《共享单车电子围栏技术要求》，要求采用电子围栏技术，在共享单车内安装可接收北斗等卫星信号的定位模块，引导用户有序停放。我国邮政北斗信息管理系统平台完成建设，实现了超过 3 万台北斗终端的装车与平台系统接入，已覆盖 31 个省、直辖市干线邮路车辆。

农业生产方面，卫星遥感技术在农作物估产、农业工程规划与项目管理、农业灾害监测与损失评估等农业生产领域发挥了重要作用。同时，北斗农机自动驾驶应用进一步提升了我国农机机械化水平和农业生产效率。目前，在全国冬小麦和北方水稻等作物种植面积监测、农业设施分布调查、全国水产养殖区域监测等业务工作中，高分卫星数据已全部取代国外同类数据。在农作物病虫害监测、农业项目监管等工作中，高分卫星数据也发挥了重要作用。高分六号卫星具备"高分辨率＋宽覆盖"成像能力，与在轨的高分一号卫星组网运行后，大幅提高农业对地监测能力，为乡村振兴战略实施提供精准的数据支撑。北斗农机自动驾驶系统已经在新疆、内蒙古、黑龙江、广西、河北、山东、陕西、湖北、安徽等省市区实现规模应用。基于北斗的农机作业监管平台在全国大部分地区进行了大面积产品推广，服务农机设备超过 5 万台。基于北斗的农业全程机械化云服务平台在吉林、内蒙古、山东等 22 省推广，入网终端数已累计超过 1.2 万台套。

卫生健康方面，卫星通信与导航技术的应用提高了医疗服务的自动化和智能化水平，以高安全、高速率的信息传输实现了医院、科室和专家之间的协同作业，改善医院的响应速度和效率。建成了全国最大的远程医疗会诊中心,已经建成 700 多个双向卫星站点、60 余个远程车载卫星移动终端,覆盖国外、远海、边防等 1300 多个远程医疗点,为马里维和部队、西南边陲边防部队等提供了远程诊疗服务。基于北斗的 120 急救指挥调度平台运用北斗导航技术和互联网通信技术,实现实时定位、急救车辆行驶轨迹监控、急救资源调度、视频监控等功能。陕西省延安市已完成该平台的建设部署,涉及该市 18 个急救站、74 台急救车辆。

气象方面,风云系列气象卫星为我国防灾减灾、应对气候变化、保障生态文明建设等做出了重要贡献。同时,风云卫星也是空间与重大灾害国际宪章机制下的值班卫星,为全球 93 个国家和地区、2600 多家用户提供卫星资料和产品。初步建立了覆盖国家、省、市、县级的气象应用业务体系,实现了我国风云卫星资料在全球数值预报系统中的同化,并在过去 3 年时间内实现同化系统中卫星资料占比从 54% 提高到 70% 以上,提高了数值天气预报的准确性;卫星资料的综合应用能力进一步提升,在气象预报预测以及生态文明建设中的作用日益突出,为国民经济建设做出了重要贡献。

国际化应用方面,积极参与国际合作交流,形成了商业发射、搭载服务、整星出口等多种国际商业模式。已为 23 个国家和地区实施国际商业发射 60 余次,实现整星出口项目 13 个。我们与 30 多个国家空间机构和国际组织签署了 100 余项合作协定,与英国、德国、意大利等国家的大学和研究机构联合成立了 16 个国际研发中心,国际化资源利用能力不断增强。

三、国内外研究进展比较

(一)近年来世界航天科学技术总体发展态势

近年来,美国、俄罗斯、欧洲、日本、印度等航天国家和地区在出台的国家安全顶层战略和综合性规划中,均把航天摆在更加重要的战略地位。美国在 2017 年 12 月发布的第 17 版《国家安全战略》突出强调,为了维护国家安全,美国在空间必须拥有绝对的主导地位和行动自由,明确将太空作为关键作战疆域加以积极备战。俄罗斯总统普京 2018 年 2 月批准了《2018—2027 年国家武器装备计划》,详细规划了各军种武器装备建设,其中一个重要内容就是着重构建空天防御能力,重点发展空间监视系统、改进和新研军用卫星系统等。欧洲议会 2018 年 7 月批准了《欧洲国防工业发展计划》,明确在 2019—2020 年重点支持卫星通信、进入空间、对地观测等航天领域技术发展。日本在 2018 年 12 月新版《防卫计划大纲》提出,强化航天能力,构建空间态势感知体系,组建航天部队。

美国、俄罗斯、欧洲运载火箭技术性能先进,为不断适应市场需求,正稳步推进现役火箭的升级换代。对于未来的发展,一是新型火箭普遍采用液氢/液氧、液氧/煤油、液氧/甲烷等无毒无污染推进剂,并开始考虑可重复使用等措施来降低产品发射成本;二是面对高通量、电推进、星座化等带来的卫星产品质量分散化，发射服务逐步由单星发射为主向单星发射、双星发射、多星拼单发射、小卫星搭载发射等多种形式并存转变。随着近年来小卫星星座项目的兴起，新兴商业航天企业正着力研制运载能力仅几十到几百千克的小型和微小型运载火箭。美国和俄罗斯在深空探测和载人探月、探火计划的牵引下进一步加速重型火箭研制进度。

美国和欧洲在民商用通信卫星技术领域仍然保持优势地位，无论是在轨卫星业务体系完备性、卫星产品性能，还是在卫星运营服务产业整体规模方面均领先其他国家。俄罗斯通信卫星产品性能仅次于欧美，但受国家支持力度不足、政策法规制约等因素的影响，其卫星应用产业整体起步较晚，规模也与美国、欧洲国家相去甚远。日本、印度也发展了数目可观的民商用通信卫星系统，并在各自政府的支持下，不断提升本国通信卫星系统及应用服务能力。卫星遥感观测范围广，基本实现全球覆盖，并可周期性获得地球表面、大气云层、海洋环境和人类活动等多种信息。因此世界各国普遍重视发展遥感卫星系统及应用服务产业，并呈现"美国独大、欧洲跟随、多强并立、其他参与"的发展格局。美国体系完备、性能先进，在世界民商遥感卫星领域，尤其是光学成像和地球科学探测领域处于绝对领先地位。俄罗斯、印度、日本遥感卫星系统性能也较为先进，但在轨卫星数量较少，且卫星应用主要集中在本国民用领域，国际市场占有率较低。导航卫星领域，全球共拥有四大全球导航卫星系统和两个区域导航卫星系统，其中美国 GPS、俄罗斯格洛纳斯为全面运营状态，北斗系统已初步具备提供全球服务的能力，伽利略系统已开始提供初始服务；日本准天顶导航系统和印度区域导航卫星系统是基于 GPS 的区域导航卫星系统，目前也已正式投入运营。未来利用导航卫星的授时与位置服务、利用卫星导航系统星间 / 星地链路提供通信服务将成为重要的发展方向。

载人航天将向载人深空探测以及部分可重复使用的新一代载人航天系统发展，以满足载人月球、小行星和火星探测的需求。自苏联航天员加加林首次被送入外层空间以来，截至 2018 年年底，国外共成功发射载人及货运航天器 579 次，其中执行正式载人飞行任务的航天器 309 次；货运航天器 197 次；执行试验任务的航天器 63 次；空间站及空间实验室 10 次。截至 2018 年年底，只有美国、俄罗斯、中国具备独立发射载人航天器的能力，欧洲、日本通过参与国际空间站的形式具备一定的实力。当前，国外载人航天主要采取国际合作的形式，围绕国际空间站任务开展活动。载人飞行只能依赖俄罗斯"联盟"号飞船，每年平均执行 3 ~ 4 次飞行任务，运送并更换 9 ~ 12 名航天员；货运任务以美国和俄罗斯为主，欧洲、日本参与，平均每年执行 8 ~ 10 次，运送补给物资和燃料 30t 左右。未来，载人航天将向载人月球、载人小行星和载人火星探测领域拓展。此外，亚轨道载人航天也是近年来发展热点，以新谢泼德和太空船二号为代表，未来提供服务的前景可期。

月球和行星探测、太阳物理探测和空间天文观测将是未来航天科技发展最前沿和最活跃的领域。月球和行星探测主要针对月球、火星、水星、金星、木星、土星、天王星和海王星及其他卫星、小行星和彗星等，通过飞越、环绕、着陆、巡视、采样返回等方式进行探测；太阳物理探测主要针对太阳、太阳风和行星际空间，进行遥感观测或直接探测；空间天文观测主要观测太阳系外宇宙空间和天体物理现象，以 γ 射线、X 射线、紫外、可见光、红外、射电等谱段作为观测窗口。截至 2018 年年底，全球共实施 404 次探测任务，其中月球与行星探测任务 241 次，探测次数最多的是月球、火星和金星，其次为小行星、彗星、木星和土星；太阳物理探测任务 77 次，重点是太阳观测、行星际空间探测以及空间天气监视与预报；空间天文观测任务 86 次。就各国发展情况而言，仅美国实现了对太阳系内重要天体的全面探测，其深空探测系统技术先进、手段多样，处于全面领先的状态；俄罗斯在苏联时期曾实施月球、金星、火星及太阳物理等探测，独立后尚未成功实现过深空探测活动，技术水平落后于美国、欧洲；欧洲和日本通过国际合作开展了规模有限的探测活动，但其产品系统性能较为先进；印度实施了月球和火星探测，目前正积极谋划实施进一步任务。

（二）国内外航天技术主要差距

1. 航天核心关键技术领域

航天运载器技术方面，运载火箭部分指标落后于国际先进水平，发射服务成本优势不明显。快速发射方面与国外先进水平相比有一定差距。重复使用运载器主要集中在方案论证和关键技术攻关层面，尚未经过系统级的飞行演示验证试验考核。火箭上面级在智能化、先进动力、长时间在轨等方面，距离形成完整的对外发射服务体系还有差距，不具备在轨健康检测和管理能力，暂无低温动力上面级，限制了空间运输能力的提升。

航天器技术方面，遥感卫星平台在柔韧性设计、关键部件性能、使用寿命、机动能力、微振动抑制能力、在轨稳定性方面尚存在差距，现有民用遥感卫星在卫星种类、轨道设计、载荷配置、星座设计、数据传输等方面尚未考虑全球观测的需求。当前遥感卫星正处于向业务应用型转变的阶段，高分辨率自主卫星数据源短缺，业务卫星未形成保障能力，高效率高质量的数据保障能力不足。通信卫星系统与国际一流水平相比相对落后，主要受限于我国载荷现有技术发展水平，集中表现为载荷形式不够丰富。东方红四号卫星增强型平台，相比国际先进通信卫星平台，在设计寿命、发射重量、整星功率、载荷重量、载荷功率、能力指数等方面水平仍存在差距。北斗全球卫星导航系统在微型化原子钟、量子定位、微型化惯导等新兴技术方面基础理论与技术储备不足。在空间科学探测的核心有效载荷上，我国在大型天文望远镜、高性能传感器、新原理和新机制有效载荷、有效载荷标定技术等方面存在差距。在空间新技术试验方面，我国技术试验卫星数量比较少，尚不能满足空间技术发展应用需求。

深空探测器技术方面，我国环绕探测能力在遥感分辨率、数传能力方面与国外先进水平相比有一定差距。遥感载荷研制能力不足和通信带宽限制导致了遥感分辨率不高。为了在满足任务需求的基础上保证通信的可靠性，我国在地月通信方面采用了技术更为成熟的 S 频段和 X 频段进行数传，而美国使用了具有更宽频段的 Ka 和激光进行通信技术；我国在地火通信方面，火星探测器采用了 X 频段，美国使用了 X 频段和 Ka 频段。此外，由于地面站现有天线的口径及增益不足，使得我国接收数据的能力存在一定差距。

小卫星技术方面，我国小卫星已经具备了良好的技术基础，制造并发射了大量业务型小卫星。但与国外相比，卫星平台型谱不完善、产品体系单薄、核心部组件自主化能力不够。从商业化水平看，国内外商业小卫星公司崛起，商业小卫星蓬勃发展，而我国小卫星的商业化水平仍有待提升。

2. 航天专业基础技术领域

航天制造工艺技术方面，航天新工艺、新技术研究不够，技术储备不足。我国特种加工设备集成能力、智能化水平等方面存在差距。我国的精细陶瓷及复合材料加工技术尚处于初级阶段，电解加工目前研究较少。我国 3D 增材制造技术起步较晚，尚处于从模型制作向零部件直接制造的过渡阶段。航天先进焊接工艺整体水平不高，未全面实现自动化焊接。工艺装备可以实现自动化焊接，但是距智能化焊接仍有距离；搅拌摩擦焊接工艺缺少对基础工艺工作深入细致的研究。表面改性技术工艺技术方面，铝、镁、钛合金的微弧氧化技术在航天器上应用较少。综合工艺集成制造技术工程应用转化不足。

航天制导、导航与控制技术方面，尚不具备有人参与的月面软着陆及起飞上升交会的 GNC 验证手段。目前在研卫星的附件口径最大为 26m。北斗导航系统定位精度 10m，测速精度 0.2m/s，授时精度 10ns。美国地球眼 –1 等商用卫星已实现了卫星平台亚角秒级姿态测量，空间天文望远镜已实现了载荷对天体指向的毫角秒级测量及控制。

航天推进技术方面，我国航天发动机推力偏小。CZ–5 助推级液氧煤油发动机 YF–100 推力量级为 1200kN，是俄罗斯 RD–180 的 1/3；CZ–5 芯级氢氧发动机 YF–77 推力量级为 500kN，是欧洲火神 –2 和日本 LE–7 的一半。我国将用十年左右的时间完成重型火箭 4800kN 发动机研制，那时我国将消除发动机推力量级差距，达到国际先进水平。我国固体发动机性能低。国外 P80 发动机装药量 88t、质量比达 0.93 以上，我国最大装药量 35t、质量比仅 0.89。我国固体发动机延伸喷管、分段纤维壳体、装药快速卸载等关键技术处于预研阶段。空间化学推进比冲低，电推进工程化应用水平低。此外，核热 / 核电发动机、太阳 / 电磁帆、绳系推进、吸气式电推进等新概念推进技术处于原理探索阶段。

空间遥感技术方面，我国单个载荷的指标水平和国外相当，但是在载荷的时间分辨率、定量化应用方面和国外存在差距。在遥感数据应用方面，遥感数据标准化程度不高，遥感数据开放程度低。

空间能源技术方面，空间能源发电技术整体技术已达到国际水平，因起步较晚，成熟度较国外水平有一定差距。能源控制系统与配电技术基本达到国际先进水平，但因能源控制产品集成度较低，未来性能提升还有很大的上升空间。

航天测控技术方面，较缺乏对前沿技术的系统研究，尤其缺乏从顶层设计到具体实现的智能测控体系构建相关关键技术，对量子计算、先进空间信息传输等具有极大应用前景的颠覆性前沿技术研究需要加紧布局。例如星间链路领域，国外空间信息系统已向网络化发展，链路向更高频段、多频段混合应用发展，工作体制向通信测量一体化发展，我国相关体系架构尚待完善，应加速推进相关技术发展。受基础材料、元器件发展水平的限制，高功率高可靠激光器、大功率发射机、低成本通用数字阵列组件技术等基础技术尚未突破。例如，国外采用激光技术实现了更高精度时间同步，正探索激光频率传递技术，空间激光链路技术已进入工程应用阶段，我国尚处在起步阶段，虽具有一定的技术基础，但在空间组网、产品长寿命高可靠、测量通信一体化等方面有待研究。

航天发射技术方面，虽然我国在发射支持系统涉及的各个技术领域积累了丰富的工程经验，但在重型运载发射技术、智能发射技术、无人值守发射技术以及快速发射技术上与国外相比尚有差距。

返回与再入技术方面，国外进入与着陆重量分别为 80t（群伞）、20t（翼伞）、33t（气囊）、12t（月面软着陆）、2.8t（火星进入）。我国进入与着陆质量为 7t（群伞，在研）、4t（翼伞，在研）、7t（气囊，在研）、1.3t（月面软着陆）、1.3t（火星进入，在研），差距较大。国外进入与减速速度分别为约 12km/s（再入地球）、约 7km/s（进入火星）、Ma4.0（开伞速度）。我国进入与减速速度分别为 11km/s（再入地球）、约 7km/s（进入火星，在研）、Ma3.3（开伞速度）。

发射试验技术方面，不具备空基等发射能力。同时进出空间及轨道转移的运输装备也较为单一，主要以一次性运载火箭为主，重复使用、轨道转移等运载器进展较慢。运载火箭整体产品化程度不高，仍以研究试制为主导模式，无法实现大批量的产业化制造与发射。

光电技术方面，经过多年的发展光电技术的整体技术水平已有了长足进步，与国外发达国家的技术差距正在逐步缩小，部分指标已经达到国际领先水平。但我国在理论创新、核心关键材料和器件、系统整体集成能力、环境模拟试验能力等方面仍存在明显差距。

无人飞行器技术方面，我国的隐身无人机、长航时无人机等实现了从无到有的跨越。但我国的航空技术水平尚处在追赶世界先进水平的途中，与各类飞机技术发展的新方向、新趋势相比，我国无人飞行器技术仍有很大发展空间。

计算机应用方面，军用 SoC 产品目前阶段大都不能实现完整的系统级功能，较国外的 SoC 芯片还存在着较大差距。随着计算机应用领域的拓展，对嵌入式操作系统的安全性、可靠性提出了更高的要求，尤其在航空航天、卫星、机载等领域。

探测与导引技术方面，精确探测与导引在高性能、低成本、多用途等方面与国外先进水平相比存在差距。目前相控阵导引头国外处于工程应用的初级阶段，基本同步，但在采用 MEMS、透镜阵列等技术实现低成本方面存在差距。目前国外新体制 MIMO 雷达、数字阵列雷达、双基前视成像等均开展广泛的研究并有部分应用。

激光主动制导方面，现处于激光主动成像导引头研制起步阶段，国外扫描激光主动成像导引头已在工程应用，非扫描激光主动成像、激光相控阵等新体制方面开展大量研究。多模复合导引头方面，美国的 JCM 通用空地导弹已经配备了半主动激光 / 红外成像 / 主动毫米波三模复合制导导引头，并且在对空对地多用途、多平台通用等方面与国内目前水平相比具有显著优势。

结构强度与环境工程技术方面，在结构静、动、热强度理论与分析方面全面落后于国外，相关的软件平台、分析方法等研究均存在不足。动力学技术目前还无法满足航天领域快速发展的需要。在热气动伺服弹性稳定性分析方面，我国主要在伺服弹性领域开展了相关研究工作，但仅能实现零空速条件下的飞行稳定性验证，与国外相比存在基础理论研究不足、试验模拟要素不全等差距。

航天医学工程方面，在面向长期空间站驻留、登月驻月、火星及深空探测的研究方面仍存在较大差距，已有成果尚未经过实际飞行平台验证。面向空间站建设与运营的长时间出舱作业、遥操作交会对接、机械臂操作以及在轨训练实践方面尚待突破，在长期飞行对航天员生理、心理影响方面还缺乏直接的实践经验，基于虚拟现实、增强现实等新技术的训练保障建设方面发展较晚。在舱外航天服、再生生保技术方面，我国目前已完成关键技术攻关、产品研制和地面试验，但与国际空间站技术相比，在系统的运行效率、可靠性和成熟度方面还有差距。

3. 航天技术应用领域

与国家赋予航天的富国强军的使命要求相比，与建设航天科技工业新体系战略目标的要求相比，与航天技术应用产业提高核心竞争力、做强做优的内在要求相比，航天技术的转化应用方面仍存在诸多问题与不足。市场反应速度慢：长期面对航天型号这一特定市场、管理流程较长，使航天企业面对民用市场未能建立有效的市场反应机制，丧失了许多市场机遇。成果转化效率低：成熟的型号高新技术向民用转化依然困难较多；许多产品高起点开发成功，进入产业化阶段后由于缺乏后续研发支持，导致竞争力逐渐下降。产业化速度慢：航天型号长期形成的多品种、小批量、少生产特点，导致航天企业普遍缺乏产业化发展经验。管理体制不适应：航天系统现有管理体制具有较强的行政管理色彩，与现代企业制度要求的产权管理、资本管理等要求不相适应。激励机制不到位：尚未完全建立与市场接轨的健全、完善的创新激励制度体系。

四、发展趋势及展望

（一）未来发展的战略需求

我国航天发展始终以国家战略需求为引领。中华人民共和国成立初期，面对西方全面围堵封锁、极其险恶的战略环境，毛泽东主席提出，"要想不被别人欺负也要搞自己的尖端武器""也要搞一点原子弹""也要搞人造地球卫星"。我国航天在经济基础薄弱，工业、科技非常落后的条件下，以导弹武器研制起步，艰苦创业，铸就捍卫国家安全的利剑。改革开放以后，随着我国战略重心向经济建设转移，在持续支撑国防军队建设的同时，我国航天紧密围绕经济社会发展重大战略需求，大力推动航天技术广泛应用，极大地改变着人们的经济生活、社会生活、文化生活。

站在中国特色社会主义新时代这一新的历史方位，党的十九大提出了到本世纪中叶把我国建成富强民主文明和谐美丽的社会主义现代化强国的战略目标，做出经济、政治、文化、社会、生态文明"五位一体"总体布局推动社会主义事业的重大部署。我们必须始终坚持以习近平新时代中国特色社会主义思想为指引，以推动实现社会主义现代化强国这一宏伟战略目标为根本出发点和落脚点，紧密围绕"五位一体"总体布局重大战略需求，进一步加强顶层设计和统筹谋划，着力推动航天强国建设，实现空间科学、空间技术和空间应用全面协调发展，为推动科学技术进步、服务经济社会发展做出新的更大贡献。为此，在经济建设上，必须顺应全球产业变革新趋势，以培育壮大卫星应用、"航天＋"等战略性新兴产业为重点，加快推动太空经济发展，打造国民经济新的增长点，夯实国家经济安全基石；在政治文明建设上，必须传承弘扬航天精神，以一个又一个辉煌成就，极大激发广大人民群众的自豪感和凝聚力，以更加饱满的热情投身中国特色社会主义现代化强国建设新征程；在社会文化建设上，必须加快推动航天技术在文化教育、健康医疗、社会保障、脱贫攻坚、社会治理等各领域广泛深入的应用，为人民群众创造更加美好的生活贡献航天力量；在生态文明建设上，必须聚焦美丽中国，加快发展好用、管用的方法手段，为推进绿色发展、解决突出环境问题、保护生态系统提供航天解决方案。

（二）未来发展趋势和重点方向

未来各类航天运载器、航天器、载人航天器、深空探测器等将持续更新换代，性能和技术水平不断提升。相关的材料、制造、制导导航与控制等基础技术将获得突破。同时智能化、信息化、空天地多域一体化协同等前沿技术在航天工程中的应用日益深入，其他学科领域在智能化、信息化等方面的前沿学术成果与航天的交叉融合将成为重要方向。

1. 航天运载器技术

加快重型运载火箭研制和新一代运载火箭更新换代。随着长征五号等新一代运载火箭的首飞成功，新一代运载火箭将越来越多地承担国家重大工程和主战场的发射任务，逐步分担现役运载火箭的任务量，加快更新换代的步伐。重型运载火箭的研制将使我国航天技术及空间探索应用水平跃上新的台阶，还将进一步推动我国在机械、人工智能等领域的技术突破，也将推动新材料、新工艺等工程应用。采用模块化、组合化、系列化、产品化思路，构建通用子级模块，研制生产充分借用社会资源，面向社会采购，在可靠性与低成本的矛盾要求中寻求到契合点。降低运载火箭发射成本，提升国际商业市场竞争力。我国运载火箭未来将参与国际商业发射服务竞争，运载火箭总体设计要实现高度集成化，将众多单机产品进行有效整合，以最简化的方式实现原有的多种功能。

发展智慧火箭，提升运载火箭智能化水平。智慧火箭本质是"运载火箭＋创新"，其发展方向是传统运载火箭与新一代信息与制造技术的结合，其表现形式是"智慧火箭＝智能研制＋智能产品＋智能制造＋智能过程控制"。智慧火箭融合目前高效的信息化思路和手段对现有运载火箭全面升级：基于数据驱动的总体专业数字化设计能力与虚实结合的数字化验证能力对研制模式升级，基于故障诊断与信息应用技术发展对智能产品升级，基于工业体系变革对智能制造升级，基于大数据应用对智能过程控制升级，最终将推动全生命周期研制流程的跨越式优化，实现新型运载火箭研制效率、质量、技术水平的全面提升。

2. 航天器技术

加快推进东方红五号卫星平台以及全电推卫星平台等新型平台的开发。提升东方红四号卫星增强型平台承载能力，使我国主力卫星平台技术水平达到或超过国际一流；进一步充分挖掘市场需求，大力牵引单机产品创新研究，不断对标国际先进技术，系统梳理技术短板，提升系统集成能力。深入挖掘电推进技术应用潜力，提升平台承载比和综合性能，逐步完善通信卫星平台型谱；持续推进我国电推进技术的工程研制和在轨飞行验证，通过系列平台对国产电推进产品的使用，促进我国电推进产品技术成熟度提升和型谱化，实现我国通信卫星平台能够实现双模式、高功率、大推力、高比冲的电推进控制，并具备完成东西位保、南北位保和轨道转移的能力。

全面实现我国应用卫星和卫星应用从试验应用型向业务服务型转变。充分继承已有的卫星平台、有效载荷、预研攻关等技术基础，综合考虑用户需求在未来几年的增长及技术发展等因素，构建陆地观测、海洋观测、大气观测三大卫星系列，发展中型敏捷平台、超大容量静止轨道公用平台，突破静止轨道光学成像、SAR 成像、激光探测、敏捷成像等先进技术，具备全天时、全天候、多谱段、定量化数据获取能力，高分辨率卫星具备覆盖全国的天重访能力，重点区域具备应急响应能力，做到产品专业化、数据标准化、运行业务化，产业链逐步完整，业务应用具有全球范围的竞争能力。

北斗导航卫星实现全空域高性能导航服务和高自主的星座长期稳定运行。根据对北斗系统的未来需求及世界卫星导航系统的发展趋势，未来北斗卫星导航系统将是一个由混合星座构成，卓越的系统安全与导航战能力、基于全球网络的特色服务、高效便捷的运行管理、国家 PNT 体系的核心为主要特征的性能先进、功能全面、独具特色、可持续发展的天基时空基准网络，成为国家重大的战略基础设施。

空间科学未来需要取得突破的两大方向是有关智慧文明的起源和宇宙的起源。宇宙的起源需要面对宇宙早期的极端物理条件，只能通过在宇宙天体演化的终端建立实验室来进行研究，通过空间高能天体的 X 射线、γ 射线、引力波等的探测，有利于解决宇宙基本物理规律的检验和发展问题,并理解和研究宇宙物质演化终态的特性。系外行星与生命探索瞄准系外行星研究和生命探索这两大主题,同时将两者有机结合,开展科学研究。

3. 载人航天器技术

突破掌握和发展提升载人天地往返运输技术、空间长期飞行技术、空间服务技术以及深空探索技术等载人航天关键技术。未来神舟飞船研制的重点将以突破关键技术为主,向保证质量为主转变,同时提高效率降低成本。未来根据国外新一代载人航天器发展启示,结合我国实际国情和载人天地往返运输发展需求,开展下一代载人飞船论证和设计工作,研究具有多种用途、可重复使用、高安全高可靠、低成本、兼具商业天地往返等特点的载人飞船。

借鉴国际空间站的运行经验,研究建立空间站健康管理系统。对空间站进行系统组件健康状态评估和影响任务目标的系统功能重组进行攻关研究。开展空间站服务应用规划研究,充分利用空间站的在轨试验支持能力,充分发挥空间站作为在轨平台有人参与、有天地往返运输条件以及可提供生物生存环境的特点和优势。开展空间站舱内外标准支持接口研究,为每个服务应用载荷提供标准的供电、信息和热控支持,未来服务应用载荷按照标准化的接口进行设计和研制,实现服务应用载荷在轨的更替轮换。空间站为舱外载荷提供机械臂适配器,机械臂适配器安装在载荷上,两者间供电、信息接口为标准状态,载荷随货运飞船上行,在轨机械臂抓取机械臂适配器,从而实现对服务应用载荷的抓取和供电、信息支持。重点发展地外天体进入及再入返回技术、载人下降着陆及上升技术、新型轻型热防护材料及结构技术等。

4. 深空探测器技术

实现我国探月工程"绕落回"三步走计划。开启探月四期工程,实施三次任务,计划在 2030 年前后建立月球无人科研站。发射首次火星任务探测器,完成火星探测第一步"绕落巡"计划,开展火星采样返回任务先期关键技术深化论证,为火星探测第二步"采样回"奠定技术基础。根据深空探测后续任务规划,研制并发射小行星探测器,进行小行星附着采样返回,获取小行星样品。突破弱引力天体绕飞/附着/采样及智能控制、轻小型超高速再入返回、小推力轨道、长寿命高可靠电推进等关键技术,为后续火星采样返回等任务积累技术和工程经验,推动深空探测整体能力提升。实现小行星探测方式和核心技术的全面性突破,形成小行星探测工程系统能力。

突破木星系空间环境适应和防护、空间同位素电源、弱光照条件下高效光电转换等关键技术。具备实现木星系环绕和天王星达到的技术的能力,使我国深空探测能力达到国际前列。实现木星、木卫四的环绕探测和行星际穿越探测,为深化对木星系和行星际的相关科学研究提供科学探测数据。全面开展深空探测预先研究,逐步掌握高精高稳卫星指向技术、分布式卫星编队飞行技术、大型空间可展开机构技术、极端热环境控制技术、星际航行先进推进技术、超高精度空间基准技术等载荷共性支撑技术,推动太阳探测、引力波探测、系外行星探测等深空天文探测任务孵化。

5. 小卫星技术

突破频谱资源有限、通信干扰、星地融合、路由切换、长期供电等技术难点。兼顾卫星星座后续的长期维修与损毁卫星替换工作，才能保证星座稳定有效的运行。强化卫星软件技术应用，提升卫星智能化水平。通过将人工智能技术与软件卫星相结合，构建具有信息数据的智能获取、智慧空间的数据处理与挖掘及数据的驱动应用三部分功能的智能软件系统，进而在卫星上进行自主决策与自主运行，完成复杂的空间任务，大大提升了卫星的自主性与智能化水平。

批量化生产与新型制造手段不断涌现，推动小卫星设计制造理念创新。目前，以微小卫星为代表的小型化航天器已成为航天领域的重要发展趋势。通过 3D 打印技术来实现卫星零部件的生产，可加速新技术升级、降低卫星应用成本，实现自动化装配作业生产，大大提高了卫星的生产效率。多达数百颗甚至上千颗的微小卫星星座蓬勃发展。3D 打印技术作为一项前沿性的先进制造技术，已成为全球新一轮科技革命和产业革命的重要推动力。我国浦江一号卫星的钛合金天线即采用了 3D 打印的方式，属于首次应用，所用时间是传统工艺的 1/40。然而，多数设备和工艺尚不成熟，还无法批量打印出稳定、耐用、高性能的工业品，3D 打印技术正处在"模型制造"和试验阶段。

6. 航天制造工艺技术

发展钛合金、镁合金的精密等温锻造技术。研究发展多点柔性成形、蠕变时效成形、数控渐进成形等新技术，突破大尺寸结构框环的成形技术，开展锻造过程模拟与仿真技术研究。加强特种加工新技术的应用研究，突破一批制约预先研究和型号研制的关键特种加工技术，解决加工难、精度低、效率低等问题。结合先进焊接技术专业发展方向，发展高效、智能、自动化的先进焊接技术，力争实现我国新一代航天产品结构的高可靠、高效连接，满足新一代产品高可靠、长寿命和轻量化要求。

开展先进的薄膜工艺技术的预先研究、对瓶颈和共性问题进行技术攻关。重点突破一批影响航天器发展的表面工程关键工艺技术，改进和优化产品研制和生产过程中的薄弱工艺，提升我国航天先进表面工程工艺技术能力和水平，提高航天器研制水平和产品寿命，减少生产过程中的环境污染、保证产品质量和可靠性。

开展先进复合材料工艺技术的预先研究、工艺瓶颈问题和工艺共性问题的技术攻关。发展相关工艺设备技术，加强先进复合材料的制备能力，开展快速制备技术研究，丰富制备手段，提高工艺自动化水平，深化工艺过程控制及评价表征技术研究。针对新一代航天产品对先进总装技术的需求，开展先进总装技术研究，突破空间机构的装配技术难题，实现快速、高效、高可靠自动化装配，突破精密装配技术难题，掌握影响产品性能的核心装配技术，使我国航天产品的装配技术实现大幅度跃升。针对航天关键精密部件的研制生产需求，开展精密超精密加工、检测等技术的预先研究、工艺瓶颈问题和工艺共性问题技术攻关，研究解决非球面光学零件、精密微小结构件、精密复杂结构件，以及金属基复合材料、陶瓷、钛合金、不锈钢及高温合金等难加工材料精密超精密加工技术难题。

7. 航天制导、导航与控制技术

发展千米级大型组合体航天器平台控制技术。开展近地空间及深空环境下的大型组合体控制技术研究，具备在不同参考坐标系下进行大型组合体控制的能力。突破月面自主上升与交会对接一体化 GNC 技术、最优轨迹规划技术、具有较强鲁棒性和灵活性的高速再入制导技术以及应急再入技术等关键技术，为载人登月奠定基础。突破深空探测器自主 GNC 共性关键技术，实现由月球探测到行星际探测的技术跨越，具备行星际自主 GNC 技术能力。实现 100m 的地外天体定点着陆精度，重点突破太阳系内天体的定点取样返回任务所需要的关键 GNC 技术。

重点突破在轨服务操控技术，提高航天器高精度姿态机动和自主生成规避策略的能力。进一步发展空间机械臂精细化自主操作相关技术，具备全自主避障、全自主轨迹规划、自主目标抓取、部件更换、在轨加注等高精度自主操作能力。发展亚角秒级高精度指向平台控制技术、10°~5°/s 超静遥感及空间科学平台控制技术和全向高敏捷机动平台控制技术等关键技术。实现超大挠性体的振动抑制与形状控制以及高轨卫星的电推进自主控制。建成覆盖全球的卫星导航系统，实现米级的相对位置精度、角秒级的相对指向精度。建立多航天器任务设计及体系框架，初步具备开展后续多航天器空间任务设计的技术能力。

实现运载火箭飞行智能控制、天地往返重复使用、智能快速测发控的工程应用。面向运载火箭先进控制系统技术发展需要，以"智能自主、重复使用、快速高效"为目标，突破智能感知、智能规划与决策，运载器子级、组合体可控回收，智能测发控等关键技术项目。完成相应飞行试验，形成标准化、模块化、智能化的高性能控制系统，大幅提高复杂运载器的快速测试发射能力。提质增效，全面降低发射成本，全面提升发射效率，全面保证发射可靠性，打造国际一流的运载火箭控制系统。

8. 航天推进技术

提升液体火箭发动机性能，提高上面级的智能化水平。着力提升 1200kN 液氧煤油发动机性能，提高新一代运载火箭动力的推质比、比冲和火箭运载能力；突破重型大推力火箭发动机关键技术，完成 4800kN 液氧煤油和 2200kN 液氧液氢发动机研制。开展具备大范围推力调节、混合比调节能力和故障诊断能力的可重复使用高性能液氧甲烷发动机技术研究和工程研制，完成可重复使用液氧煤油发动机技术演示验证，形成新一代运载火箭、商业航天液氧煤油运载火箭和液氧甲烷运载火箭动力构成的运输格局，实现重复使用技术初步应用和新一代运载火箭备份。提升上面级发动机在轨适应和多次起动能力，实现常规通用上面级多领域应用，突破液氧煤油多次起动上面级发动机技术，具备运载器轨道转移、一箭多星、长期在轨等功能。全面提高原始创新、集成创新和协同创新能力。

进一步开展直径 2m 固体发动机性能挖潜。支撑火箭运载能力在现有基础上实现 20%

提升，进一步发展直径 2.6m 级先进整体式固体发动机，大幅度提升发动机性能水平。加快发展直径 3m 级先进固体发动机，推进大型分段式固体发动机，推动新一代运载火箭的型谱优化发展，满足中型、大型、重型运载火箭对大推力固体发动机的需求为目标。火箭冲压组合循环发动机重点研究在两级入轨飞行器二级动力和临近空间可重复使用飞行器动力的应用；涡轮火箭组合循环发动机重点研究其作为航天运载器起飞加速动力和临近空间巡弋飞行器动力的应用。特种推进重点开展高性能、小型化、模块化微电推进系统，高功率、大推力、高比冲、长寿命电磁推进系统及新型特种推进技术研究和技术验证。

9. 空间遥感技术

激光测距载荷测距、测高精度越来越高，光子信号处理、在轨收发匹配监测处理和指向调整、在轨波长监测和调整等基础支撑技术将逐渐推动激光测风、激光三维成像等主动载荷实现在轨应用。光子计数多波束三维地形探测技术在有限的功率、重量条件下可以将测量密度提高两个量级，而且能同时兼顾大气气溶胶、海洋次表层深度等多种探测领域的需求，将是未来五年的重要发展方向。高频率稳定性高能量脉冲激光源、超高光谱分辨率鉴频器件、激光与鉴频器件中心波长精确匹配等技术的实现将推动测风激光卫星的实用化。

10. 空间能源技术

深入开展太阳电池阵技术和高功率核温差电池技术研究。开展高效率、高重量比功率全柔性一体化太阳电池阵技术总体设计技术研究，突破全柔性太阳电池系统总体设计技术、高效柔性薄膜砷化镓太阳电池制备及集成内联技术、全柔性一体化封装技术、空间环境防护设计、大面积组网及展收、功率传输等关键技术。高功率核温差电池及微温差电池是未来五年的重点发展方向。突破微重力广适性水汽分离膜技术、零功耗高可靠水汽分离技术等关键技术，突破高杂质容忍膜电极技术、高致密储氢技术、轻质高效利用燃料电池技术、多工况适应性技术等关键技术。

锂离子电池技术的发展方向是高比能量和高比功率。未来五年锂氟化碳电池产品以开发新型的 CFx-Hybrid 正极复配体系，采用新型的固体电解液，开创新型的氟化碳电池为重点发展方向。在电源系统方面以氟化碳电池与二次电源或者氢燃料电池组合为发展趋势，才能扩宽锂氟化碳电池在航空航天领域的应用。锂二次电池方面将开展实用化的高比能锂二次电池技术研究，突破高比容量正极、金属负极循环稳定性、电解质、电池设计等关键技术。环境适应性方面，–40℃乃至更低温度下能够大倍率、高效率放电的体系研究是重点方向。

11. 航天测控技术

发展空间信息网络互联技术。针对未来天地一体化空间信息网络发展与管理运用需求，研究容中断网络协议、星间星地自组织网络、资源管理与服务、服务质量保障、空间信息安全等技术，实现覆盖地球空间、连接星际的空间信息网络自组织管理，以及面向各类航天器、用户的广域按需灵活接入服务，为天地一体化的空间信息传输体系设计构建、高效管理、服务运用提供技术支撑。

发展大容量高速率空间信息传输技术。针对空间飞行器高效率信息传输需求，研究激光、先进射频、射频光学混合等技术，不断优化空间信息传输系统的性能和效率，最大限度满足各类航天任务可靠、高效信息传输的发展需要。

发展航天器智能管控技术。面向大规模多类型航天器在轨管控需求，开展自主运行管理、站网资源智能调度、天地资源综合管理与智能呈现等技术研究，实现航天器智能管控、地面系统自主运行，为在轨航天器效能发挥以及地面系统效率提升奠定技术基础。

发展随遇接入的测控通信技术。面向大规模多类型航天器在轨管理与信息传输需求，创新航天器管控模式，实现数量众多航天器与天地一体化空间信息网络的按需随遇接入，推动航天器测控通信由计划驱动向需求驱动模式的转变，实现航天器"永远在线、随时管控"，为系统转型升级奠定技术基础。

发展天地资源智能化健康管理技术。针对天地资源高效运用与管理需求，研究航天器、地面设备健康状态智能评估预测、故障自动告警等技术，提高航天测控系统可用度和运行管理效率。

12. 航天发射技术

为满足我国未来探月工程、载人空间站工程、载人登月工程、深空探测等国家重大工程以及商业航天发展战略的需求，航天运输系统的发展目标是研发新一代重型、载人登月、新一代中型及快速响应运载火箭，提升我国航天运输系统的能力水平，为建设航天强国提供技术基础。我国未来运载火箭发射将向智能、测发无人值守和快速发射方向发展，火箭转场采用整体"三垂"或"三平"模式，运用大流量供气、大流量低温推进剂加注、零秒自动脱落、牵制释放等技术实现火箭发射的可靠性、安全性、灵活性和快速响应能力，利用深冷加注提高燃料密度和火箭运载能力。

13. 返回与再入技术

结合国内外发展现状分析，航天返回与再入技术发展趋势主要包括：满足更多样化的工程需求，实现更重的载荷进入减速与着陆，适应更快的进入或返回速度，适应高空乃至地外天体等更为复杂的环境，达到更高的下降及着陆精度，要求进入减速与着陆系统的可靠性安全性不断提升，实现航天器的重复使用。航天返回与再入的重大方向包括大载重航天器的进入减速与无损着陆、高超声速进入航天器的气动减速与防热、超音速降落伞设计及分析技术、精确定点着陆与避障下降等。

14. 发射试验技术

发射回收向多种方式、多种姿态、多类模式并存的方向发展。总装运输向水平整体组装和转运，垂直整体组装和转运，运输平台的自行式、自保障和耐久使用，以及长距机动、隐蔽机动等方向发展。推进剂加注向低温推进剂加注、大流量加注、超大流量加注、多路并行加注、全过冷加注、精确定量加注、自动化操作，以及推进剂低损耗和基于参数连续监测的流动调控等方向发展。定位瞄准向发射基准的自主获取、快速标定，地面固定、近距平瞄和自主瞄准等方向发展。发射控制向远距离测发控、零窗口发射、连续零窗口发射，以及设备的前后端、一对多、一体化、自动化等方向发展。燃气导流向射流效应精确预示、机动式导流，发射平台与导流装置的一体化，导流喷水冷却、降噪和耐高温多次发射不修复等方向发展。箭地对接分离向自动连接、自动脱落和起飞脱拔，设备小型化、集成化、高可靠和远程控制等方向发展。

发展面向多样化任务的新型测试技术架构，具备对测试覆盖性、可靠性、安全性进行评估的能力。发展箭上自主测试技术，简化箭地测试接口，降低火箭结构自重和电缆连接的复杂性，缩短测试准备过程，提高测试效率。发展地面实时监测与快速判读技术，实时获取和传输产品大容量的测试数据，进行地面的快速判读，克服单点测试缺陷，充分发挥地面测试在软、硬件上的优势。发展分布式远程测试技术、集成创新 LXI 测试技术、先进通信技术和计算机技术等，实现产品各系统的分布式一体化远程测试，为任务执行模式的转变奠定基础。发展测试故障诊断分析技术，进一步促进箭、地测试信息融合，提高对测试故障预测与定位分析的能力。发展面向应急发射、机动发射的小型化、集成化的测试设备，提高应急机动发射的响应能力，降低对伴随保障的要求。

15. 光电技术

开展静止轨道高分辨率对地观测载荷研制。积极论证，建设更大口径、更具挑战性的空间望远镜，如 4m 量级空间望远镜。积极推进空间望远镜在轨制造与组装相关技术，突破制造、检测、集成、应用等各项关键技术，争取具备 10m 以上量级空间望远镜研制能力。攻克光栅、探测器、光学系统设计制造等核心器件与关键技术，发展激光立体测绘、重力场 / 磁力场监测、空间环境探测、空间软 X 射线探测成像、X 射线脉冲星导航等技术研究。在空间激光器领域，发展大功率、单频、高重复频率、高效紫外激光器，高功率中红外和长波红外激光器，高重频短波红外激光器，连续、单频窄线宽光纤激光器以及空间高功率频率梳。积极探索薄膜成像、空间干涉成像、超轻量化空间光学系统等技术研究，同时加强信息的综合应用能力建设，进一步提升空间光学载荷性价比。面向"两暗一黑三起源"等空间科学前沿问题、太阳与地球观测等应用需求，研制具有更宽测量范围、更高光谱分辨能力、更高测量精度、更高系统稳定性的空间光电探测载荷。

16. 无人飞行器技术

大力发展高空长航时、超长航时无人飞行器。为满足未来全天候作战需求，长航时、超长航时高空无人飞行器将成为我国无人飞行器发展的重点。此类无人飞行器可在空中停留数十小时、数天甚至几月，获取目标区域完整信息，为我方决策提供准确、及时的依据。其优点在于较军用侦察卫星应用更灵活，价格更便宜，尽可能接近战区，获取更精确情报。不断提升全隐身无人飞行器能力。随着自主控制技术、纳米技术、无缝焊接技术的发展以及新隐身材料和先进手段的研发，新型军用无人机将采用先进的隐身技术，可迅速隐蔽突防，长时间抵近接敌，完成详查及攻击任务。注重微型化无人飞行器的发展。微小型无人机具有重量轻、体积小、隐蔽性好、机动灵活等特点，适合城市、丛林、山地等复杂环境以及特殊条件下的特种部队和小分队作战，也可在未来战争中执行低空侦察、通信、电子干扰等任务。加强无人飞行器集群化、智能化水平。未来通过大量采用人工智能和群体智能理论技术，不仅确保无人机按命令或预编程完成预定任务，还能对随机出现的目标进行在线推演、自主决策，大幅提升作战效能。

17. 计算机应用

向综合化方向发展。随着平台向体系化作战、多平台协同、快速响应、多任务、高速高精度等方向发展，系统的数据采集、控制、通信等周期越来越短，再加上传感器的通道数和精度的不断提高，对计算机的运算、存储、I/O 等方面的性能提出了更高的要求，同时对计算机的体积、重量和功耗的限制也更加严格。为了满足系统总体要求，平台中分属不同功能设备的多个分布式计算机必须进行统一集中，才能通过运算、存储、I/O 等资源的共享，从总体上更有效地减小体积、重量和功耗。计算机实现综合化以后，实际运行时需要管理更多的软硬资源和完成更复杂的功能，在裸机上直接开发应用软件将非常困难，必须要有嵌入式实时操作系统的支持。

向微系统化方向发展。微系统技术正朝着平面集成到三维集成、微机电/微光电到异质混合集成、结构/电气一体化到多功能一体化集成等方向发展，并正与量子技术、太赫兹技术等前沿交织融合。微系统正在从芯片级、组部件级向复杂程度更高的系统级（微型飞行器、片上实验室等）发展，由于将各种功能高度集成，具有体积小等优点，广泛应用于军事国防、航空航天、仪器测量、无线通信等领域。微系统技术将大力推动新一代军用装备和信息技术，并牵引军民融合与民用产业的突破性发展。

向智能化方向发展。随着智能技术、网络信息、生物交叉、微纳材料等前沿技术的高速发展，各产业方向不断加强与传感、网络、智能的交叉融合，量子通信、蓝领机器人、智能语音、深度学习、移动协作等前沿方向多点突破，人类智能的物化迁移领域不断加大、速度不断加快、程度不断加深、水平不断加强，为又一轮军事革命的智能化发展创造了极为丰富的理论基础、技术条件、产业环境、人力储备与社会价值观念认同。传统智能正在经历"无人化"的革命性迁移，催生"人与机器"分工的重新配置和新的作战能力与作战机制。

18. 探测与导引技术

向多模多体制探测方向发展。多模复合制导技术是精确制导技术的重要发展方向之一，是有效提升精确制导武器的远程精确打击能力和复杂作战环境适应性与对抗先进威胁目标的重要途径。天线罩技术、不同探测体制/探测频段共用口径、信号融合处理、模块化和高集成度等是多模复合探测制导技术的关键。另外，武器系统的口径限制越来越苛刻，对模块化和高集成度提出了更高的要求。这些问题的逐步解决将大大推动精确制导多体制探测技术的发展。

向网络化和智能化方向发展。在大密度、多波次的饱和攻击下，多弹协同已成为防空导弹发展的重要方向之一。协同精确制导技术是通过网络通信技术共享导弹飞行编队中各导弹的制导信息，提高环境适应能力、低可探测目标远距离探测能力及多目标打击能力的一种"分布式"制导技术。通过多枚导弹协调合作，将全面提升导弹武器系统在未来复杂战场环境中的作战效能，提高系统智能化程度和效费比。智能化技术是未来新一代精确制导系统研发面临的关键问题，通过有效突破精确制导系统智能化技术瓶颈，将能使精确制导系统更好地适应在复杂多变的战场环境和激烈博弈的对抗条件下精确打击各类目标的需求。

19. 结构强度与环境工程技术应用

大型复杂结构和微纳结构的模态试验技术、时变结构的模态试验技术、极端服役环境下的模态试验技术将会成为下一步继续解决的关键技术。在动力学分析方面，耦合动力学的需求会越来越强烈，例如结构动力学与气动、控制等多学科的耦合，高温、振动、噪声等多物理场的耦合等，需要对多学科多物理场耦合影响规律、非线性行为等进行深入研究。同时，为了支撑科学研究和工程研制，发展能够综合模拟飞行环境的热气动伺服弹性多学科稳定性试验系统、热振动噪声环境模拟试验系统等也将是未来的发展重点。

重点发展覆盖全面并应用虚拟技术及大数据技术等的动力学试验方法。发展气动噪声、喷流噪声、脉动推力等预示技术，形成能够覆盖飞行器起飞、飞行过程中的载荷源获取方法；进一步发展能够覆盖低、中、高频段的精细化声振力学环境预示技术，力学环境模拟逐步向多场耦合精细化发展；开展虚拟试验方法、试验大数据处理和挖掘技术研究，发展虚实结合的仿真试验分析方法；发展温度 – 湿度 – 盐雾 – 太阳辐射、振动 – 温度 – 内压 – 位移等综合环境试验；加强亥姆霍兹共鸣器、主动隔振平台等主被动、智能力学环境控制产品开发，达到全频段力学环境控制效果，实现工程化应用。

重点开展基于多参数不确定性的热防护系统可靠性设计分析技术、微纳系统可靠性评估与验证技术、全寿命周期综合保障技术与应用方法等研究。突破面向产品可靠性及任务可靠性的多学科建模与仿真技术，提出基于失效机理的故障预计和可靠性仿真分析方法；重点开展多应力综合环境验证与评价技术、加速寿命试验多应力耦合机理与模型等研究，突破极端服役环境热防护结构可靠性评估与验证技术、健康监测与故障快速诊断技术，形成多应力综合环境模拟试验与评价技术规范。

针对新一代航天飞行器的研制需求，未来五年测试专业将朝着以下五个方向发展：一是发展满足以力、热、氧、噪声等为代表的多物理场耦合极端复杂环境下的测试能力；二是需要不断提高现有测试方法的测量精度；三是发展以试验件内部损伤演化动态三维观测与内部力学全场参量测量为代表的前沿性精细化测试能力；四是需要自主研制关键测试仪

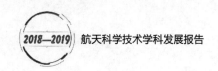

器，摆脱对进口测试仪器的依赖；五是要根据我国航天发展的实际需求，建立具有中国特色的航天测试标准与体系。

20. 航天医学技术应用

面向后续空间站任务，航天医学工程领域应加快推进诸如航天员健康评估、航天员舱内舱外活动、航天员飞行计划、环控生保运行管理、物资管理、系统安全故障诊断等系列模型建设，将飞行任务工况、仿真计算与预测预警技术相结合，确保航天员能够长期安全、高效地完成任务。

航天医学工程学既为空间站运营提供有效支持，又为知识新发现构建了独特平台，未来也将陆续参与火星及太阳系探索活动。与近地轨道载人飞行相比，这些任务将会使航天医学工程学面临更多新的挑战。辐射危害与防护、节律紊乱调整、变重力环境的生理适应、心理健康维护、紧急条件下的医学自主救援、人 – 机 – 车 – 服一体化智能系统和高闭合高效能的混合式生命保障系统等技术尚亟待解决，需要集力发展以人为核心的星际安全健康驻留技术。

21. 航天技术应用

发展航天技术应用产业本质上是要通过航天技术转化和航天产业链延伸，将航天技术推广应用于国民经济领域，从而推动国民经济和社会发展，这是建设创新型国家、实现全面建设小康社会战略目标的客观要求，也是航天科技集团践行科学发展观的战略举措。当前，制约航天科技集团航天技术应用产业实现规模化快速发展的主要矛盾是内部能力不足。从管理体制机制创新和技术创新体系建设两方面加强能力建设，是实现航天技术应用产业创新发展、规模化快速发展的关键途径。

（三）未来发展策略

一是加强对航天的集中统一领导。在相应层面建立航天统筹、协调、决策机制，负责制定国家航天政策，审议国家航天预算，决策航天发展的重大问题。加快制定颁布国家航天强国发展战略，进一步加强航天强国建设的顶层设计，制定并颁布国家航天强国发展战略，明确我国航天的战略定位，确定航天强国建设目标、发展路线、政策措施等。

二是持续实施重大航天工程。在全面完成月球探测、载人航天、高分辨率对地观测系统、第二代北斗卫星导航系统等已有国家重大科技专项基础上，选择重点领域，培育和实施深空探测、重型运载火箭等一批新的重大工程或重大项目，攻克并掌握一批具有自主知识产权的核心关键技术，全面提升航天科技整体水平。

三是加强前沿基础技术研究。推动投入结构从工程为主向工程与基础研究并重转变，进一步增加前沿理论、基础技术和基础原材料元器件等方面研发投入，超前部署战略性、基础性、前瞻性科学研究和技术攻关，积极开展前沿技术探索与应用研究，加强航天技术与物联网、云计算、大数据及其他新技术的融合，全面提升原始创新能力和自主可控能力，打造国家科技创新高地。

四是加强科技创新人才队伍建设。以重大工程实施和基础研究实践为平台，推动建设一批跨行业、跨学科、跨技术领域、跨组织的创新团队，培养造就一批素质高、能力强、具有强烈创新意识的领军人才。完善科技创新人才奖励机制，制定精神奖励与物质奖励相结合的激励措施，对于创新应用团队，以科研院所改制和混合所有制改革为契机，探索制定股权和分红权等中长期激励政策；对于基础研究人员，探索建立中长期评价制度和追溯评价机制，注重在较长时间周期内评价其研究质量、原创价值和实际贡献，最大限度激发各类科技人员创新创造活力。

五是建立兼容开放的航天科研生产新体系。适应社会主义市场经济发展客观规律，充分发挥市场配置资源的决定性作用，更好地发挥政府作用，不断推进航天工业基础与国家工业基础相融合，改变传统体系结构，构建基于系统集成商、专业承包商、市场供应商以及政府公共服务机构，根植于国民经济，融合开放的航天科研生产新体系。

六是加快推动航天产业化商业化发展。当前，随着航天技术快速发展和经济社会需求日益迫切，航天发展的产业化商业化已成为大势所趋。为鼓励和引导航天产业化商业化发展，建议加快出台相关专项政策，支持商业卫星系统建设运营，以及卫星应用增值产品开发与商业模式创新，形成基本公共服务、多样化专业服务与大众消费服务互为补充的产品与服务体系；加快推动航天与互联网、大数据、物联网等新型产业融合发展，培育壮大"航天+"产业，打造新产品、新技术、新业态，在更高层次、更广范围、更深程度服务国民经济发展的同时，全面提升自我造血、可持续发展能力。

参考文献

［1］杨朝，徐慨，杨海亮. 卫星通信干扰信号的检测方法［J］. 指挥控制与仿真，2016，38（6）：125-128.

［2］周子栋，陈自力，高喜俊，等. 无人机数据链常面临的干扰类型的自动识别［J］. 计算机测量与控制，2015，23（11）：3780-3782.

［3］栾恩杰. 中国航天的系统工程［J］. 航天工业管理，2019（10）.

［4］潘燕生. 小卫星粘贴聚酰亚胺薄膜的工艺研究［J］. 航天工艺，2001（1）.

［5］解朝家，李经民，高绍峰，等. 航天复合结构板涂胶贴片设备设计［J］. 机电技术，2019（2）：1-13.

［6］李莺歌，郑建虎，张玉生，等. 蜂窝结构板后埋件拉脱力的影响因素［J］. 宇航材料工艺，2014，44（6）：81-84.

［7］魏莉，吴湘，韩妙玲，等. 复合材料结构板胶膜热破机研制［J］. 航天制造技术，2014（3）：21-25.

［8］赵发刚，周春华，梁大开，等. 卫星典型复合材料蜂窝结构板的冲击定位方法［J］. 振动.测试与诊断，2016，36（6）：1204-1209.

［9］赵美英，孙晓波，万小朋. 蜂窝夹芯结构板芯脱胶修补研究［J］. 航空学报，2003，24（5）：474-476.

［10］邱大朋，贺晟. 厦航正式发布全新企业LOGO和飞机涂装［J］. 空运商务，2012（14）.

［11］宋袁曾，陈洁，毛景. 大型飞机整机涂装自动化实施探讨与展望［J］. 航空制造技术. 2016（10）：52-56.

［12］孙伊，刘红. 密闭舱室内微生物污染问题及其防控体系［J］. 载人航天，2014，20（6）：543-549.

［13］张兰涛，魏传锋，白梵露. 载人航天器 AIT 中心微生物分布特征分析［J］. 航天器环境工程，2014（4）：415-419.

［14］杨彪，杨东升，魏传锋. 载人航天器密封舱内生物剂量三维仿真技术［J］. 航天器环境工程，2013（6）.

［15］王静，水中和，冀志江，等. 银系无机抗菌材料研究进展［J］. 材料导报，2013，27（17）：59-64.

［16］金岩. 载人航天器密封舱内结露的原因及对策［J］. 航天器环境工程，2013（2）.

［17］杨宏，侯永青，张兰涛. 微生物控制——我国空间站面临的新挑战［J］. 载人航天，2013（2）.

［18］谢琼，石宏志，李勇枝，等. 飞船搭载微生物对航天器材的霉腐实验［J］. 航天医学与医学工程，2005，18（5）：339-343.

［19］唐永康，郭双生，艾为党. 载人航天器座舱内生物空气过滤器研究进展［J］. 航天医学与医学工程，2005（3）.

［20］高向德，杨江平，邓斌. 利用直觉模糊集的雷达抗干扰群决策模型［J］. 空军预警学院学报，2019（6）.

［21］杨咪，王安丽，胡正. 基于 SVM 决策树的数据链识别分类［J］. 兵工自动化，2019（12）.

［22］赵潇逸，傅明，单福悦. 航天测控通信技术发展态势与展望［J］. 中国新通信，2019（12）.

［23］闫利军，樵军谋，徐坚，等. 模糊层次分析法中权重求解的线性目标规划模型［J］. 制造业自动化，2018（9）.

［24］李奇，徐慨，杨海亮. 干扰信号检测技术研究［J］. 信息通信，2018（6）.

［25］马金铭，苗红霞，苏新华，等. 分数傅里叶变换理论及其应用研究进展［J］. 光电工程，2018，45（6）：170747.

［26］朱芮，马永涛，南亚飞，等. 融合改进强化学习的认知无线电抗干扰决策算法［J］. 计算机科学与探索，2019，13（4）：693-701.

［27］朱付强，陈亚丁，袁东华. 一种基于 CME 的改进型干扰信号检测算法［J］. 通信对抗，2017（3）：10-14.

［28］栾恩杰. 关于"商业航天"有关问题的讨论［J］. 国防科技工业，2018（8）：28-35.

［29］张磊，田百义，周文艳，等. 木星系多目标探测轨道设计研究［J］. 航天器工程，2018，27（1）：31-36.

［30］王建昭，田岱，张庆祥，等. 木星环绕探测任务中的内带电风险评估［J］. 深空探测学报，2017，4（6）：564-570.

［31］刘治钢，王飞，陈燕，等. 火星表面环境对太阳电池阵设计影响分析与对策［J］. 航天器工程，2016，25（2）：117.

［32］申振荣，张伍，贾阳，等. 嫦娥三号巡视器及其技术特点分析［J］. 航天器工程，2015，24（5）：8-13.

［33］叶培建，黄江川，孙泽洲，等. 中国月球探测器发展历程和经验初探［J］. 中国科学：技术科学，2014，44（6）：543-558.

［34］孙泽洲，张廷新，张熇，等. 嫦娥三号探测器的技术设计与成就［J］. 中国科学：技术科学，2014，44（4）：331-343.

［35］雷英俊，张明，井元良，等. 一种深空探测器电源共用的方法［J］. 航天器工程，2014，23（1）：58-62.

［36］刘治钢，蔡晓东，陈琦，等. 采用 MPPT 技术的国外深空探测器电源系统综述［J］. 航天器工程，2011，20（5）：105-110.

［37］康海波. 同位素电源系统研究进展［J］. 电源技术. 2011，35（8）：1031-1033.

［38］孙泽洲，张熇，吴学英，等. 月球着陆探测器任务分析研究［J］. 航天器工程，2010，19（5）：12-16.

撰稿人：陈　杰　张　超　关晓红　祝　彬

专题报告

航天运载器专业发展报告

一、引言

　　航天运载器是确保人类开展航天活动的重要前提和基础，是实现航天器快速部署、重构、扩充和维护的保障，是大规模开发和利用空间资源的载体，是人类社会进步和新军事变革的重要推动力量。从战略意义上讲，航天发展，运载先行，航天运载器的运载能力有多大，航天的舞台就有多大。航天运载器的技术水平代表着一个国家自主进入空间的能力，也体现了一个国家最终利用空间和发展空间技术的能力，是一个国家航天能力的基础，也是综合国力的象征，应处于优先和重点发展的地位。

　　航天运载器是指往返于地球表面和空间轨道之间，或在轨道与轨道之间运输各种有效载荷的运输工具的总称，包括一次性运载火箭、航天飞机、空天飞机、各种可重复使用航天运载器、载人或货运飞船、轨道运输飞行器、应急救生飞行器以及各种辅助系统。

　　航天运载器可分为以下三种类型：①一次性使用运载火箭（简称运载火箭）：包括小、中、大及重型运载火箭，运载火箭是迄今为止人类进入空间的最主要手段，也是目前我国在内的大多数航天国家进入空间的唯一手段；②重复使用运载器及航天飞机、空天飞机等；③空间运载器：包括上面及轨道转移飞行器、轨道服务飞行器等。另外，随着科学技术的进步，航天运载器领域涌现了许多新型运载器设想或原型，例如核热推进、磁悬浮发射等，本书统一称为新概念运载器。

　　自2013年以来，世界各航天大国纷纷提出新的航天计划，完善运载火箭型谱，实现运载火箭能力升级。2017年6月，美国总统特朗普签署总统令，重新设立国家航天委员会，从国家层面对载人航天、商业航天与军事航天进行顶层规划。美国总统特朗普要求美国制定重返月球计划，并于2017年12月至2018年6月，连续签署了3个航天政策指令，要求NASA在载人航天项目上同私营部门合作，简化商业航天监管，优化空间交通管理。另外，特朗普正着手建立天军，以进一步整合航天力量在军事上的运用。俄罗斯于2016年正式成立了俄罗斯航天国家集团公司，公司拥有原联邦航天局和俄罗斯联合火箭航天公司的职能，该思路与美国航天政策相反，强调产业集中与国家意志力。

我国政府也制定并颁布了一系列战略规划文件。2016 年 12 月，国务院新闻办发表《2016 中国的航天》白皮书，明确指出：研制发射无毒无污染中型运载火箭，完善新一代运载火箭型谱，进一步提升可靠性。开展重型运载火箭关键技术攻关和方案深化论证，突破重型运载火箭总体、大推力液氧煤油发动机、氢氧发动机等关键技术，启动重型运载火箭工程实施。开展低成本运载火箭、新型上面级、天地往返可重复使用运输系统等技术研究。2017 年 11 月，中国航天科技集团公司一院发布《2017—2045 年航天运输系统发展路线图》学术成果，系统规划航天运输系统的能力建设前景与发展蓝图，进一步落实党的十九大提出的建设航天强国的战略目标。

本报告主要包括近五年我国航天运载器主要进展、与国际航天运载器技术研究发展的对比分析、我国航天运载器发展方向与展望等内容。

二、近五年的主要进展

2018 年，中国航天运载技术经过 60 多年的发展，取得了举世瞩目的成就，有力地支撑了以"载人航天""月球探测"和"北斗导航"为代表的国家重大工程的成功实施。长征运载火箭经历了由常温推进剂到低温推进剂、由末级一次启动到多次启动、从串联到并联、从一箭单星到一箭多星、从载货到载人的技术跨越，具备了发射低、中、高不同地球轨道不同类型卫星及载人飞船的能力，近地轨道运载能力达到 14～25t、地球同步转移轨道运载能力达到 14t、入轨精度处于国际先进水平，能够满足不同用户的多种需求。现有长征火箭还具备向月球及太阳系深空发射航天器的能力。

2014—2018 年，我国航天运载器技术在航天发射服务、在役运载火箭技术改进、新一代运载火箭首飞、上面级等空间运载器首飞、重复使用运载器研制、商业运载火箭研制等方面取得了重大进展。

（一）航天发射服务

长征系列运载火箭在 2014—2018 年共进行了 109 次发射，其中 2014 年 15 次、2015 年 19 次、2016 年 22 次、2017 年 16 次、2018 年 37 次，发射的有效载荷包括气象卫星、海洋卫星、资源卫星、通信卫星、导航定位卫星等应用卫星，还包括空间科学与技术试验卫星、空间实验室、载人飞船、货运飞船、月球探测器等。

特别是在这五年中，长征运载火箭成功完成了一系列国家重大工程的发射任务。长征二号 F 火箭分别将天宫二号空间实验室、神舟十一号载人飞船准确送入预定轨道，长征七号成功发射天舟一号货运飞船，为载人航天工程二步二阶段圆满成功做出了重要贡献。长征三号乙火箭和长征四号丙火箭分别发射了嫦娥四号月球探测器和鹊桥中继星，支持了世界首次月球背面软着陆和巡视探测。长征三号甲系列火箭及远征一号上面级用 10 次发射将 19 颗北斗三号导航卫星送入轨道，有力支撑了北斗三号工程基本系统的建成。

长征运载火箭在这五年中完成 109 次发射，占 1970—2018 年以来全部发射任务的 36.7%，5 年成功率达到 97.2%，出色完成了高强密度发射任务，可靠性、运载性能以及发射能力进一步提高。尤其是 2018 年，我国运载火箭发射次数首次达到世界第一，进一步巩固了我国航天大国的地位。

（二）在役运载火箭技术改进

为满足一箭多星发射需求，长征二号丙运载火箭完成了三星并联布局、斜置分离方案研究及工程应用，完成一箭多星总体方案设计及应用，突破一箭多星结构布局、分离及远场安全性分析技术。

为满足未来载人飞船与空间站交会对接特殊需求，长征二号 F 运载火箭扩大了对载人飞船入轨高度要求变化范围的适应能力，并通过神舟十一号飞船飞行任务进行了验证，该技术改进的应用有助于保障未来空间站的在轨寿命。

长征三号甲系列火箭进一步提高型号产品化、通用化进程，从 2016 年开始全面实施去任务化工作，实践了火箭出厂前再明确或再调整执行发射任务的能力，提高了长征三号甲系列运载火箭的市场反应能力，推进了运载火箭的市场化转型和产业化发展。

（三）新一代运载火箭首飞成功

长征六号火箭为新一代小型液体运载火箭，历时 6 年完成研制，首次采用补燃循环液氧煤油发动机及大温差隔热夹层共底储箱等先进技术，发射准备周期 7 天，700km 太阳同步轨道运载能力达 1000kg。2015 年 9 月 20 日，长征六号火箭在太原发射场首飞，一箭 20 星飞行任务取得圆满成功，创造了中国航天一箭多星发射的新纪录，这也是中国新一代运载火箭的首次发射。

长征十一号火箭为长征系列运载火箭第一型固体运载火箭，具有快速测发、长期贮存、保障要求低、使用灵活等特点，具备陆海兼容的发射能力，500km 太阳同步轨道运载能力达 500kg。2015 年 9 月 25 日，长征十一号火箭在酒泉发射场首飞成功，对完善中国航天运输体系、提升快速进入空间能力具有重要意义。2019 年 6 月 5 日，长征十一号海射火箭在我国黄海海域发射，取得我国首次海上发射圆满成功，填补了我国运载火箭海上发射空白，为我国进入空间提供了新的发射样式，使我国成为世界上第一个独立掌握运载火箭海上发射技术的国家。

长征七号火箭为新一代中型液体运载火箭，是中国载人航天工程为发射货运飞船全新研制的火箭，采用全数字化等创新手段研制，近地轨道运载能力达 14000kg。2016 年 6 月

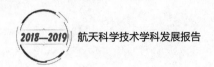

25 日，长征七号火箭在文昌发射场首飞成功，标志着我国新一代运载火箭研制取得重大突破，该火箭基本型和后续改进型将大幅提升我国进入空间的能力。

长征五号火箭为新一代大型液体运载火箭，历时 10 年完成研制，首次采用了大推力液氧液氢发动机、5m 级大直径箭体结构等先进技术，标准地球同步转移轨道运载能力达14000kg。2016 年 11 月 3 日，长征五号火箭及远征二号上面级在文昌发射场首飞，将实践十七号卫星组合体送入预定轨道，任务取得圆满成功，填补了我国大型运载火箭的空白，使我国火箭运载能力水平进入国际先进行列，是我国由航天大国迈向航天强国的重要标志。

（四）上面级等空间运载器首飞成功

以中国第二代卫星导航系统重大专项工程为应用背景开展了 YZ-1、YZ-2 上面级研制，并在此基础上发展出 YZ-1A 和 YZ-1S 两种改型。YZ-1、YZ-2 上面级在轨时间 6.5h、起动次数 2 次。YZ-1A 上面级在 YZ-1 的基础上进行长时间在轨和多次起动改进，在轨时间 48h、起动次数 20 次。YZ-1S 为 YZ-1 的商业版，在轨时间 0.5h。

YZ-1 上面级于 2015 年 3 月 30 日完成首飞，截至 2018 年 11 月已与 CZ-3A 系列火箭组合圆满完成了二代导航重大专项试验卫星及北斗三号工程 12 次 22 颗卫星的直接入轨发射任务。YZ-1A 上面级于 2016 年 6 月 25 日搭载 CZ-7 火箭完成了首飞，将 5 类、6 项载荷送入各自目标轨道。YZ-2 上面级与 CZ-5 火箭组合于 2016 年 11 月 3 日首次发射成功，将实践十七号卫星直接送入地球静止轨道。2018 年 10 月 9 日，YZ-1S 上面级与 CZ-2C 火箭组合执行遥感三十二卫星 01 组卫星发射任务，取得了圆满成功。

YZ-3 上面级具备 20 次以上的自主快速轨道机动部署能力，主要用于异轨多星部署任务，可将多颗卫星分别直接送入预定空间位置，2018 年 12 月 29 日与 CZ-2D 火箭组合圆满完成了一箭多星首飞发射任务。

（五）重型运载火箭研制

重型运载火箭代表一个国家更大更远自主进入空间的能力，是利用和控制空间的前提与基础，是国家综合国力和航天强国的重要标志。自 2016 年起，重型火箭开展了关键技术攻关和方案深化论证，主要目标是完成重型运载火箭总体方案深化论证，形成优化可行的总体方案；攻克影响总体方案的核心关键技术，完成大直径箭体结构、大推力发动机等原理样机研制，具备发动机整机试车条件。论证中的重型火箭最大构型起飞质量超过4000t，近地轨道运载能力 140t，地月转移轨道运载能力约 50t，可以满足未来载人月球探测、火星取样返回、太阳系行星探测等多种深空探测任务需求，保障中国在未来宇宙探索和更大更远空间的话语权。

（六）重复使用运载器研制

为实现对运载火箭子级落点精确控制，结合长征系列运载火箭发射任务，搭载进行了助推器伞降测控终端等飞行试验，后续我国运载火箭残骸落点控制将进入工程应用，大幅提高航天发射安全性。

未来我国运载火箭基础级将具备垂直返回、重复使用的能力。为攻克运载火箭基础级重复使用关键技术，国内开展了垂直起降演示验证试验，正在进行多型重复使用发动机研制。

（七）商业运载火箭研制模式

商业航天及商业发射已成为未来航天运载器领域发展的重要方向。目前我国已成立了中国长征火箭有限公司、航天科工火箭技术有限公司、北京零壹空间科技有限公司、翎客航天技术有限公司、北京蓝箭空间科技有限公司、北京星际荣耀空间科技有限公司等商业航天公司，这些公司以商业模式进行融资、管理，采用低成本技术开展航天运载器或火箭发动机研发。

近五年来商业航天公司以小型运载火箭为主开展航天运载器研制，具体包括快舟一号系列、OS-M系列、朱雀系列、双曲线系列等小型火箭。部分商业航天公司开展了亚轨道运载器飞行试验，朱雀一号火箭于2018年进行了我国首次民营火箭飞行试验。后续各商业航天公司将陆续开展小型运载火箭飞行试验，进入商业发射市场，并开展中型运载火箭或可重复使用火箭研制，以进一步提升自身火箭产品竞争力。

（八）航天合作与国际化发射业务

我国一贯重视与世界各国开展航天领域合作，积极开拓发射市场，合作伙伴遍及欧、亚、非、拉美四大洲，近五年来在相关领域取得了丰硕成果。在高轨通信卫星发射方面，按照"整星出口、在轨交付"的模式，圆满完成老挝通信卫星一号、白俄罗斯通信卫星一号、阿尔及利亚通信卫星的研制与发射任务，为相关国家构建自主通信卫星系统提供基础设施保障。在低轨遥感卫星发射领域，圆满完成了中巴资源卫星、委内瑞拉遥感卫星、"张衡一号"中意地震电磁监视卫星、巴基斯坦遥感双星、中法海洋星、沙特遥感卫星等发射任务。中国长征运载火箭与卫星通过优异表现，为"一带一路"等国家重大倡议的落实与实施以及人类科学探索做出了应有的贡献。

三、与国际发展的对比分析

我国的航天运载器2014—2018年在完成高密度发射、新一代运载火箭或上面级首飞等方面取得了重要突破，但与世界先进水平存在较大差异，主要表现在以下几个方面。

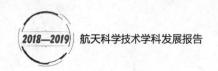

（一）运载火箭方面，已经成为航天大国，但在部分指标方面仍落后于美国、俄罗斯等国家

火箭性能未达到国际主流水平，新一代火箭研制成功后其运载能力也只能与国际水平持平或接近，缺乏执行载人登月等大型任务的能力。火箭可靠性水平落后于国际水平，仅载人运载火箭长征二号 F 可靠性达到 0.98，与国外相当。

发射服务成本优势正在丧失，美国等国家、地区通过提高火箭运载能力、提供多样化的发射服务和组建联合发射服务公司等方式，发射服务价格呈下降趋势；以 SpaceX 公司为代表的新兴民营航天公司通过采用成熟技术、先进管理方法，实现火箭发射成本大幅降低，单位质量发射成本已经和我国长征三号乙火箭相当。

快速发射尚处于起步阶段，在发射周期、发射形式等方面存在差距。日本艾普斯龙小型固体火箭、美国电子号小型液体火箭等均已经取得工程应用或重大进展。我国尚处于起步阶段，主要是长征十一号、快舟一号等火箭。

（二）上面级方面，我国具备了初步的轨道转移能力，但在智能化、先进动力等方面与美国、俄罗斯等国家存在差距

美国、俄罗斯等航天大国成功发展出数十种上面级，包括固体、液体、固液混合，常温、低温，轨道运输及深空探测上面级等。虽然我国目前正在研制一系列先进上面级，具备多次起动、较长时间工作、自主飞行等现代上面级技术特点，但在智能化、先进动力、长时间在轨等方面与美国、俄罗斯等国家存在差距，距离形成完整的对外发射服务体系还有差距。

上面级智能化水平较低，不具备在轨健康检测和管理能力，在线任务规划能力有待提升；针对特定的空间运输需求，任务适应性较差。上面级动力系统性能较低，暂无低温动力上面级，在一定程度上限制了空间运输能力的提升。美国半人马座、俄罗斯 KVRB 上面级、欧洲阿里安 5 低温上面级为氢氧低温上面级，质子号 DM 上面级为液氧煤油上面级。目前，我国在高比冲、绿色无污染的氢氧低温上面级、液氧煤油上面级研制方面还存在空白。上面级目前在轨时间最长为数天级，国外部分上面级在轨时间长达数十天，在轨时间短限制了完成空间运输任务的灵活性。

（三）重复使用运载器方面，我国当前技术基础落后，投入不够，整体进展缓慢，与美国差距较大

重复使用是未来航天运输系统的重要发展方向和趋势，美国开展研究工作最早，投入最大，研究成果最多，在重复使用运载器技术方面积累了大量的技术储备，能力建设卓有成效。美国航天飞机既实现了有翼式飞行器水平着陆方式的重复使用，也实现了助推火箭的海面伞降回收方式的重复使用。美国 X-37B 轨道飞行器、猎鹰 -9 火箭、新谢泼德火箭

在大量的技术攻关和试验验证基础上，已完成多次整机或基础级的再次飞行。

我国关于重复使用运载器主要集中在方案论证和关键技术攻关层面，尚未经过系统级的飞行演示验证试验考核。

（四）在基础技术储备、生产制造方面与世界先进国家存在较大差距

我国基础技术、生产制造水平整体上落后于美国、俄罗斯等航天大国。受国内科技工业水平限制，我国航天运载器整体技术水平落后于国际先进航天运载器。总体和系统设计偏于保守，材料、工艺等基础技术仍然薄弱，在发动机水平、结构制造水平、精细化设计方法、气动与热环境设计等方面与世界先进国家存在较大差距。

另外，上述差距造成运载火箭模块规格偏多，设计制造产品化程度不高，生产与测试发射准备周期偏长，制约了运载火箭履行发射服务效率。

四、发展方向与展望

构建性能卓越、模块通用、环境友好、分布合理、体系完整的航天运输系统，大幅提升我国进入空间、空间运输和天地往返的能力。满足我国按需发射、自由进出空间的要求，能够支撑我国高效利用空间的各项任务按需开展，在空间领域具有完全自主的话语权和领导力；能够支撑完成如载人登陆小行星、月球基地建设、载人登火等标志性工程，为建设航天强国提供有力支撑。

（一）我国航天运载器未来发展方向

1. 持续完善我国航天运载器基础能力建设及研制模式

扩大航天工业体系开放力度，通过军民融合，广泛吸纳外部行业、企业参与航天配套生产。传统的"总体 - 分系统 - 单机"研制模式已不能完全适应未来航天运输系统的快速研制，后续应打破传统分工界面。通过完善设计工具、集成设计平台，引入并行工程方法，打造数字火箭研发支撑环境，实现设计资源统一管理，形成数字化运载火箭设计体系。以信息化、自动化、柔性化、生态化为目标，以"两化"融合为手段，构建航天运载器先进制造能力体系，实现敏捷制造、精益生产，提升组批生产能力。

2. 持续提升运载火箭智能化水平，着力打造智慧火箭

智慧火箭的核心概念是在全寿命周期研制模式下，运载火箭具备相当的智能化水平，其本质是"运载火箭 + 创新"，其发展方向是传统运载火箭与新一代信息与制造技术的结合，其表现形式是"智慧火箭 = 智能研制 + 智能产品 + 智能制造 + 智能过程控制"。

智慧火箭融合目前高效的信息化思路和手段对现有运载火箭全面升级：基于数据驱动的总体专业数字化设计能力与虚实结合的数字化验证能力对研制模式升级，基于故障诊断

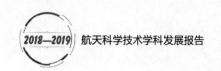

与信息应用技术发展对智能产品升级，基于"中国制造 2025"工业体系变革对智能制造升级，基于大数据应用对智能过程控制升级，最终将推动全生命周期研制流程的跨越式优化，实现新型运载火箭研制效率、质量、技术水平的全面提升。

3. 加快重型运载火箭研制和新一代运载火箭更新换代

重型运载火箭代表了世界运载火箭发展的最高水平。重型运载火箭的研制将使我国航天技术及空间探索应用水平跃上新的台阶，还将进一步推动我国在机械、人工智能等领域的技术突破，也将推动新材料、新工艺等工程应用。

随着长征五号等新一代运载火箭的首飞成功，新一代运载火箭将越来越多地承担国家重大工程和主战场的发射任务，逐步分担现役运载火箭的任务量，加快更新换代的步伐。在未来 10 年全面完成常规运载火箭向新一代运载火箭更新换代。

4. 降低运载火箭发射成本，提升国际商业市场竞争力

我国运载火箭未来将参与国际商业发射服务竞争。运载火箭总体设计要实现高度集成化，将众多单机产品进行有效整合，以最简化的方式实现原有的多种功能。采用模块化、组合化、系列化、产品化思路，构建通用子级模块，研制生产充分借用社会资源，面向社会采购，在可靠性与低成本的矛盾要求中寻求到契合点。另外，一级、助推器等基础级回收重复使用或者整流罩、发动机等部段回收重复使用是降低运载火箭发射成本的重要发展方向。

5. 在需求与总体牵引下，发展高性能航天运载器发动机

以新一代运载火箭总体需求为牵引，持续改进现有液氧煤油发动机和液氧液氢发动机，简化使用维护操作流程，提高发动机任务适应能力；开展发动机工艺验收试车后贮存技术研究，获取发动机完整的贮存信息，确保发射可靠性；对发动机大范围推力调节和多次起动技术进行研究，拓展发动机的应用范围；应用结构拓扑优化技术，同时结合发动机增材制造技术，提高发动机的推重比。开展五百吨级液氧煤油发动机、千吨级固体发动机等大推力发动机及高性能液氧液氢发动机、液氧甲烷发动机研制，支撑重型运载火箭及未来新一代运载火箭。

（二）我国航天运载器技术发展方向

1. 一次性运载火箭技术

对标世界航天强国先进技术发展方向和我国建设航天强国发展目标，我国一次性运载火箭需重点发展总体精细化设计、先进测试发射、自主在线智能控制、液体发动机健康诊断、先进冷氦增压、轻质多功能一体化结构、子级残骸落区控制、发射场无人值守等技术。

2. 重复使用运载器技术

重复使用运载火箭未来重点关注并掌握垂直起降重复使用技术，实现火箭的基础级或者部段重复使用，并开展整流罩、助推器等子级回收技术验证，加以工程应用。

针对火箭动力完全重复使用运载器，开展逐步递进演示验证，攻克重复使用总体设计

优化、重复使用发动机、飞行器气动布局及气动特性、高超声速气动力/热环境精确预示、承载防热一体化结构等关键技术。

3. 空间运载器技术

我国上面级未来需重点发展高性能、智能化低温上面级技术，具体包括：空间液氧甲烷发动机技术、空间液氧煤油发动机技术、空间液氢液氧发动机技术、结构承载一体化技术以及低温推进剂长期管理技术。

4. 新概念运载器技术

磁悬浮发射系统为一项复杂的系统工程，涉及很多关键技术和工程难题，如大功率直线电机驱动技术、电源供应系统和分布式电源设计、高速轨道的承载性能、高速助推下运载器的气动特性和安全分离技术等。

组合动力技术是未来重复使用运载器动力技术的主要发展方向，采用了组合动力的航天运载器理论上具有从零速度水平起飞、单级入轨的能力，与采用火箭发动机的传统航天运载器相比具有更丰富的飞行任务模式、更快的响应时间、更强的机动能力和更高的经济性，但面临的技术难度极大。

参考文献

[1] 李洪. 智慧火箭发展路线思考 [J]. 宇航总体技术，2017（1）：1-7.
[2] 鲁宇. 中国运载火箭技术发展 [J]. 宇航总体技术，2017（2）：1-8.
[3] 龙乐豪. 我国航天运输系统 60 周年发展回顾 [J]. 宇航总体技术，2018（3）：1-6.
[4] 秦旭东. 我国航天运输系统成就与展望 [J]. 深空探测学报，2016（10）：315-322.
[5] 王小军. 长征 -7 运载火箭首次飞行任务圆满成功 [J]. 国际太空，2016（8）：29-33.
[6] 郝照平. 运载火箭百发工程总体拉动专业的协同策划与实施 [J]. 航天工业管理，2013（9）：4-8.
[7] 徐大富. 垂直起降重复使用运载火箭发展趋势与关键技术研究进展 [J]. 科学通报，2016（7）：3453-3463.
[8] 刘晓. 关于规范我国商业航天运载火箭发展的思考 [J]. 航天工业管理，2018（2）：41-43.
[9] 范瑞祥. 中国新一代中型运载火箭总体方案及发展展望 [J]. 导弹与航天运载技术，2016（8）：1-4.
[10] 陈海鹏. 美国私营航天运输系统企业创新解析 [J]. 中国航天，2016（10）：30-33.

撰稿人：常武权　徐利杰　秦旭东　牟　宇　秦　瞳

审稿人：余梦伦　容　易　宋　强

大事记

2014 年 12 月 7 日，长征四号乙火箭成功将中巴地球资源卫星送入预定轨道。中国长

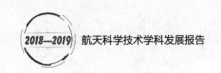

征系列运载火箭至此实现 200 次发射。

2015 年 3 月 30 日，长征三号丙火箭及远征一号上面级成功发射北斗三号导航卫星，此次发射为我国上面级首次飞行，上面级具有多次启动、长时间工作等特点，大幅提升了我国航天运载器任务适应能力。

2015 年 9 月 20 日，长征六号火箭首飞取得圆满成功，验证了大推力液氧煤油发动机等关键技术，这也是中国新一代运载火箭的首次发射。

2015 年 9 月 25 日，长征十一号火箭首飞取得圆满成功，这是中国长征系列运载火箭家族第一型固体火箭，满足自然灾害、突发事件等应急情况下卫星发射需求。

2016 年 6 月 25 日，长征七号火箭及远征一号甲上面级在文昌发射场首飞取得圆满成功，这是我国新一代中型火箭和新一代航天发射场的双首秀，揭开了空间实验室飞行任务的序幕，是我国载人空间站工程建设过程的重要节点。

2016 年 9 月 15 日和 10 月 15 日，长征二号 F 火箭成功将我国首个空间实验室天宫二号和神舟十一号载人飞船送入太空，航天员景海鹏、陈冬东完成了长期驻留的关键技术试验。

2016 年 11 月 3 日，长征五号火箭及远征二号上面级首次飞行试验成功，我国航天运载器运载能力实现了大幅度跨越。至此中国新一代运载火箭长征五号、长征六号、长征七号、长征十一号均完成首次飞行。

2017 年 1 月 9 日，快舟一号甲火箭首飞取得圆满成功，完成灵巧视频星等三颗民用卫星发射，实现了我国商业模式研制的运载火箭首次发射。

2017 年 4 月 20 日，长征七号火箭成功发射天舟一号货运飞船，天舟一号货运飞船与之前发射的天宫二号空间站实验室进行交会对接，验证了推进剂在轨补加等空间站建造与运营的关键技术。

2017 年 5 月 16 日，长征八号火箭正式立项，该火箭基于组合化、模块化、系列化原则研制，是按照商业模式开展研制的中型运载火箭。

2017 年 7 月 2 日，长征五号火箭第二次飞行试验失利。

2018 年 5 月 21 日，长征四号丙火箭发射鹊桥中继星，该卫星为后续嫦娥四号月球探测器在月球背面与地球进行通信提供中继支持。

2018 年 10 月 9 日，长征二号丙火箭及远征一号 S 上面级成功发射遥感卫星，本次发射是远征一号 S 上面级首次飞行。

2018 年 10 月 27 日，我国第一枚民营运载火箭朱雀一号发射，火箭升空后三级出现异常，发射失利。

2018 年 12 月 8 日，长征三号乙火箭成功发射嫦娥四号月球探测器，为世界首次在月球背面软着陆和巡视探测奠定了基础。

2018 年 12 月 29 日，长征二号丁火箭及远征三号上面级成功发射云海二号等卫星，此次发射为远征三号上面级首次飞行，填补了国内异轨多型发射部署的空白。

航天器专业发展报告

一、引言

2013 年以来，我国航天事业持续快速发展，自主创新能力显著增强，空间基础设施不断完善，空间科学、空间技术、空间应用取得丰硕成果。高分辨率对地观测系统重大专项稳步推进，引领中国卫星对地观测能力大幅提升。我国北斗全球卫星导航系统基本系统建设完成，已对外宣布正式向全球用户提供无源定位、导航和授时服务。通信卫星国际合作和整星出口成果丰富，我国在国际商业通信卫星市场的影响力不断提升。"慧眼""悟空"等科学与技术试验卫星发射升空，为空间环境探测、空间科学试验和新技术验证提供了支撑平台。同时，航天器总体设计技术取得了较大进展，保证了上述各类卫星的成功发射和在轨稳定运行。

党的十九大提出了"建设航天强国"的战略目标，明确了未来的奋斗方向。从总体上看，我国航天器的整体水平居世界前列，航天器年入轨数量、在轨航天器规模已经处于世界第二，为我国的国民经济和社会发展做出了应有的贡献。但是在航天器性能、应用效益效能、国际影响力等方面还存在一定差距，需要坚持创新驱动，推动空间技术不断向前发展。

二、近五年的主要进展

（一）遥感卫星

1. 主要进展情况

2013—2019 年，在高分辨率对地观测系统重大专项、国家空间基础设施规划等重大工程促进下，我国遥感卫星技术进展迅猛，在轨遥感卫星数量、种类、性能和数据获取能力、产品质量等都在向国际先进水平看齐。卫星系统顶层规划能力不断增强，逐步形成高中低空间分辨率配置合理、多种观测手段优化组合的综合高效全球观测能力；卫星优化设计能力不断提升，多颗新研卫星首发成功，在轨运行应用卫星数量迅速增多。

陆地观测卫星方面，随着上一个五年阶段高分辨率光学遥感卫星应用取得显著成果，近年来完成了多星后继星及组网星发射。2015 年 10 月 26 日发射的天绘一号 03 星，主要用于科学试验、国土资源普查、地图测绘、农作物估产及防灾减灾等领域；2016 年 5 月 30 日发射的资源三号 02 星，其立体影像的分辨率进一步提高，可用于生产全国 1∶5 万基础地理信息产品，开展 1∶2.5 万以及更大比例尺地图的修测和更新；同时，也为国土资源调查与监测、防灾减灾、农林水利、生态环境、城市规划与建设、国家重大工程等领域提供服务。高分辨率对地观测系统建设全面推进，2014 年 8 月 19 日发射的高分二号卫星实现亚米级光学遥感探测，2016 年 8 月 10 日发射的高分三号合成孔径雷达卫星分辨率达到 1m，2015 年 12 月 29 日发射的高分四号卫星是中国首颗地球同步轨道高分辨率对地观测卫星。图 1 是高分三号微波遥感首都机场影像。2018 年 5 月 9 日，高分五号卫星发射升空，这是我国首颗实现对大气和陆地综合观测的全谱段高光谱遥感卫星。2018 年 6 月 2 日，高分六号发射成功，与高分一号组成 "2m/8m 光学成像卫星系统"，主要用于农业、林业和减灾业务领域。

图 1　高分三号微波遥感首都机场影像

海洋观测卫星方面，也完成了多颗后继星及组网星发射。其中 2018 年 10 月 25 日发射的海洋二号 B 星，接替已超期服役的海洋二号 A 星，可持续对海面风场、海浪、海流、海面温度、海上风暴和潮汐进行监测，形成连续、稳定的海洋环境监测与数据获取能力，同时卫星还具备全球船舶识别（AIS）和海洋浮标测量数据收集（DCS）等功能，进一步推动和促进海洋领域的应用研究。2018 年 9 月 7 日发射的海洋一号 C 卫星是我国民用空间基础设施中"十二五"海洋业务卫星的首发星，也是我国海洋水色系列卫星的第三颗星，主要用于全球大洋水色水温环境业务化监测，将为中国海洋生物资源开发利用、河口港湾的建设与治理、海洋污染监测与防治、海岸带资源调查与开发，以及全球环境变化研究等领域服务。2019 年 6 月 5 日，捕风一号 A、B 卫星以海上发射的方式成功发射，主要用于台风等极端天气监测，可准确测量海面风场，实现精准预报台风。

大气观测卫星方面，2014 年 12 月 31 日发射的风云二号 08 星，主要用于获取可见光、红外云图和水汽分布图，收集气象、海洋、水文监测数据。2016 年 12 月 11 日发射的风云四号气象卫星装载 4 种先进有效载荷，整体性能达到国际先进水平，是我国静止轨道气象卫星从第一代（风云二号）向第二代跨越的首发星，实现了中国静止轨道气象卫星升级换代和技术跨越。2018 年 6 月 5 日发射的风云二号 H 星，是我国第一代静止轨道气象卫星的最后一颗，将与在轨的风云二号 E、F、G 星开展组网观测，对于保证我国两代静止轨道气象卫星业务接续有着重要意义。"风云"系列气象卫星已形成极轨卫星上、下午星组网观测，静止卫星"多星在轨、统筹运行、互为备份、适时加密"的业务格局，使我国成为世界上三个同时拥有地球静止轨道气象卫星和太阳同步轨道气象卫星的国家之一。

我国的商业遥感卫星蓬勃发展，2015 年 10 月 7 日，吉林一号遥感卫星一箭四星（光学 A 星、视频 01 星和 02 星和一颗灵巧验证星）组网升空，这是我国首批自主研发的商业高分辨率遥感卫星。近年来，吉林一号视频星 03~08 星陆续发射升空，吉林一号光谱 01 星、02 星于 2019 年 1 月 21 日发射升空。目前吉林一号卫星主要应用于国土资源监测、土地测绘、矿产资源开发、智慧城市建设等。高景一号 01 星、02 星于 2016 年 12 月 28 日发射升空。高景一号 03、04 星于 2018 年 1 月 9 日发射升空，其与高景一号 01、02 星组网运行，中国首个 0.5m 高分辨率商业遥感卫星星座首期正式建成。

此外，2018 年 7 月 9 日发射的巴基斯坦遥感卫星一号是我国向巴基斯坦出口的第一颗光学遥感卫星，主要用于国土资源普查、环境保护、灾害监测和管理、农作物估产和城市规划等领域，助力中巴经济走廊和"一带一路"建设。2018 年 10 月 29 日发射了中法海洋卫星，卫星搭载两台海洋科学观测设备，可以首次实现全球风浪同步观测。

2. 技术发展与成果

我国近年来在遥感卫星领域取得了一系列成就，突破了以高分辨率对地观测、大比例尺测绘、敏捷成像、海洋动力、低轨高分辨率 SAR 成像、高轨 SAR 成像卫星为代表的一系列先进遥感技术，形成了低、中、高轨道的大中型遥感卫星平台，以更加快速、更加融合、更加创新的姿态，牵引基础研究，吸纳前沿技术，支撑国民经济发展，满足国家战略需求。

在卫星体系规划方面，提出国家民用空间基础设施规划，从体系顶层设计入手，从战略性、科学性和可操作性角度出发，明确未来一段时期内我国民用空间基础设施发展的指导思想、发展目标与发展路线，用以指导民用空间基础设施建设有序推进。

在卫星系统技术方面，随着测绘卫星技术的发展，遥感卫星总体技术在遥感图像的几何精度提高方面有了长足的进步，突破了时间同步、温度控制等高精准控制技术，将我国遥感卫星的影像质量提高上一个台阶。

在卫星平台技术方面，控制、推进方面突破了 GNSS 导航技术、甚高精度星敏技术、高精度陀螺技术等；供配电方面进一步提升了高效三结砷化镓的转化效能；数据传输方面，进一步提高了对地数据传输的码速率，突破了大容量数据存储、在轨高效处理、星地激光数据传输等多项关键技术；攻破了任务自主规划、平台 – 载荷 – 控制一体化设计等多项系统级关键技术，完善了多个成熟的卫星平台，形成稳定的型谱产品，扩展了平台的应用。

在卫星载荷技术方面，针对不同环境要素的探测需求，扩展载荷工作新频段，发展太赫兹、紫外、激光等新型载荷手段，攻克多 / 超光谱、多模式、多极化、多功能一体化等新型载荷技术；针对现有探测手段进一步提高应用效能需求，开展大口径、高性能载荷研制，提高载荷的空间 / 光谱分辨率、观测幅宽、探测灵敏度、测向定位精度；针对技术储备需求，探索分离式载荷、稀疏孔径成像、量子成像、薄膜衍射成像、微波光子技术等前沿技术，为有效载荷的跨越式发展提供有效途径。

（二）通信卫星

1. 主要进展情况

2013—2019 年，我国通信卫星的整体水平迅速提升，实现了与国际一流从跟跑到并跑的跨越，自主研制的通信卫星覆盖全球超过 80% 的人口，超过 58% 的面积。

国际市场开拓方面连战连胜。先后研制并发射了老挝一号卫星、亚太九号卫星、白俄罗斯通信卫星、阿尔及利亚通信卫星、亚太 6C 卫星，国际商业卫星的成功履约，进一步扩大了我国在国际商业通信卫星市场的影响力。2016 年发射的白俄罗斯通信卫星首次实现了中国航天东方红四号卫星平台卫星成功出口欧洲的目标，对提升中国卫星国际市场竞争力具有重要意义。2017 年发射的阿尔及利亚通信卫星是我国研制的首颗国际商业高通量卫星，整星载荷设计灵活，卫星 Ku 频段有效载荷设计增加多种切换功能，通道具备可切换能力，提高卫星载荷应用的灵活度，充分满足用户要求。卫星研制过程形成东方红四号卫星平台标准化三维模型和数字化设计模板，全面提升通信卫星数字化设计水平，研制效率显著提升。

国内通信市场方面取得重要进展。先后研制并发射了中星1C、中星2C、天通一号、中星16、中星9A、中星2D、中星6C、天链2A等。2016年发射的天通一号卫星，是我国首颗大容量地球同步轨道移动通信卫星，主要技术指标达到同类卫星国际先进水平，极大提高了中国地球同步轨道通信卫星技术水平，标志着中国卫星移动通信进入手机时代，为推动国防建设和经济建设起到了重要作用。2017年4月发射升空的中星十六号卫星（又名实践十三号卫星）是我国首颗高通量通信卫星，卫星采用Ka频段多波束天线技术，支持多用户、大容量双向通信，投入使用后在民航、铁路、海运、医疗、教育、能源和金融等领域广泛应用，对光纤网络和移动互联网的薄弱环节起到重要补充作用，大力推进我国天地一体化信息网络的建设，开启"宽带中国"新纪元。中星十六号卫星在轨效果图见图2。

图2　中星十六号卫星在轨效果图

2. 技术发展与成果

近年来我国通信卫星技术实现了跨越式发展，主要体现在以下几个方面：

在卫星平台技术方面，东方红四号卫星增强型平台的研制实现了我国主力通信卫星平台能力提升，完善了我国地球同步轨道公用卫星平台的型谱，提升了我国在国际通信卫星市场上的竞争力，平台能力和整星技术指标已达到国外同类卫星平台先进水平。平台应用多项国际先进技术，包括多层通信舱技术、电推进技术、综合电子技术、锂离子电池技术和重叠可展开天线技术等，使平台承载能力显著提升。东方红五号卫星平台是我国新一代超大容量地球同步轨道公用卫星平台，具有高承载、大功率、高散热、长寿命、可扩展等特点，采用了桁架式结构、分舱模块化设计、大功率供配电系统、先进综合电子系统、大推力多模式电推进系统、二维多次展开的半刚性太阳翼、高比能量锂离子电池、可展开热辐射器等多项先进技术。

在卫星应用效能方面，天通一号卫星是我国独立自主研制的首颗地球同步轨道移动通信卫星，首次突破同频多波束整体优化方法，实现了多波束 AEIRP、C/I 和功率动态调配能力的整体优化设计，具备多波束覆盖区和功率动态调配能力；建立了通信卫星多波束设计规范和软件系统，建设了高精度幅相分布测试系统、大型平面近场无线测试系统、大型水平近场无线测试系统、热真空高低变频幅相测试系统等一整套多波束验证测试系统，成功解决了大口径多波束天线的地面验证难题，波束形成质量和地面测试、在轨测试精度均达到国际先进水平。中星十六号卫星是东方红四号 S 卫星平台全配置首发星，卫星首次使用电推进完成全寿命期内南北位保任务，大幅提升卫星承载比；首次采用 Ka 频段多波束宽带高通量通信系统，单颗卫星星地系统最高通信容量超过 20Gbps；搭载激光通信系统，采用直接探测体制，可实现远距离、高速星地双向通信能力，最高通信速率达 2.4Gbps。

（三）导航卫星

1. 主要进展情况

我国北斗二号区域卫星导航系统于 2012 年建成，由 14 颗组网卫星组成，可为亚太大部分地区提供卫星导航定位和授时服务。2016 年和 2018 年，北斗二号卫星导航系统先后发射 2 颗 IGSO 备份星和 1 颗 GEO 备份星，实现了北斗二号区域卫星导航系统的持续稳定运行。2019 年 5 月 17 日，北斗二号第 20 颗卫星发射成功，为北斗二号工程画上圆满句号。

2015 年和 2016 年，我国北斗三号全球卫星系统先后发射 5 颗试验卫星，全面突破了一箭双星全桁架卫星平台、新型导航信号体制、星间链路、新一代高精度星载原子钟、电源控制器、锂离子蓄电池、星载综合电子等关键技术，验证了全球卫星导航系统方案、技术体制和技术状态，为组网星研制奠定了坚实基础。

2017 年和 2018 年，我国北斗三号全球卫星系统先后发射 19 颗正式组网卫星，完成了北斗三号基本系统建设，并正式对外提供服务，北斗系统服务范围由区域扩展为全球，正式迈入全球时代。北斗全球系统服务精度和服务能力与美国 GPS 系统相当，同时北斗全球系统强化区域有源定位、全球短报文、星基增强等特色服务，打造差异化优势。

2019 年 4 月 20 日，北斗三号首颗倾斜地球同步轨道卫星发射升空。2019 年 6 月 25 日，北斗三号第 2 颗倾斜地球同步轨道卫星发射升空。卫星对于保障北斗区域系统向全球系统的平稳过渡、进一步提升我国及周边地区、南北极地区的服务性能具有重要作用。

北斗导航系统演示图见图 3。

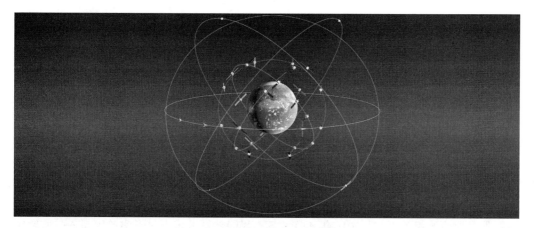

图 3 北斗导航系统演示图

2. 技术发展与成果

我国导航卫星技术近年来的发展主要体现在以下几个方面：

首次实现新型导航信号播发，服务能力大幅提升。建立了自主创新的全球导航信号体制，提升信号利用效率和兼容性、互操作性，信号数量和质量大幅提高，实现了北斗系统多个信号平稳过渡、与国际其他卫星导航系统兼容等。采用先进调制技术，增强了捕获灵敏度和弱信号接收稳健性。首次实现有源定位业务多波束、大容量、高增益及可动波束覆盖，区域短报文通信服务能力增大为 1000 个汉字，容量提升 10 倍，用户发射功率降低为 1/10。首次实现全球短报文通信服务，支持位置报告、短报文、非实时语音和图片传输等。

突破多轨道混合星座星间链路技术。提出并实现了北斗三号中、高多轨道联合工作的星间链路体制，突破了星间链路关键技术，通过了在轨试验验证，形成了具有自主知识产权的星间链路系统方案的设计，解决了我国导航卫星管理无法全球布站的难题。

自主研发独具特色的导航卫星平台。自主研发我国首个全桁架式卫星平台，突破卫星构型优化、结构力学影响等关键技术，解决导航卫星现有平台难以满足一箭多星发射的难题，卫星承载比等指标达到国际先进水平。

导航卫星核心器部件自主可控。突破了星载原子钟、行波管放大器等核心单机关键技术，攻克了国产部件长寿命指标考核等瓶颈难题，实现了 CPU、高性能 DSP 等百余项国产元器件上星应用，形成了完整的卫星产品及应用指南。

导航大型星座高效管理。突破导航卫星高精度光压建模、导航星座健康评估及预测等关键技术，北斗系统的轨道预报精度显著提高，提升了系统服务精度。空间段可用性、连续性达 100%，卫星导航信号非计划中断大幅降低。

创新导航卫星组批研制管理新模式。推动面向组批研制的流程优化和生产基线管理，确保星座高质量、高效率组网，开展了从技术到管理、从系统到产品的创新，覆盖了设

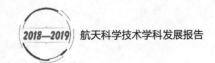

计、工艺、过程控制、集成验证、在轨支持、风险管理全周期全要素，研制模式和管理体系实现了跨越式转变。

（四）空间科学与新技术试验卫星

1. 主要进展情况

2013—2019 年，根据空间技术发展需求，我国空间科学与技术试验卫星蓬勃发展，主要进展如下：

空间科学卫星方面，2015 年 12 月 17 日成功发射暗物质粒子探测卫星——"悟空"，可通过在空间高分辨、宽波段观测高能电子和伽马射线寻找和研究暗物质粒子，开展宇宙线及伽马射线的相关研究。2016 年 4 月 6 日，我国首颗微重力科学实验卫星——实践十号发射升空，卫星利用太空中微重力等特殊环境，开展科学实验，以研究、揭示微重力条件和空间辐射条件下，物质运动及生命活动的规律。2016 年 8 月 16 日，世界首颗量子科学实验卫星墨子号在酒泉卫星发射中心发射升空，开展对量子力学基本问题的空间尺度实验检验。2016 年 12 月 22 日发射的全球二氧化碳监测科学实验卫星，是我国首颗用于监测全球大气二氧化碳含量的科学实验卫星。2017 年 6 月 15 日，硬 X 射线调制望远镜卫星——"慧眼"成功发射，填补了我国空间 X 射线探测卫星的空白，实现我国在空间高能天体物理领域由地面观测向天地联合观测的跨越。硬 X 射线调制望远镜卫星示意图见图 4。

技术试验卫星方面，2016 年 11 月 10 日，脉冲星试验卫星成功发射，主要用于验证脉冲星探测器性能指标和空间环境适应性，积累在轨试验数据，为脉冲星探测体制验证奠

图 4 硬 X 射线调制望远镜卫星示意图

定技术基础。2017 年 3 月 3 日，"天鲲一号"技术试验卫星升空，主要开展遥感、通信和小卫星平台技术验证试验，拓展了我国小型低轨通信卫星平台型谱。通信技术试验卫星实现重大跨越，中星十六号卫星实现了技术试验和示范应用的结合，开展的地球同步轨道激光通信等技术试验取得圆满成功；通信技术试验卫星一号、二号、三号分别于 2015 年 9 月 12 日、2017 年 1 月 5 日、2018 年 12 月 25 日发射升空，开展了相关通信技术验证。

2. 技术发展与成果

经过多年的积累，我国空间科学与技术试验实现多方向发展，实现了我国高能宇宙线及伽马射线探测卫星，用于寻找空间暗物质粒子。首次直接测量到了电子宇宙射线能谱在 1TeV 处的拐折，反映了宇宙中高能电子辐射源的典型加速能力。利用我国服务能力升级后的返回式卫星，开展了空间微重力及生命科学实验，服务于我国的能源、农业和健康等国家战略目标，为解决地球上的现实问题提供帮助；外太空导线绝缘层着火实验等项目结合航天器防火等关键技术需求，为我国航天工程后续发展提供支撑；哺乳动物早期胚胎发育、造血与神经干细胞三维培养等项目瞄准空间生命科学的前沿课题，对人类未来走向太空有重要意义。墨子号在国际上首次成功实现了从卫星到地面的量子密钥分发和从地面到卫星的量子隐形传态。硬 X 射线调制望远镜卫星实现了宽谱段、大有效面积和高时间分辨率的空间 X 射线探测和 200keV–3MeV 低能段伽马射线暴监测，是国际上空间高能物理方面重要的天文观测设备之一。

在卫星平台技术方面，根据不同卫星任务和有效载荷的特点，实现了大载荷与卫星重量比设计；在原返回式卫星技术基础上，实现了多舱可分离流体回路控温技术、整星微重力保障技术、部分产品可重复使用技术等；硬 X 射线调制望远镜卫星采用直接解调成像方法，解决了低成本探测器高精度成像问题，硬 X 射线调制望远镜探测载荷种类全，基本覆盖整个 X 射线谱段，实现了适应无固定对地面惯性空间定向姿态控制机动状态下，复杂的热控保障、对地测控与数传保障以及载荷长期工作下的能源保障的能力。

技术试验方面，开展了脉冲星导航技术空间飞行试验研究，验证脉冲星探测器性能指标和空间环境适应性，积累在轨试验数据，为脉冲星探测体制验证奠定技术基础。天鲲一号卫星采用模块化的设计思想，以高度集成的星载综合电子系统为核心，形成通用化的小卫星平台。通信技术试验卫星实现了 Ka 频段宽带高速率通信技术试验验证。

三、与国际发展的对比分析

（一）遥感卫星

当前我国遥感卫星正处于科研试验型向业务应用型转变，以国外卫星数据为主向以国内卫星数据为主转变的历史阶段，与国外遥感卫星相比尚存在以下问题和挑战。

高分辨率自主卫星数据源短缺。目前，我国在轨运行的民用遥感卫星高分辨率观测卫

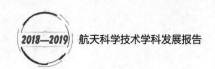

星资源缺乏。由于自主卫星数量少、数据质量不高，致使卫星数据源保障不足，高分辨率遥感卫星数据市场被国外公司长期垄断，相当一部分民用高分辨率遥感数据要依赖国外卫星提供，这对保障我国资源安全、实施"走出去"战略也构成潜在威胁。

业务卫星未形成保障能力。目前对地观测卫星由于缺乏稳定支持，形成了业务断档的尴尬局面，包括资源卫星、海洋水色卫星、环境卫星等，多已超过设计寿命。而后续卫星延续计划滞后，业务卫星发展模式有待确定，业务应用急需的规模化效益、稳定化服务、定量化应用能力得不到保障。

高效率高质量的数据保障能力不足。在某些领域如全球气候变化专题监测方面还存在空白，系统整体性能与国外先进水平相比差距很大，尚未形成全天候全天时多谱段全球观测能力。国内遥感卫星平台在柔韧性设计、关键部件性能、使用寿命、机动能力、微振动抑制能力、在轨稳定性方面尚存在差距，现有民用遥感卫星主要偏重于满足国内需求，在卫星种类、轨道设计、载荷配置、星座设计、数据传输等方面尚未考虑全球观测的需求，尚不能满足全球化发展需求。

卫星及应用产业化发展缓慢。尽管我国卫星遥感数据市场需求巨大，但产业发展速度和规模却比较缓慢，旺盛的市场需求并未能转化成对产业的强大拉动。作为战略性新兴高技术产业，目前还没有完整的国家民用空间基础设施建设计划，有针对性的产业激励政策还不多，各类资金、企业投入航天产业的良好发展环境尚未形成。

（二）通信卫星

我国通信卫星系统与国际一流水平相比，整体上仍有一定差距，一方面受限于我国载荷现有技术发展水平，传统载荷水平较国外先进技术水平处于相对落后，集中表现为载荷形式不够丰富、载荷单机能力不强、新载荷技术创新发展迟缓；另一方面，通信卫星系统总体技术、分系统专业与单机产品技术，以及周期、成本、保费和综合服务等方面也均存在一定差距，集中表现在系统集成能力差、单机或分系统集成度低。

随着高通量卫星的兴起，容量更高的大型高通量卫星成为发展趋势，卫星使用频率复用技术，频率总带宽大幅提高，使得单星容量不断提升，从几十 Gbps 到上百 Gbps，甚至 1Tbps，我国通信卫星在系统容量上与国外存在差距。

随着 IridiumNEXT、STARLINK、OneWeb 系统建设和投入使用，全球卫星互联网热潮再一次掀起巨浪，我国通信领域至今尚无低轨星座在轨运行，建设全球覆盖、自主可控、安全可信的空间网络势在必行。

（三）导航卫星

与 GPS 系统为代表的国外卫星导航系统相比，北斗全球卫星导航系统已具备自主导航、功率增强、星基增强等能力，同时也存在差距，表现在如下方面：

覆盖区域方面，GPS 设计之初就实现全球覆盖，北斗全球系统建设完成后，可以实现全球覆盖，但设计指标相对 GPS 还有一定差距。

服务精度方面，与 GPSIII 卫星相比，北斗系统全球定位精度、全球授时精度、全球测速精度等仍存在一定差距。

系统设计与工业基础方面，与国外相比，在卫星导航系统体制设计、信号设计，高性能、复杂环境下导航信号接收处理等方面还存在一定差距；在微型化惯导、微型化原子钟、量子定位等新兴技术方面，起步较晚，基础理论与技术储备较弱。

（四）空间科学与新技术试验卫星

近几年，随着我国空间科学与技术试验卫星的研制和在轨运行，极大地促进了我国空间科学技术的发展，出现了一批有影响力的成果，但由于各种因素限制，我国空间科学与技术试验卫星无论从整体技术和项目投入上同美国、欧洲、日本以及俄罗斯等国家有较大差距，主要表现在以下两方面：

在空间科学探测方面，我国空间科学活动的整体规模较小，尚未建立持续的支持机制，研究力量比较薄弱，难以开展深入和系统地研究。缺乏重大原创性的空间科学项目，没有对空间技术形成牵引，在空间科学领域需要的低温制冷、姿态稳定性控制、先进推进、先进材料、高精度时空基准等方面没有形成良好的带动作用。在空间科学探测的核心有效载荷上，我国在大型天文望远镜、高性能传感器、新原理和新机制有效载荷、有效载荷标定技术等方面存在较大差距。

在空间技术试验方面，我国技术试验卫星数量较少，尚不能满足空间技术发展应用需求。技术试验卫星发展缺乏体系，与当前航天事业的跨越式发展形势不匹配。空间技术试验项目和技术试验卫星管理机制还需要进一步探索，空间技术试验的开放性不足，未形成标准化接口等。

四、发展方向与展望

（一）遥感卫星

根据国防科工局航天发展"十三五"规划、我国"高分辨率对地观测系统"建设目标、"国家民用空间基础设施"规划，在未来五年，在我国已有的资源、海洋、环境减灾、风云等遥感应用卫星系列基础上，充分继承已有的卫星平台、有效载荷、预研攻关等技术基础，综合考虑用户需求在未来几年的增长及技术发展等因素，构建陆地观测、海洋观测、大气观测三大卫星系列，实现对地球陆地表面、海洋、大气等多种要素连续观测，具备高、中、低多层次空间分辨率，覆盖可见光、红外、微波、激光等谱段，包括成像、探测、监测等多种手段，满足我国行业和产业用户需求。发展中型敏捷平台、超大容量静止轨道公用平台建设，突破静止轨道光学成像、SAR 成像、激光探测、敏捷成像等先进技术，具备全天时、全天候、多谱段、定量化数据获取能力，重点区域具备应急响应能力，做到产品专业化、数据标准化、运行业务化，产业链逐步完整，业务应用具有全球范围的竞争能力。全面实现我国应用卫星和卫星应用从试验应用型向业务服务型转变，服务国家全球利益的稳固和深化拓展。

以陆地表面、地质、地形、灾害、测绘等为主要任务，通过合理配置不同功能卫星和载荷，发展陆地多样观测手段和多种观测模式，逐步构建快速实时观测、宽幅中分辨率观测、高分辨率观测和测绘卫星 4 个子系列，形成陆地综合观测能力，构成陆地观测主体框架。

以海洋水色、动力、灾害观测为主要任务，满足海洋防灾减灾、海洋权益维护、海洋环境保护、海域使用管理、海上执法监察等需求，考虑到海洋观测要素特殊、观测精度要求高、可观测谱段带宽较窄等特殊要求，需要光学成像、微波探测和雷达成像来配合完成，为此发展海洋水色、海洋动力 2 个星座，共用陆地高分辨率观测卫星系统，形成海洋整体观测能力。

以全球气候变化、天气预测预报、大气环境监测和防灾减灾为主要任务，发展 3 个子卫星系列，即极轨气象卫星、静止轨道气象卫星和大气环境探测卫星，构成大气观测的主体运行框架，也可利用其他卫星观测资料进行综合应用。

遥感卫星系统的规划和建设对我国提升核心竞争力、全面实现小康和建设创新型国家具有重要意义。在保持稳定业务服务的基础上，配置适当规模的有效载荷，滚动形成试验应用能力，接替形成业务应用能力，不断推进技术进步。"十二五"主要发展需求明确、技术基础比较好的卫星项目；"十三五"要提升遥感能力并填补新的技术空白；"十四五"继续发展新型遥感手段，升级换代部分卫星。

（二）通信卫星

以我国新一代中大型运载火箭立项研制为契机，进一步提升东方红四号卫星增强型平台承载能力，使我国主力卫星平台技术水平达到或超过国际一流；加快推进东方红五号卫星平台以及全电推卫星平台等新型平台的开发并投入市场，深入挖掘电推进技术应用潜力，提升平台承载比和综合性能，逐步完善通信卫星平台型谱；持续推进我国电推进技术的工程研制和在轨飞行验证，通过系列平台对国产电推进产品的使用，促进我国电推进产品技术成熟度提升和型谱化，实现我国通信卫星平台能够实现双模式、高功率、大推力、高比冲的电推进控制，并具备完成东西位保、南北位保和轨道转移的能力；进一步充分挖掘市场需求，大力牵引单机产品创新研究，不断对标国际先进技术，系统梳理技术短板，提升系统集成能力。

尽快实现国产高通量载荷的首飞验证，结合东五卫星平台研制，尽早推出与国际先进水平相当的大容量高通量载荷卫星解决方案，在单机上应以提升高通量卫星容量为目标，对高通量载荷使用的多波束天线等关键产品开展技术攻关；做好 Q/V 频段的频率轨位资源储备，做好相关频谱资源的申报工作，加快 Q/V 频段载荷产品飞行验证，并及时启用申报的频率轨位资源，实现新研产品的在轨经历积累，积极推进 Q/V 频段载荷的可持续和长远发展；加大以数字透明处理载荷（DTP）、数字波束形成为代表的数字灵活载荷研发力度，对标国际最先进产品，积极推进新研产品的在轨验证，同时紧密跟踪市场发展趋势，针对用户潜在需求的产品，提前开展攻关工作，设置相应的研发时间节点，做好技术储备工作。

加快我国全球低轨卫星星座通信系统建设步伐，以既满足国家战略需求，又面向商业应用的总体发展目标，对标国际一流，瞄准市场需求和应用，大力推进卫星系统、通信体制、地面设备、用户终端等论证研究与建设，满足移动通信、宽带通信、航空航海监视及导航增强服务等多种需求。

（三）导航卫星

根据对北斗系统的未来需求及世界卫星导航系统的发展趋势，未来北斗卫星导航系统将是一个由混合星座构成，以全空域的高性能导航服务、高自主的星座长期稳定运行、卓越的系统安全与导航战能力、基于全球网络的特色服务、高效便捷的运行管理、国家 PNT 体系的核心为主要特征的性能先进、功能全面、独具特色、可持续发展的天基时空基准网络，成为国家重大的战略基础设施。

其发展特征为：系统服务范围覆盖由地表扩展至近地空间乃至深空，星座覆盖城市峡谷等部分遮挡区域，支持室内及水下导航的无缝切换。全球定位精度亚米级，授时精度纳秒级；完好性满足民航一类精密近进需求。具备长期的星座自主运行能力，导航服务精度不下降。实现天基增强系统、全球位置报告、星间数据传输的多任务融合与一体化设计，实现与地面 PNT 系统、通信、侦查等天基系统的多系统融合与协同工作。

卫星导航技术的发展是卫星导航系统发展的重要支撑。卫星导航系统在不断提高性能基础上，极大地促进了相关技术的发展；同时，新兴技术的研究和发展将推动导航系统产生革命性变化。新型导航信号体制、天基导航增强技术、空间冷原子钟技术、中高轨及深空卫星导航技术、高度自主的导航星座长期运行技术等技术将在一定程度上影响未来卫星导航系统的能力和水平。

（四）空间科学与新技术试验卫星

空间科学未来需要取得突破的两大方向是有关智慧文明的起源和宇宙的起源。宇宙的起源需要面对宇宙早期的极端物理条件，只能通过在宇宙天体演化的终端建立实验室来进行研究，通过空间高能天体的 X 射线、γ 射线、引力波等的探测，有利于解决宇宙基本物理规律的检验和发展问题，并理解和研究宇宙物质演化终态的特性。系外行星与生命探索瞄准系外行星研究和生命探索这两大主题，同时将两者有机结合，开展科学研究。太阳也是我们能够进行原位研究的一部分宇宙，是人类手中仅有的天体物理学实验室。空间环境与太阳的活动变化息息相关，因此研究太阳以及日地空间环境对人类生存环境具有重要意义。

空间技术试验可以提供地面难以模拟的空间综合环境，形成大尺度、复杂星座构型及原位探测利用的真实场景等，且伴随着微电子、能源、信息、智能化、新材料等技术与航天的结合。空间技术试验卫星将向着规模效应驱动的体系化、专业化、标准化发展，商业化驱动的低成本、产业化发展，新技术驱动的跨领域融合发展，适应国情的自主统筹管理等趋势发展。

五、结束语

2013 年以来，我国空间技术整体水平飞跃提升，取得的成就举世瞩目，突破了一批应用卫星关键技术，自主研制并发射了百余颗不同类型的航天器，空间应用的经济与社会效益大幅提高。

未来五年，我国将全面开展航天强国建设，加快推进空间基础设施，在卫星遥感、卫星通信、卫星导航等领域技术水平、应用能力上不断迈上新台阶，探索发展高效率、高效益航天器系统。发展新型科学卫星与技术试验卫星，持续促进科学问题研究和新技术应用。与国家创新驱动战略、"一带一路"倡议等紧密结合，探索航天领域重大理论创新，消化和吸收多种学科前沿创新成果，增强新技术、新材料、新工艺的灵活运用和转化应用，能够为更多国内外用户提供高质量的航天产品与服务。

参考文献

[1] 中国科学技术协会. 2012—2013 航天科学技术学科发展报告 [M]. 北京：中国科学技术出版社，2013.
[2] 中华人民共和国国务院新闻办公室. 2016 年中国的航天白皮书 [Z]. 2016.
[3] 卫征. 关于空间信息产业与我国空间信息产业发展的若干认识 [J]. 卫星应用，2017（3）：18-27.
[4] 罗格，卫征. 航天遥感与中国空间信息产业发展 [J]. 航天返回与遥感，2018，39（4）：10-17.
[5] 国家海洋局. 2016 年中国海洋卫星应用报告 [R]. 2017：2-5.
[6] 李果，孔祥皓，刘凤晶，等. 高分四号卫星遥感技术创新 [J]. 航天返回与遥感，2016（4）：7-15.
[7] 杨元喜. 北斗卫星导航系统及关联产业发展 [J]. 领导科学论坛，2016（24）：79-96.
[8] 杨元喜. 综合 PNT 体系及其关键技术 [J]. 测绘学报，2016（5）：505-510.
[9] 谢军，等. 基于北斗系统的国家综合定位导航授时（PNT）体系发展设想 [J]. 空间电子技术.2017（5）：1-6.

[10] 彭承志，潘建伟. 量子科学实验卫星——"墨子号"[J]. 中国科学院院刊，2016（9）：1096–1101.

[11] 康琦，胡文瑞. 微重力科学实验卫星——"实践十号"[J]. 中国科学院院刊，2016（5）：574–580.

[12] 潘腾，卢方军，倪润立，等. 硬 X 射线调制望远镜卫星系统设计与技术成就[J]. 航天器工程，2018，27（5）：1–8.

[13] 高耀南，王永富，等. 宇航概论[M]. 北京：北京理工大学出版社，2018.

撰稿人：王永富　梁晓珩　梁秀娟　王虎妹　武向军　胡　照　张　龙
审稿人：陈忠贵　白光明　代树武　宋政吉

大事记

高分辨率对地观测系统重大专项：2014 年 8 月 19 日，高分二号发射成功；2015 年 12 月 29 日，高分四号发射成功；2016 年 8 月 10 日，高分三号发射成功；2018 年 5 月 9 日，高分五号卫星发射成功；2018 年 6 月 2 日，高分六号发射成功。

北斗卫星导航系统：2015 年 3 月 30 日，第 17 颗北斗导航卫星成功发射；2015 年 3 月 30 日，第 18、第 19 颗北斗导航卫星成功发射；2015 年 9 月 30 日，第 20 颗北斗导航卫星成功发射；2016 年 2 月 1 日，第 21 颗北斗导航卫星成功发射；2016 年 3 月 30 日，第 22 颗北斗导航卫星成功发射；2016 年 6 月 12 日，第 23 颗北斗导航卫星成功发射；2017 年 11 月 5 日，第 24、第 25 颗北斗导航卫星成功发射；2018 年 1 月 12 日，第 26、第 27 颗北斗导航卫星成功发射；2018 年 2 月 11 日，第 28、第 29 颗北斗导航卫星成功发射；2018 年 3 月 30 日，第 30、第 31 颗北斗导航卫星成功发射；2018 年 7 月 10 日，第 32 颗北斗导航卫星成功发射；2018 年 7 月 29 日，第 33、第 34 颗北斗导航卫星成功发射；2018 年 8 月 25 日，第 35、第 36 颗北斗导航卫星成功发射；2018 年 9 月 19 日，第 37、第 38 颗北斗导航卫星成功发射；2018 年 10 月 15 日，第 39、第 40 颗北斗导航卫星成功发射；2018 年 11 月 1 日，第 41 颗北斗导航卫星成功发射；2018 年 11 月 19 日，第 42、第 43 颗北斗导航卫星成功发射；我国北斗全球卫星导航系统基本系统建设完成，并于 2018 年 12 月 27 日对外宣布正式向全球用户提供无源定位、导航和授时服务；2019 年 4 月 20 日，第 44 颗北斗导航卫星成功发射；2019 年 5 月 17 日，第 45 颗北斗导航卫星成功发射；2019 年 6 月 25 日，第 46 颗北斗导航卫星成功发射。

天绘一号 03 星：2015 年 10 月 26 日成功发射。

资源三号 02 星：2016 年 5 月 30 日发射成功。

海洋一号 C 星：2018 年 9 月 7 日成功发射。

海洋二号 B 星：2018 年 10 月 25 日成功发射。

捕风一号：捕风一号 A 星、B 星于 2019 年 6 月 5 日成功发射。

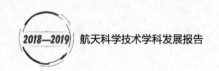

风云系列卫星：2014 年 12 月 31 日，风云二号 08 星成功发射；2016 年 12 月 11 日，风云四号卫星成功发射；2018 年 6 月 5 日，风云二号 H 星成功发射。

吉林一号卫星：首发四星于 2015 年 10 月 7 日成功发射。

高景一号卫星：01 星、02 星于 2016 年 12 月 28 日发射升空，03、04 星于 2018 年 1 月 9 日发射升空。

巴基斯坦遥感卫星一号：2018 年 7 月 9 日成功发射。

中法海洋卫星：2018 年 10 月 29 日，首颗中法海洋卫星成功发射。

白俄罗斯通信卫星：2016 年 1 月 16 日发射升空。

阿尔及利亚通信卫星：2017 年 12 月 11 日发射成功。

天通一号卫星：2016 年 8 月 6 日成功发射。

中星十六号卫星（实践十三号卫星）：2017 年 4 月 12 日成功发射。

中星 9A 卫星：2017 年 6 月 18 日发射升空。

天链一号卫星 04 星：2016 年 11 月 22 日成功发射。

天链二号 A 卫星：2019 年 3 月 30 日成功发射。

"悟空"暗物质粒子探测卫星：2015 年 12 月 17 日成功发射。

墨子号科学实验卫星：2016 年 8 月 16 日成功发射。

脉冲星试验卫星：2016 年 11 月 10 日成功发射。

全球二氧化碳监测科学实验卫星：2016 年 12 月 22 日成功发射。

"慧眼"硬 X 射线调制望远镜（HXMT）卫星：2017 年 6 月 15 日成功发射。

载人航天器专业发展报告

一、引言

探索浩瀚宇宙，发展航天事业，建设航天强国，是我们不懈追求的航天梦。我国正处于实现中华民族伟大复兴的关键阶段，载人航天是科技进步和创新的重要领域，载人航天科技成就是国家科技水平和科技能力的重要标志。

我国载人航天在过去五年按照既定的规划持续稳步发展，立足自力更生、自主创新，载人航天技术实现了许多重大突破，圆满完成载人航天第二步的任务目标。

本研究报告立足载人航天器学科发展需求和服务航天强国战略，系统地总结了近五年载人航天器专业的发展情况和研究成果，调研综述了国外载人航天器研究热点和亮点、发展趋势，对比分析了国内外载人航天器发展状态和差距。从我国载人航天器实际发展和情况出发，提出了我国载人航天器专业未来的发展方向和发展策略。

二、近五年的主要进展

（一）近五年我国载人航天飞行任务

1. 天宫二号空间实验室

天宫二号空间实验室（图5）于2016年9月15日，由长征二号F运载火箭在酒泉卫星发射中心发射入轨。10月19日与神舟十一号载人飞船对接形成组合体，景海鹏和陈冬两名航天员进驻组合体并完成了30天中期驻留，创造了我国航天员连续在轨时间最长的纪录。期间成功实施了我国首次人机协同机械臂在轨维修试验，成功释放了一颗伴随卫星，获得了良好社会反响。2017年4月22日，天宫二号空间实验室与天舟一号货运飞船成功对接，顺利完成我国首次载人航天器推进剂在轨补加，使我国成为继俄罗斯之后第二个掌握并应用推进剂在轨补加技术的国家，圆满完成了中国载人航天工程第二步工程目标，载人航天工程顺利转入第三步空间站阶段。

图5　天宫二号空间实验室在轨飞行

2. 神舟十一号载人飞船

神舟十一号载人飞船于2016年10月17日，由长征二号F运载火箭在酒泉卫星发射中心发射入轨；10月19日与天宫二号空间实验室精确交会对接并形成组合体（图6），2名航天员进入天宫二号空间实验室，开展了30天组合体驻留；11月18日安全返回预定着陆区，圆满完成了第二次应用飞行，为后续空间站长期载人飞行积累了经验。

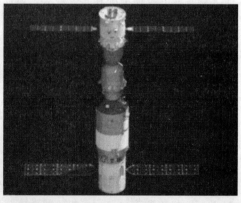

图6　神舟飞船与天宫空间实验室交会对接及组合体飞行

3. 天舟一号货运飞船

天舟一号货运飞船于2017年4月20日，由长征七号运载火箭在海南文昌航天发射场成功发射，4月22日与天宫二号空间实验室完成了交会对接，形成组合体。4月27日，天舟一号货运飞船与天宫二号空间实验室成功完成我国首次推进剂在轨补加试验（图7），标志着我国突破和掌握了推进剂在轨补加技术，为中国空间站建造和运营奠定了技术基础。

天舟一号　　　　　　　　　　　　　天宫二号

图7　天舟一号货运飞船向天宫二号空间实验室补加推进剂

（二）近五年突破的关键技术

1. 推进剂在轨补加技术

面向空间站实际应用需求，研究并实现了基于压气机和金属膜贮箱，具备增压气体可重用、推进和补加一体化能力的推进剂恒压挤压补加系统，突破了大压缩比压气机、金属膜盒贮箱、金属膜片贮箱、电动液路浮动断接器等关键技术，解决了补加量精准控制、推进剂高效利用、加注可靠高安全等技术难题，使我国成为继俄罗斯之后成为第二个掌握航天器间推进剂补加技术并实现在轨应用的国家。

2. 人机协同在轨维修技术

面向人机协同在轨维修的任务需求，研究并突破了空间通用操作系统设计、人机协同工作模式设计、在轨维修对象设计以及地面验证等关键技术，建立了具备航天员手动控制、遥操作和自主控制一体化的人机协同在轨维修系统，探索了典型人机协同机制，有效提升了任务目标的成功率和安全性，为后续空间站任务中的人机协同作业奠定了技术基础。

3. 货运飞船总体设计技术

面向空间站多种类物资运输和推进剂在轨补加需求，研究和设计了型谱化、多功能货运飞船方案，解决了空间站物资上行、废弃物下行、组合体支持和拓展试验多重任务要求约束下优化设计问题，货重比达到0.48。各国货运飞船上行货重比见图8。

进步号（0.43）　　ATV（0.37）　　HTV（0.36）　　天鹅座（0.46）　　天舟（0.48）

图8　各国货运飞船上行货重比

4. 航天员中期驻留技术

面向航天员中期驻留的需求，开展载人宜居环境设计，从提高环境和生存能力、保障生活质量、降低工作负荷、改善睡眠环境、丰富娱乐条件等方面完善设计，2 名航天员圆满完成了在轨 30 天中期驻留（图 9），获得了航天员乘组"像个家！"的高度评价，为空间站长期运营积累了经验。

图 9　航天员在天宫二号空间实验室

5. 可更换单元在轨维修技术

面向空间站流体回路在轨维修需求，研究和实现了在微重力环境下可以更换的流体回路接口，并在天宫二号空间实验室上进行了飞行试验，突破了流体回路在轨维修技术，为后续空间站阶段的在轨维修设计积累了经验（图 10）。

图 10　在轨开展泵维修更换验证装置试验

（三）我国现在运行和使用的载人航天器

1. 神舟载人飞船

神舟载人飞船是我国自主设计，具有完全自主知识产权的现役载人天地往返运输器，承担航天员天地往返运输任务，主要任务包括：

1）作为追踪飞行器，与空间站（或空间实验室）交会对接。

2）为航天员在轨飞行提供生活与工作条件，为有效载荷提供上、下行运输条件。

3）确保航天员在飞行任务全过程的安全。

神舟载人飞船由轨道舱、返回舱和推进舱三舱组成，起飞质量 8t，总长 9m，最大直径 2.8m，太阳电池翼展开后总宽 16.9m。具备运送 3 名航天员和 300kg 上行载荷，在轨独立飞行 5 天，在空间站停靠 180 天的能力。神舟载人飞船轨道舱配备了航天员在轨生活支持设备、对接机构和交会测量敏感器；返回舱是飞船发射和返回过程中航天员所乘坐的舱段，也是飞船的控制中心，航天员通过舱内仪表板以及控制手柄实施飞船飞行监视和控制；推进舱主要安装推进和电源系统等设备，为飞船提供能源和动力（图 11）。

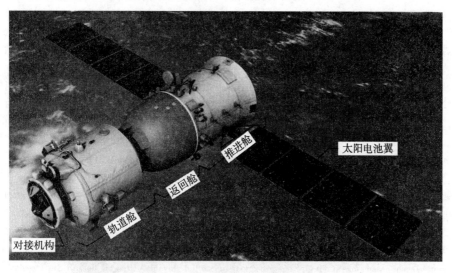

图 11　载人飞船在轨飞行状态

2. 天舟货运飞船

天舟货运飞船是我国自主设计，具有完全自主知识产权的现役货物天地往返运输器，主要任务包括：

1）为空间站（或空间实验室）上行运输、存储和补给物资。

2）为空间站（或空间实验室）存储和下行废弃物资并受控陨落于预定区域。

3）配合空间站（或空间实验室）进行组合体轨道和姿态控制。

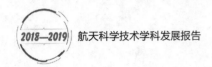

4）支持开展空间应用和技术试验。

货运飞船（图 12）由货物舱和推进舱组成，最大起飞质量 13.5t，物资上行能力 6.5t，载货比 0.48，货运飞船在轨寿命 12 个月。飞船总长 10.653m，舱体最大直径 3.35m，帆板展开后的最大宽度 14.9m。配置主动对接机构，具备自主快速交会对接能力，可实施 3 次以上交会对接。采用恒压挤压推进剂补加系统，可适应空间站不同运输任务、不同运营阶段货物运送需求。

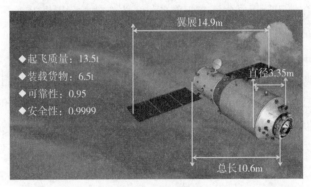

图 12　天舟货运飞船

3. 天宫二号空间实验室

天宫二号是我国自主设计、具有完全自主知识产权的空间实验室（图 13），是我国首个可补加推进剂的航天器，用于验证空间站关键技术，主要任务包括：

1）接受航天员中期访问。

2）与货运飞船配合，突破和掌握推进剂在轨补加技术。

3）进一步考核验证交会对接、组合体控制与管理技术。

4）为空间科学和应用技术试验、航天医学实验、在轨维修技术试验和空间站技术试验提供条件保障。

图 13　天宫二号空间实验室

天宫二号空间实验室由实验舱和资源舱两舱组成，总长 10.4m，结构最大直径 3.35m，发射质量 8.6t，可支持 2 名航天员在轨工作生活 30 天。具备交会对接、有人 / 无人组合体管理、推进剂补加、在轨试验支持等六大功能。

三、国内外发展的对比分析

（一）国外载人航天发展动态

近五年，国际空间站仍然是国外载人航天活动的主要任务，载人火星探测依然作为远期目标指引技术发展，载人月球探测迎来了新的高潮。在商业航天的带动和美国政府的支持下，各商业公司争相进入载人航天的行列。

1. 美国

美国以保持和巩固全球领导地位为目标，一方面以能力提升为基础、以技术创新为手段，推动载人航天技术发展。另一方面在目的地和发展途径上显示出高度的不确定性。过去五年，美国仍是载人航天领域战略最全面、目标最宏大、体系最完备、技术最先进的头号强国。

载人航天领域，美国制定了以低地球轨道为起点，月球、小行星等为过渡目标，火星为远景目标的发展路线图，从未间断载人深空探索的投资和研制。美国也在继续实施商业乘员与货物运输计划，调动商业力量服务载人航天发展的积极性。

一是以火星为长远目标，积极谋划实现途径。总统特朗普虽然中止了"载人小行星重定向任务"，并于 2017 年 12 月 11 日签署《复兴美国载人空间探索总统备忘录》，明确以美国为领导实施重返月球计划，但计划 2035 年左右载人绕火星轨道飞行，之后实现载人登陆火星的目标并没有改变。二是制定技术发展路线，连续出台了多版《NASA 空间技术路线图》，推动创新技术发展，增强空间探索能力。三是继续主导国际空间站运营，推进载人航天商业化，借此强化其对国际载人航天发展的主导权。四是出台了一系列商业化举措，将已初步成熟的近地轨道载人航天活动推向市场，国际空间站货物的商业化运输已实现常态化，乘员的商业化运输也已进入验证阶段，商业太空旅游已初露端倪。五是积极发展近地轨道以远载人空间探索能力。继续研制"猎户座"多用途乘员飞行器，以及"空间发射系统"（SLS）重型运载火箭，提供全新的近地以远载人和科学探索能力。计划于 2020 年完成无人环月飞行，2023 年前后执行载人环月飞行任务，并积极开展进入、下降和着陆等多项关键技术攻关。六是强调国际合作，在国际空间站开展国际合作的基础上，在未来用于重返月球的"深空之门"计划中，继续开展国际合作，吸纳欧洲、俄罗斯、日本等国家和组织参与月球轨道空间站的建设、月球着陆起飞以及轨道运输飞行器的研制，力争保持美国的领导地位。

2. 俄罗斯

俄罗斯没有间断载人航天的发展，一方面继续参加并争取主导国际空间站的运行，并借以维持载人航天企业的发展；另一方面积极提升载人航天的能力。

一是明确载人航天长远发展思路和重点。出台了《俄罗斯 2030 年前及以远载人航天发展构想》，但由于经济原因，载人登月计划推迟至 2035 年，同时优先开展新一代载人飞船飞行试验、发射月球探测器等航天项目。二是积极推进新型号和地面基础设施研发建造，计划研制运载能力 35t 的安加拉 −A5V 火箭和轨道拖船，以支持载人月球探测计划，新一代载人飞船 PTK NP 计划 2025 年进行载人月球轨道飞行。三是积极参与国际合作，在空间站建设与运营、载人月球探测方面一直保持与美国政府级或企业级的合作。

3. 其他国家和组织

欧洲航天局继续参与"国际空间站"任务，目前正与 NASA 合作建造"猎户座"飞船服务舱。倡导建立"国际月球村"，加强月球探测国际合作。近期已加入美国"深空之门"任务，承研部分空间站舱段、可重复使用上升级和月球车。欧盟没有独立实施载人航天计划的意愿，以国际合作形式开展载人空间探索。

日本积极参与"国际空间站"任务，加入美国"深空之门"合作，承研部分空间站舱段和登月舱下降级。未来主要仍将通过国际合作的方式开展载人航天活动。

印度正在发展载人航天相关技术，已经完成了返回再入飞行试验、逃逸试验，成功发射了可重复使用运输飞行器验证机，目前尚不具备独立实施载人航天任务的能力。

澳大利亚、加拿大等国均继续参与"国际空间站"计划，后续参与美国"深空之门"任务。

2018 年，国际太空探索协调工作组（ISECG）中的 NASA、ESA 及其他 12 个国家的航天机构（不含德国，增加阿联酋）发布了《全球探索路线图》，反映了各主要航天国家的发展战略。路线图提出了分阶段、分步骤地开展机器人、载人深空探索，以载人登陆火星为终极目标及相应的能力架构，以及载人月球探测任务等过渡性发展目标，并提出了近地空间站探索利用、机器人任务、先进技术、新一代空间站系统和基础设施等准备活动。

（二）国际载人航天技术发展和对比分析

根据载人航天器技术的特点，从载人天地往返运输、载人空间长期飞行、载人空间服务、载人地外 / 深空探索四个技术领域介绍进展和比较。

1. 载人天地往返运输技术

载人天地往返运输技术是指将承载航天员或货物的航天器送入预定的轨道，在完成任务后保证航天员和必要的货物安全返回地面的技术，是载人航天的基础技术，是载人空间服务和载人地外 / 深空探索的前提。

（1）国外在研载人飞船技术

目前美国通过两个项目支持新一代载人飞船研制。一个是在星座计划"猎户座"基础上继续支持洛马公司研制多用途载人飞行器（Multi-Purpose Crew Vehicle，MPCV，又称"猎户座"载人飞船，图14）；另一个是NASA于2009年提出的商业乘员发展（Commercial Crew Development，CCDev）计划，目前支持SpaceX公司的"龙"和波音公司的星际航线（CST-100）2种载人飞船。

图14　多用途载人飞行器 MPCV

1）"猎户座"载人飞船。美国洛马公司的"猎户座"载人飞船主要用于运送乘员到达地球轨道以远的太空区域，具备支持月球、近地小行星和火星探测能力，也可用于近地轨道运输，可重复使用。飞船由返回舱和服务舱组成，总重21.2t，乘员人数2~4人，净生活空间9m³，大底直径5m，可自主飞行21天。采用逃逸塔方式逃逸，可重复使用10次。服务舱由ESA在自动转移飞行器（ATV）的基础上研制。"猎户座"载人飞船于2014年12月5日成功完成首次无人探索飞行试验（EFT-1）任务，验证了乘员舱以约8.9km/s的速度再入地球的气动特性。

2）"龙"载人飞船。美国SpaceX公司的载人版"龙"飞船（图15）于2014年5月30日发布，主要用于为国际空间站提供载人天地往返运输服务，采用自逃逸，可重复使用。飞船由返回舱和服务舱组成，重12t，最大可载7人。返回舱为钝头体外形，生活空间7m³，大底直径3.7m，侧壁8台发动机具备自逃逸能力，可重复使用10次。服务舱采用体装太阳电池阵，上半面贴有太阳能贴片。返回舱前部安装可展开的整流罩，保护内部的对接机构和敏感器，以便重复使用。载人版"龙"飞船已于2019年3月2日完成了第一次无人飞行试验，并与国际空间站实现了交会对接。2019年4月，由于"龙"飞船在进行地面静态测试时发生了爆炸，致使原计划2019年12月进行的载人飞行试验延期，何时进行载人飞行尚未明确。

图 15 SpaceX 公司的 "龙" 载人飞船

3）星际航线载人飞船。美国波音公司的星际航线（CST-100）载人飞船，同样用于国际空间站载人运输服务，采用自逃逸，可重复使用。飞船由返回舱和推进舱组成，重13t，最大乘员人数7人，返回舱大底直径4.56m，具备3天自主飞行/210天停靠能力，可以依靠推进舱的逃逸发动机实现自逃逸，可重复使用10次，飞船于2019年12月20日进行了试飞试验，由于出现计时故障，导致飞船升空后未能进入预定轨道。

4）罗斯飞船。俄罗斯在充分利用现有技术的基础上，研制能力与美国 "猎户座" 飞船相当的罗斯飞船（PPTS飞船），全称为 "未来有人驾驶运输系统"（图16），用于接替"联盟"号载人飞船。罗斯飞船由返回舱和推进舱两部分组成，载荷容积 $10m^3$，大底直径4.4m，根据近地与登月任务，重量分别为12.7t（LEO）或16.5t（LLO）。乘员人数6人（近地）或4人（登月），任务周期是30天（LEO）或14天（LLO）。飞船返回地球时采用固体推进剂发动机的火箭辅助着陆方式，可重复使用10次。

图 16 俄罗斯 PPTS 飞船

（2）国外载人飞船的特点和趋势

通过对国外新一代载人天地往返运输技术方案研究分析，可以看出新一代载人飞船的发展呈现出以下几个特点和趋势。

1）适应多任务模块化设计。国外新一代载人飞船为具备多用途特点。"猎户座"飞船可用于近地、月球、小行星和火星探测；俄罗斯罗斯飞船采用模块化设计，通过更换不同推进舱模块即可分别执行近地轨道任务和登月任务（图 17）；星际航线和龙飞船按近地轨道任务需求设计，同时考虑了载人和一定的载货能力，乘员人数规模扩大到最多 7 人。

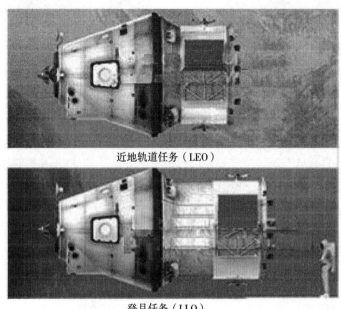

近地轨道任务（LEO）

登月任务（LLO）

图 17　俄罗斯 PPTS 飞船模块化设计

2）气动外形以钝头体为主。国外研制中新一代载人飞船中四种都采用了钝头体外形。其中主要考虑了新一代载人飞船要兼顾登月及深空探测任务，钝头体外形的返回舱在第二宇宙速度再入时的可靠性、安全性更高且实现的技术难度较低。因此，钝头体将是新一代载人飞船气动外形的主流技术发展方向。

3）具备自身动力逃逸能力。自身动力逃逸能力是提高安全性和系统性能的有效手段，其中具有代表性的是"龙"飞船和星际航线飞船（图 18）。龙飞船利用安装于返回舱上的 8 台 67kN 的 SuperDraco 逃逸发动机实现返回舱逃逸；星际航线飞船则利用安装于推进舱上的 4 台 220kN 的 RS-88 逃逸发动机实现整船逃逸，这种逃逸方式有效覆盖了从零高度到飞船入轨分离的全发射阶段。

4）采用新型材料和结构。降低结构与机构重量是系统轻量化最可行、最有效的途径。"龙"飞船和星际航线飞船均注重轻量化设计。为降低结构重量，其防热结构分别采用低

逃逸发动机

图 18 "龙"飞船（左）和 CST-100 飞船（右）逃逸发动机

密度的 PICA-X 材料和 BLA。PICA-X 材料是酚醛树脂浸渍的碳纤维结构、碳纤维和多孔酚醛矩阵网，最大优点是在满足再入防热的需求下实现了低密度，约为 270 kg/m³。比目前神舟飞船使用的 H96 和阿波罗飞船使用的密度 497kg/m³ 的 AVcoat 要低很多。

（3）我国载人飞船与国外对比

目前我国在役的载人飞船 - 神舟载人飞船技术能力和指标与国外相比还有差距（表1），不能满足载人登月的需求，不能重复使用，有必要尽快启动新一代载人飞船研制。

表 1　我国载人飞船与国外在研新一代飞船技术水平对比

指标	国内在研	国外在研			
名称	神舟载人飞船 （中国）	"猎户座"飞船 （MPCV） （美国）	"龙"飞船 （Dragon） （美国）	星际航线飞船 （CST-100） （美国）	罗斯飞船 （PPTS） （俄罗斯）
重量	8t （近地）	21.2t （地月平动点）	12t （近地）	13t （近地）	12.7t（近地） 16.5t（登月）
最大人数	3人	2～4 （登月深空）	7人 （近地）	7人 （近地）	6人（近地） 4人（登月及深空）
经济性	单次	重复使用 10 次	重复使用 10 次	重复使用 10 次	重复使用 10 次
任务适应性	近地 载人	登月、深空 载人	近地 载货、载人	近地 载人	登月、近地 载人

2. 载人空间长期飞行技术

载人空间长期飞行技术是在规定的物资补给条件下，保证人类在空间长期健康生活和工作的技术，是载人航天的基础技术，也是载人空间服务和载人地外 / 深空探索的前提。

（1）国外在役载人轨道站技术

目前国外唯一在轨飞行的载人轨道站就是国际空间站。其总质量 420t，主桁架长 88m，太阳电池阵宽 110m，提供 110kW 电力，可长期居住 6 名航天员。国际空间站由 1 根主桁架、核心功能舱和俄罗斯的服务舱、美国的节点舱、实验舱和多功能舱、日本的实验舱、欧洲的实验舱、加拿大的空间移动服务器（机械臂）、太阳热动力发电装置和空间热辐射器等组成。国际空间站的运输器包括美国的航天飞机、"龙"飞船、"天鹅座"飞船，俄罗斯的"联盟"号及"进步"号飞船，欧洲的自动转移飞行器（ATV），日本的 H2 转移飞行器（HTV）。截至 2011 年 2 月，在完成"莱昂纳多"号多功能密封舱的对接后，国际空间站上增压舱数量增加至 15 个，基本建成。但根据规划，后续仍有 5 个扩展模块等待组装。

2016 年 4 月 8 日，美国"龙 –C8"飞船将"比格罗充气式试验舱"（BEAM）运至空间站，后安装于"宁静"号节点舱，成功展开后开始为期两年的试验。

（2）国外载人长期飞行技术的特点

1）采用再生式生命保障系统。再生式生命保障系统由于实现了物质的循环利用，需要储存或者地面供应的物质量减少，是长期载人航天飞行任务必要的技术基础。再生方式可以分为物理化学方式和生物式。

物理化学再生法采用物理和化学方法再生座舱内的大气和水，但食品依靠从地面运输供应，对废物仍采取收集储存处理的方式，这是部分闭环的生命保障系统，属于第二代生命保障系统。俄罗斯目前的再生式生命保障系统可以保证航天员轨道飞行中几乎 100% 的呼吸用氧和 97% 的生活用水供应。美国也在物理化学再生式生命保障技术方面，尤其在二氧化碳浓缩、还原、水电解、水的回收与利用等方面进行了深入研究，并在国际空间站中开展应用，取得了显著成绩。

生物再生式生命保障系统主要利用植物的光合作用和微生物的分解作用，在轨持续生产航天员生存所需的食物、氧气和水等全部最基本的生命保障物资。美国、俄罗斯的生物再生式生命保障系统已经在国际空间站中开展了系统集成技术试验验证，实现了较高的大气、水和食物的闭合度。

2）依靠在轨建造维修技术。1973 年航天员在美国天空实验室（Skylab）上验证了在轨维修的可行性，通过哈勃空间望远镜的实践，证明在轨维修的应用价值，"和平"号空间站通过维修将寿命延长到 15 年，维修是复杂航天器长期在轨飞行的基本保障。

（3）我国载人轨道站与国外对比

目前我国已飞行的载人轨道站是天宫二号空间实验室，与国外相比还有较大差距（表 2），需要尽快建造中国的空间站。

表2 我国载人飞船与国外在研新一代飞船技术水平对比

指标	国内	国外	
名称	天宫空间实验室（中国）	"和平"号空间站（俄罗斯）	国际空间站（美、俄等16国）
重量（t）	8.5	120	420（近地）
最大人数（人）	3	3	6
驻留时间	中期	长期连续	长期连续
增压舱数量	1	6	16

3. 载人空间服务技术

载人空间服务技术是保证人在空间提供运输、补给和维修、组装、观测和试验等服务工作的技术，是体现载人航天作用的重要领域之一。目前主要包括货物补给运输服务和近地轨道维修服务，近期空间机器人技术发展迅速。

（1）货物补给运输服务技术

货运飞船是载人空间站工程的重要组成部分，主要任务是为载人空间站（空间实验室）补加推进剂和运输货物，并将空间站废弃物带回大气层烧毁。

1）国外在役货物飞船。目前国外现役的货运飞船包括俄罗斯的"进步"号货运飞船、美国的"龙"货运飞船和"天鹅座"货运飞船两型商用飞船，欧洲的自动转移飞行器，以及日本的H2转移飞行器。除"龙"货运飞船外，均为一次使用飞船。

近五年新投入使用的货运飞船只有"天鹅座"货运飞船。2013年9月18日"天鹅座"D1号飞船完成首飞，2014年1月9日发射，正式为国际空间站运送物资。"龙"飞船实现了货运飞船重复使用。2017年6月3日，首个再次使用的"龙"飞船成功发射并顺利完成全部任务返回，开创了航天器重复使用的先河。

2）我国货运飞船与国外对比分析。经过对国内外货运飞船对比分析（表3），我国天舟货运飞船运输能力6.5t，运输效率（货重比）0.48，为国际货运飞船最高。但尚不具备货物返回和重复使用能力，需要尽快启动可回收货运飞船和重复使用货船研制，进一步降低使用成本，提高国际竞争力。

（2）近地轨道维修服务技术

载人航天实践证明了人在空间活动中的不可替代作用，有人的参与下对卫星的支援能力和效益十分显著。载人近地轨道维修服务需要具备航天员出舱活动技术、机械臂技术、人机协同技术和空间维修性设计技术。

表3　货运飞船运输能力国际对比

指标		国外在轨					国内在轨
基本信息	名称	"进步"号飞船（俄罗斯）	自动转移飞行器（欧洲）	H2转移飞行器（日本）	"龙"飞船（美国）	"天鹅座"飞船（美国）	天舟（中国）
	首飞时间（年）	2015	2008	2009	2012	2013	2017
	运输能力（t）	3.11	7.67	6	3.3	3.5	6.5
	发射质量（t）	7.15	20.75	16.5	7.5[1]	7.5	13.5
	下行能力[2]	/	/	/	2.5t	/	/
	经济性	单次	单次	单次	重复使用	单次	单次
指标	货重比	0.43	0.37	0.36	0.44	0.47	0.48

注：1. 按照上行3.3t+干重4.2t计算。
　　2. 指可返回地球的货物（载荷）重量。

1）国外近地轨道维修服务技术。美国在近地轨道服务方面积累了大量实际飞行经验，技术领先。

哈勃空间望远镜由"发现"号航天飞机发射后，此后美国航天局（NASA）对其进行了5次大规模的在轨维护工作，航天员通过舱外活动（EVA）为哈勃望远镜更换和添加模块，提高了哈勃望远镜的性能，延长了其使用寿命，且每次服务都使其功能得到提升，性能与可靠性得到显著提高，从而达到了最初设计所不能达到的目标，其科学探测能力已远远超过初始的设计。哈勃空间望远镜的在轨服务是迄今为止最成功的有人在轨服务活动范例之一，也证明了在轨服务存在的价值与意义。

国际空间站建造是在航天员直接参与下完成的。在国际空间站的首次组装任务中，美国"团结号"节点舱与俄罗斯"曙光"号功能舱成功对接。两者对接依靠航天员操控航天飞机轨道器上的辅助机械臂完成。在此过程中，机械臂充当任务操作者，在两个组装对象接近后，机械臂直接捕获"曙光"号服务舱，将其拉向"团结号"的对接机构，完成组装。整个过程对机械臂的长度、最大载荷、灵活性、可操控性等参数提出了较高的要求。由于人的参与，有人在轨组装显示出很高的自主性和灵活性，航天员能根据问题随机应变和判断处理，从而有效解决实际操作中可能出现的但未能预料的困难与问题。

2）我国近地轨道维修技术与国外对比。我国在轨维修服务技术刚刚起步，与国外相比差距较大。航天员出舱活动技术经过神舟七号出舱活动验证，尚未得到应用。大型空间机械臂技术刚刚起步。2016年，我国研制的机械臂操作终端在天宫二号空间实验室内实施了首次人机协同在轨维修试验，后续还需深入研究和应用。空间可维修设计技术刚刚在天宫二号开始典型部件验证试验，尚待扩展和应用。

（3）空间机器人技术

1）国外空间机器人技术。空间机器人是协助或代替人类航天员在太空中进行空间探测和科学试验所需空间操作活动的特种机器人，目的是降低航天员安全风险和操作成本。

R2空间机器人是第一台人形空间机器人（图19），是美国研制的仿人形空间机器人，用于空间操作试验，旨在减少航天员出舱和日常照料等危险或繁重的操作。已于2011年2月由航天飞机运至国际空间站。R2的设计初衷是要让它和人类一起工作，机器人的设计师赋予了R2人体仿生技术，以便它可以与其他空间站航天员使用相同的工具进行作业，在舱内和舱外都可以协助航天员工作。R2机器人重136kg，带一个有帽檐儿的金色头盔，有与人相似的双臂和双手，具有强大的臂力，能举起44kg的物体，手指传感器非常先进，可灵活抓取物体。

图19　R2仿人形空间机器人

2）我国空间机器人与国外对比。我国空间机器人尚处于起步阶段，天宫二号空间实验室配置的机械臂终端（图20）就是仿照人的单臂和单手研制的，可以徒手操作，或使用航天员的工具。但是距离美国还有差距，需要加快发展。

4. 载人地外 / 深空探索技术

载人地外 / 深空探索技术是将人由地面或近地轨道送往星际轨道空间或行星表面，并安全返回地球的技术，是载人航天最重要的目标。

（1）国外载人深空探索技术

自美国阿波罗载人登月后，世界各国没有再进行过载人深空探索飞行。但是深空探索目标明确，各种路径和方案的研究始终继续，作为工程基础的可用于载人深空探索的载人飞船的研制始终没有间断。

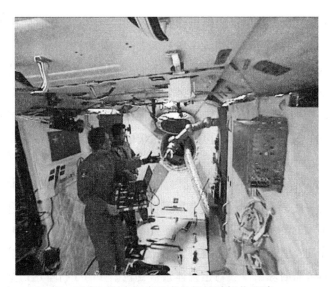

图 20　天宫二号空间实验室的机械臂操作终端

1）月球探测。在新一轮月球探测热潮中，谋划建立地月空间资源开发能力，支撑国家利益向地月空间拓展，是各航天强国竞相探月的主要目标和驱动力，并以此作为地外/深空探索的前哨基地和跳板，最终实现载人深空探测和驻留的宏伟目标。

美国强调重返月球，并以此为中转站支持后续或新探测，希望借此继续领导国际载人航天。美国具有短期内实现载人探月的能力，一直以来美国从未间断过"猎户座"多用途乘员飞行器、重型运载火箭的研制，具备载人月球探测的关键基础。2019年3月11日，美国公布的2020财年预算案为月球"门户"项目申请了8.21亿美元，新申请的经费将用于支持继续研制"门户"的首个舱段，该舱段为"门户"在地月空间机动提供先进的电力和推进，预示着美国NASA正式开始了未来将再次征服月球的使命和决心。

俄罗斯虽提出将载人探测月球与建立月球基地作为未来20年发展的主要目标，但由于其重型火箭研制计划搁浅，在未得到必要的持续投资前，俄罗斯在2035年前后实现载人登月具有较大不确定性。俄罗斯也积极参与美国倡导的"门户"项目，拟提供似乎是一个对接节点的"多用途舱"，拥有多个对接口，可供航天员进出空间站及多艘深空飞船停泊之用。

欧盟、日本、加拿大等国家也积极研制并计划测试月球着陆器和探测器，同时借美国重返月球计划的"东风"，利用国际合作进行载人月球探测。欧洲航天局拟提供称为"提供燃料补加、基础设施和通信的欧洲系统"的一个舱段，缩写为ESPRIT（意为"精神"）；欧洲航天局和日本宇宙航空研究开发机构（JAXA）还会提供另外一个居住舱；加拿大航天局拟提供"门户"的机器人系统，主要用于空间站组装、维修、科学实验、捕获飞行器等。

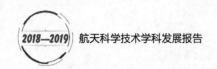

2）火星探测。国际太空探索协调工作组（ISECG）在《全球空间探索路线图》中将火星作为远期载人探索目标，得到了大多数航天大国的认可。

美国计划 2035 年左右载人绕火星轨道飞行，之后实现载人登陆火星。SpaceX 公司创始人马斯克也在 2016 年第 67 届国际宇航大会提出了殖民火星设想。从目前世界各国的技术发展水平以及政治和财政方面因素判断，美国预期的 2040 年前实现载人登陆火星极具挑战，若关乎成败的关键技术能如期突破，在 2050 年前后通过国际合作开展载人火星探测相对现实可行。

3）小行星探测。美国 NASA 牵头制定的"移民石"计划作为世界上第一个载人小行星探测计划而备受关注，该计划是建立在采用"猎户座"飞船重返月球计划研发基础上进行的，技术上有很大的继承性。飞行方案中，不载人的地球出发级（EDS）和补给飞船依靠重型运载火箭先期发射，载人飞船随后发射，并在近地轨道与地球出发级＋补给飞船进行交会对接，然后依靠地球出发级对组合体进行变轨，并与小行星进行交会。随后，航天员依靠载人机动装置（MMU）进行 2 次以上舱外活动，对小行星进行采样和布置科学仪器，任务完成后补给飞船继续与小行星伴飞，精确测量轨道跟踪、引力和辐射环境，载人飞船通过轨道机动搭载航天员和样品返回地球。

（2）我国载人深空探索技术与国外对比

目前，我国具备一定的载人登月的技术基础。已通过载人航天工程突破掌握了出舱活动技术、自动交会对接技术、组合体管理技术、手动交会对接技术、推进剂在轨补加技术等关键技术。2018 年，发射嫦娥四号无人月球探测器，实现了人类探测器在月球背面首次软着陆技术。但是同先进国家之间相比，我国在大规模的载人深空探测技术能力和储备方面基本处于空白状态，随着载人航天与深空探测不断向更远的空间发展，工程的复杂度和难度也在不断增加，我国应充分利用载人航天工程和探月工程的技术成果和优势，尽快组织开展载人深空探测技术攻关，早日实现载人登月的梦想，实现从"跟跑"向"并跑、领跑"转变，推动实现航天强国建设。

四、发展方向与展望

载人航天器技术未来仍将以近地空间为发展基础、以月球为阶段目的、以火星为远景目标，突破掌握和发展提升载人天地往返运输技术、空间长期飞行技术、空间服务技术以及深空探索技术等载人航天关键技术，不断通过技术创新降低运营成本。

（一）载人航天技术发展建议

1. 载人天地往返运输技术

根据国外新一代载人航天器发展启示，结合我国实际国情和载人天地往返运输需求，建议尽快启动新一代载人飞船研制，并重点发展以下方向。

1）载人飞船应突破主结构重用、设备重用、无损着陆等一系列关键技术，实现飞船大部分有价值设备的重复使用，大幅降低飞行器运营成本，突破可重复使用评价、检测、验证技术，构建适用于航天器的重复使用标准体系。

2）载人飞船应瞄准自主化发展方向，提高对姿轨控、信息等关键功能的自主故障诊断与重构能力，实现自主测定轨、自主任务规划和自主轨道控制，提高航天员安全性，大幅提高任务适应性和应急反应能力。

3）载人飞船应突破模块化和通用化技术，满足载人月球探测、载人深空探测、近地空间站等多任务需求，缩短研制周期，降低研制成本。

4）载人飞船应采用宜居设计理念，充分考虑密封舱内装饰设计、设备分区布局、整船载人环境设计，全面提升航天员在天地往返过程中及驻留期间的用户体验。

2. 载人空间长期飞行技术

建议早日建造和运营中国的空间站，并重点发展以下技术。

1）应突破物理化学再生式环控生保技术。这是空间站长期载人的关键技术，也是载人空间服务和载人深空探索的技术基础。物理化学再生式环控生保关键技术包括电解制氧技术、微量有害气体净化技术、二氧化碳去除技术、废水处理再生技术等。

2）应突破航天员长期驻留技术，这是航天员在轨服务和空间探索的基础。研究空间环境长期作用会对人体骨骼系统、心血管系统、血液系统、免疫系统和神经系统等产生的影响，积累失重、辐射等特殊空间环境对人体生理生化功能影响和健康保障措施的研究经验，验证长期在轨心理健康防护措施以及在轨医疗措施等医监、医保、医疗能力。

3）应突破空间站健康管理技术，研究空间站系统和组件健康状态评估方法，以及空间站的正常控制，故障检测、隔离和恢复技术，保证空间站安全运行。

3. 载人空间服务技术

建议在空间站建造和运营期间，全面研究和突破载人空间服务技术，包括以下几个方面。

1）货运返回回收技术。针对未来空间站货运下行运输服务需求，需要在载人飞船返回技术的基础上，尽快研制可返回货运飞船，满足空间站运营需求。

2）可重复使用技术。针对空间站运营经济性需求，需要尽快启动可重复使用货运飞船研制，实现可重复使用次数不小于 10 次的目标，提高国际竞争力。

3）人机协同在轨服务技术。人机协调在轨维修与操作任务及其技术发展成为航天大国研究发展的热点。需继续开展在轨维修与操作的关键技术攻关，提高机器人精细操作的水平，加强人机协同配合研究，研制机器人航天员，通过机器人出舱活动完成高危险、长时间的照料和巡视任务，大幅度减少航天员出舱维修任务的次数，极大提高航天员的安全保障。

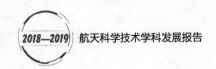

4. 载人地外 / 深空探索技术

面向我国载人深空探索的需求，需要尽快启动载人登月飞船、载人月面着陆和上升飞行器论证，以及相关关键技术攻关，力争早日实现载人登月的梦想，为建设航天强国贡献力量。

（二）我国载人航天器未来飞行任务

在 2019—2023 年，我国将先后发射天和号空间站核心舱、梦天号和问天号空间站实验舱，建成一百吨级、可长期载人的空间站，神舟载人飞船、天舟货运飞船提供乘员和货物运输支持。将突破和掌握航天员长期驻留技术、物理化学再生生保、大型空间设施建造和运营等关键技术。在此基础上，将全面开展大规模空间科学和空间技术应用，实现载人航天发展战略目标。

五、结束语

过去的五年，中国载人航天圆满完成了空间实验室阶段的任务，为空间站的研制和建造奠定了技术基础。

未来五年，我国将实施空间站建造任务，建成功能完整、性能先进、效益突出的空间站，实现中国航天员长期在轨生活和工作，开展较大规模系统和连续的空间科学和空间应用，必将提高民族自信心，确立中国载人航天强国的地位。

参考文献

［1］王银，陆宇平．"星座"计划相关技术分析［C］∥全国第十三届空间及运动体控制技术学术年会论文集．湖北宜昌：中国自动化学会，2008：328-332.

［2］王鸣阳．美国载人航天星座计划的未来［J］．国际太空，2009（3）：22-25.

［3］邓雪梅．实现人类重返月球的"星座"计划［J］．世界科学，2009（8）：7-8.

［4］黄志澄．美国重返月球计划为何胎死腹中［J］．太空探索，2010（3）：22-23.

［5］张蕊．美国载人航天商业运输的发展［J］．航天器工程，2011，20（6）：87-89.

［6］David E. W. Commercial Crew Development Environmental Control and Life Support System Status，JSC-CN-22060［R］．Johnson Space Center，2011.

［7］Daniel Z，Sam W，Bong W. The First Human Asteroid Mission：Target Selection and Conceptual Mission Design，AIAA 2010-8370［R］．Reston：AIAA，2010.

［8］John F. L，Richard A. B，Cynthia D. C，et al. Multi Purpose Crew Vehicle Environmental Control and Life Support Development Status，JSC-CN-27502［R］．Johnson Space Center，2012.

［9］Detlef W. Building Transatlantic Partnerships in Space Exploration The MPCV-SM Study，E18271［R］．Glenn

Research Center，2012.

［10］ Kelly J. M，Karen L. B，etc. Orion Crew Module Aerodynamic Testing，AIAA 2011-3502［R］. Reston：AIAA，2011.

［11］ Karen L. B，Eric L. W，etc. Development of the Orion Crew Module Static Aerodynamic Database，Part II：Supersonic/Subsonic，AIAA 2011-3507［R］. Reston：AIAA，2011.

［12］ Lauren D. Latest Developments on SpaceX's Falcon 1 and Falcon 9 Launch Vehicles and Dragon Spacecraft［C］// Aerospace conference. IEEE. 2009：1-15.

［13］ Paul M. "We caught a Dragon by the tail..."［N］. New Scientist，2 June 2012.

［14］ Chen J. Brief analysis of the docking test of the American Dragon spacecraft and International Space Station［J］. Aerospace China，2012（8）：24-29.

［15］ 陈杰. 美国"龙"飞船国际空间站对接试验简析［J］. 中国航天，2012（8）：24-29.

［16］ Long F. The American private Dragon spacecraft fly to the International Space Station［J］. Aerospace China，2012（8）：20-23.

［17］ 龙飞. 美私营"龙"飞船飞往国际空间站［J］. 中国航天，2012（8）：20-23.

［18］ John M，Melanie L，Weber，etc. Initial Testing of the CST-100 Aerodynamic Deceleration System，AIAA 2013-1263［R］. Reston：AIAA，2013.

［19］ John R. M，Todd D，etc. Boeing CST-100 Landing and Recovery System Design and Development of an Integrated Approach to Landing，AIAA 2013-5306［R］. Reston：AIAA，2013.

［20］ John M，Preston F，etc. Boeing CST-100 Landing and Recovery System Design and Development Testing，AIAA 2013-1262［R］. Reston：AIAA，2013.

［21］ Zea，L，Over，S，etc. Development of a Cockpit Architecture for the Dream Chaser Orbital Vehicle，AIAA 2012-3421［R］. Reston：AIAA，2012.

［22］ Russell D. H，Zachary C. K，etc. Dream Chaser Commercial Crewed Spacecraft Overview，AIAA 2011-2245［R］. Reston：AIAA，2011.

［23］ Erik S. SpaceX：Making Commercial Spacecraft a Reality［M］. Chichester，UK：Praxis Publishing，2013：123-128.

［24］ Frank W. T，Russell H. Dream ChaserTM for Space Transportation：Tourism，NASA and Military Integrated on an Atlas V，AIAA 2008-7837［R］. Reston：AIAA，2008.

［25］ Molly K. M，Jonathan G. M. Dream Chaser Environmental Control and Life Support System：An Overview，AIAA 2012-3453［R］. Reston：AIAA，2012.

［26］ Molly K. M，Jonathan G. M. Dream Chaser Thermal Control System：An Overview，AIAA 2012-3452［R］. Reston：AIAA，2012.

［27］ Zachary C. K. Russell Howard. Achieving full ascent abort coverage with the dream chaser space system，AIAA 2011-7102［R］. Reston：AIAA，2011.

［28］ David W. Leonard E. Dream Chaser On-Orbit Operations：Preliminary Trajectory Design and Analysis，AIAA 2011-6654［R］. Reston：AIAA，2011.

［29］ SNC Dream Chaser，Jane's All the World's Aircraft［R］. All the World's Aircraft：Development & Production，2014.

［30］ Ryan W. C，Ernest E. L，Jr. A Range Safety Footprint Analysis for the Dream Chaser Engineering Test Article Using Trajectory Optimization，AIAA 2013-4647［R］. Reston：AIAA，2013.

［31］ Yang G. The Russian new manned spacecraft project-PPTS［J］. Aerospace China，2011（7）：16-21.

［32］ LIN K P，LUO Y Z，TANG G J. Optimization of logistics strategies for long-duration space-station operation［J］. Journal of Spacecraft and Rockets，2014，51（5）：1709-1720.

［33］ BARTH T. A NASA perspective on maintenance activities and maintenance crews：KSC-2007-235［R］. Kennedy Space Center，2007.

［34］ M Rucker，J Connolly. Deep space gateway-enabling Missions to Mars［J］. NTRS.nasa.gov，2017.

［35］ A. Scott Howe，Brian Wilcox，Christopher McQuin，et al. Faxing Structures to the Moon：Freeform Additive Construction System（FACS）［C］. AIAA SPACE 2013 Conference and Exposition September 10-12，2013，San Diego，CA.

［36］ Scott D Norris. Orion project status［C］//AIAA SPACE 2013 Conference and Exposition. Washington D. C.：AIAA，2013：24-34.

［37］ Mark G. Benton，Sr. Conceptual Space Vehicle Architecture for Human Exploration of Mars，with Artificial Gravity and Mini-Magnetosphere Crew Radiation Shield［C］. AIAA SPACE 2012 Conference & Exposition 11-13 September 2012，Pasadena，California.

［38］ 武江凯，白明生. 美国"移民石"计划最新进展［J］. 国际太空，2013（7）：38-44.

［39］ 郑永春，欧阳自远. 太阳系探测的发展趋势与科学问题分析［J］. 深空探测学报，2014（1）：83-92.

撰稿人：张柏楠　刘　洋　孙兴亮

审稿人：孙国江　杨　雷

大事记

天宫二号空间实验室：2016 年 9 月 15 日发射入轨，10 月 19 日与神舟十一号载人飞船对接形成组合体，景海鹏和陈冬两名航天员进驻组合体并完成了 30 天中期驻留，创造了我国航天员连续在轨时间最长的纪录。

神舟十一号载人飞船：北京时间 2016 年 10 月 17 日发射入轨，10 月 19 日与天宫二号空间实验室精确交会对接并形成组合体，两名航天员进入天宫二号实验舱，按计划开始 30 天组合体驻留，开展各项航天技术、航天医学和科学试验，为后续空间站长期载人飞行奠定了基础。

天舟一号货运飞船：2017 年 4 月 20 日，天舟一号货运飞船由长征七号运载火箭在海南文昌航天发射场发射。2017 年 4 月 22 日与先期发射的天宫二号空间实验室完成了交会对接，形成组合体。2017 年 4 月 27 日，天舟一号与天宫二号空间实验室成功完成首次推进剂在轨补加试验，标志着我国突破和掌握了推进剂在轨补加技术，为中国空间站组装建造和运营奠定了基础。

深空探测器专业发展报告

一、引言

　　人造地球卫星、载人航天和深空探测被称为我国航天活动的三大领域。根据国家军用标准《卫星术语》和《中国大百科全书航空航天卷》的定义，深空是距离地球约等于或大于地 – 月距离的宇宙空间。根据 2000 年发布的《中国的航天》白皮书中的定义，目前将对地球以外天体开展的空间探测活动称为深空探测。深空探测任务具有系统复杂、技术新、环境极端、风险高的特点，是当今世界高科技活动中极具挑战性的领域之一，是世界航天领域最前沿的科技创新活动之一，是国家综合国力和创新能力的重要标志，对保障国家安全、提升国际影响力、促进科技进步以及提升国家软实力具有重要意义，深空探测可以增进人类对宇宙空间未知领域、太阳系和生命起源的认识，还可以推动空间科技的发展，促进空间资源的开发和利用。因此，深空探测已成为世界各国未来航天领域发展的主要方向之一。

　　我国深空探测活动起步于月球探测，目前已成功实施了嫦娥一号、嫦娥二号、嫦娥三号、嫦娥五号再入返回试验以及嫦娥四号五次任务，掌握了环月探测、月面软着陆以及月地再入返回等关键技术，具备了发射、测控、通信以及回收等航天基础设施与能力，建立了较为完善的工程体系，获得了大量科学成果。正在实施，计划 2020 年年底发射并实现采样返回。在探月工程的基础上，我国充分利用已有基础，正在开展我国首次火星探测任务。2017 年，在国防科工局的组织下，我国开展了探月工程四期、小行星探测、火星采样返回、木星系及行星际穿越探测任务等后续深空探测任务的论证工作，取得阶段性成果。

　　国外主要航天大国如美国、俄罗斯、欧洲、日本以及印度等均不同程度地开展了深空探测活动。其中，美国最早开展深空探测活动，是目前唯一对太阳和太阳系八大行星开展过探测的国家，处于世界领先地位。俄罗斯／苏联早期创造了多项"第一"，受政治环境影响，其发展一度停滞，近年逐步恢复。欧洲航天局起步相对晚，发射次数虽少，但成功概率高，在较短的时间内达到了很高的水平，发展势头强劲。日本在小行星探测方面取得了很大的成功，走出了一条独具特色的发展之路。印度于 2013 年成功实现了亚洲首次火星探测。进入 21 世纪，各航天大国及组织均制定了深空探测规划，无一例外地将深空探测的发展作为带动国内航天技术发展的重要牵引，同时寻找"太阳系的奥秘、行星的起源、生命的存在"始终是各国航天组织不断开展的深空探测活动中的重要追寻目标。

本报告介绍了深空探测领域近五年的学科研究工作，包括近年国外深空探测研究的发展情况与趋势，我国深空探测研究的新进展，对比分析了国内外研究进展与差距，并提出未来五年的发展展望。

二、近五年的主要进展

近五年来，国外月球探测热度略减，仅进行了 1 次月球探测任务，而这种形势在 2017 年年底有所改变，美国、俄罗斯和欧洲均提出了重新开展月球探测的计划，并制定了长期探测规划。小行星探测任务依旧火热，日本和美国相继发射了小行星采样返回探测器，试图巩固在小行星探测领域的领先地位；火星探测仍是目前深空探测任务的重点前沿领域，近五年美国仍旧一枝独秀，除了仍在工作的"好奇号"火星车外，还发射了"洞察号"火星探测器，旨在发现火星地表深层信息。我国开展了嫦娥三号、嫦娥四号以及嫦娥五号飞行试验器等多次月球探测任务，在月球探测方面取得了举世瞩目的成就，并且制定了探月工程四期、深空后续发展规划，深空科学探测方面全面开展了预先研究，为后续任务规划奠定了技术基础。

（一）国际最新进展

2014 年至 2019 年 3 月，国外仅在 2019 年初成功发射了 1 次月球探测任务；共发射了其他深空及相关探测任务 9 次，8 次获得成功，其中 2 次小行星采样返回任务，1 次火星着陆探测任务，1 次水星探测任务，2 次太阳探测任务、1 次引力波探测任务、1 次系外行星探测任务；1 次任务部分成功，即欧俄的"火星生物学 –2016"火星探测任务，该任务轨道器目前在轨工作正常，着陆器在着陆火星时坠毁。在这五年中，月球探测任务进入平静期，除中国外，仅以色列在 2019 年年初为参加谷歌月球探测大赛发射了一个月球探测器，4 月 11 日在尝试着陆时坠毁在月球表面。火星和小行星探测依旧是深空探测热点，而深空空间科学探测任务逐步成为亮点。

1. 日本"隼鸟 2 号"小行星探测任务

北京时间 2014 年 12 月 3 日 12 时 22 分，日本宇宙航空研究开发机构（JAXA）和三菱重工业公司在位于鹿儿岛县的种子岛宇宙中心用 H2A 火箭 26 号机将"隼鸟 2 号"（图

21）送上太空。"隼鸟 2 号"将进行 2 次表面物质采集和 1 次地下物质采集，除此之外，"隼鸟 2 号"还将释放小型着陆器"密涅瓦 2 号"对小行星开展就位探测。2018 年 6 月 27 日，"隼鸟 2 号"探测器抵达目标小行星；2019 年 2 月 22 日，"隼鸟 2 号"探测器成功实现短暂触碰小行星并采样。2019 年 7 月初，"隼鸟 2 号"再次触碰"龙宫"并采样。

图 21　"隼鸟 2 号"探测器系统

2. 美国深空气候观测卫星

2015 年 2 月 11 日，深空气候观测卫星（Deep Space Climate Observatory，DSCOVR，图 22）从美国佛罗里达州卡纳维尔角发射升空。该卫星在 110 天后进入位于日地拉格朗日 L1 点轨道。它是第一个用于侦测由太阳发出地磁风暴的深空早期预警系统，携带两个 NASA 的感测装置，以监测地球大气的臭氧与悬浮微粒水平以及地球辐射的变化。

图 22　美国深空气候观测卫星

3. 欧洲航天局"LISA Pathfinder"引力波探测技术验证任务

2015 年 12 月 3 日，欧洲航天局研发的"激光干涉仪空间天线探路者"（LISA Pathfinder，图 23）探测器由"织女星"（Vega）运载火箭从法属圭亚那太空中心发射升空，该探测器将测试空间引力波探测所需的技术。"探路者"中采用了多项全新和高精度的技术。如果"探路者"顺利完成预计的极高精度测量和操作，未来空间引力波探测将成为可能，将开启人类认识宇宙的另一扇窗口，对于物理学和天文学的发展都具有重大意义。"探路者"入轨后将利用自身的推进系统到达日地拉格朗日 L1 点附近的"利萨如"（Lissajous）轨道。

图 23　LISA Pathfinder 探测器

4. 欧俄合作"火星生物学 –2016"火星探测任务

图 24　"ExoMars2016"探测器系统

北京时间 2016 年 3 月 14 日 17 时 31 分，欧洲和俄罗斯联合开展的"火星生物学 –2016"（ExoMars2016，图 24）从拜科努尔航天发射场由质子 –M/ 微风 –M（Proton-M/Briz-M）运载火箭发射升空，并成功进入地火转移轨道。该任务将对火星大气中的稀有气体进行详尽的探测，并验证 ESA 的火星软着陆技术，为未来火星探测任务奠定技术基础。"火星生物学 –2016"采用环绕探测与着陆验证结合的形式开展探测，包括"微量气体轨道器"（TGO）和"进入、下降和着陆模块"（EDM，Schiaparelli，斯基亚帕雷利）。"火星生物学 –2016"于 2016 年 10 月 19 日到达火星大气层，在到达火星大气前 3 天，即 2016 年 10 月 16 日 14 时 42 分，进入、下降、着陆模块与微量气体轨道器分离。之后，进入、下降、着陆模块开始进入下降、着陆过程。从目前情况看，进入、下降、着陆模块未成功登陆火星表面，在着陆之前，进入、下降、着陆模块抛防热大底、打开降落伞的操作程序可以确认正常，但是随后控制中心未与进入、下降、着陆模块建立联系。

该任务"微量气体轨道器"目前在轨工作正常，截至 2019 年 4 月，轨道器拍摄了大量火星图片，包括火星多次大型火星沙尘暴照片；在其发射三周年之际，欧洲航天局公布了轨道器探测器火星浅表层水分布图片；在 2018 年"好奇号"在火星表面 1m 以内高度范围内发现甲烷的同时，轨道器在同一区域火星轨道上进行了测量，但并未发现甲烷成分，这一发现给科学家提出了"甲烷为什么消失得如此之快"的难题。

5. 美国"欧西里斯"小行星探测任务

2016 年 9 月 8 日 19 时 5 分（美国东部时间），美国宇航局（NASA）用宇宙神 V（Atlas–V 441）运载火箭从卡纳维拉尔角成功发射"欧西里斯"（OSIRIS–REx，图 25）小行星采样返回探测器。"欧西里斯"是美国首个小行星采样返回探测器，将对碳质小行星"贝努"进行探测和样品采集。

图 25 "欧西里斯"探测器系统

"欧西里斯"整个任务历时 7 年，2018 年 12 月 3 日中午 12 时 10 分抵达了目标小行星"贝努"，并向地球传了该小行星的清晰图片。计划 2020 年前根据勘察的结果，利用机械臂上的采样装备采集 60g ~ 2kg 的小行星表面风化层样品；2021 年 3 月"欧西里斯"携带样品返回，预计在 2023 年 9 月着陆于犹他州测试与训练场。

2018 年 12 月 10 日，"欧西里斯"在发现"贝努"小行星存在含有氧和氢原子键合在一起的分子，即"羟基"。研究团队怀疑这些羟基在整个小行星范围内存在于含水黏土矿物中，这意味着在某些时候，"贝努"的岩石材料与水有过相互作用。整个小行星中水合矿物的存在证实了"贝努"是太阳系形成早期的残余物，是研究原始挥发物和有机物组成的优秀目标。

6. 美国"洞察号"火星探测任务

2018 年 5 月 5 日凌晨 4 时 05 分，搭载"洞察号"火星探测器（图 26）的"宇宙神"V–401 型火箭从位于加州中部的范登堡空军基地 3 号发射台发射升空，执行人类首个

图 26 "洞察号"探测器

探究火星"内心"的探测任务。它的平台设计继承先前的"凤凰号"探测器，着陆火星之后将在火星表面安装一个火震仪，并使用钻头在火星上钻出迄今最深的孔洞进行火星内部的热状态考察。探测器是一个国际合作进行的科学项目，并且几乎是先前大获成功的"凤凰号"探测器的翻版。2018 年 11 月 26 日 14 时 54 分许，"洞察号"无人探测器在火星成功着陆。2019 年 2 月 19 日起，根据"洞察号"无人探测器提供的数据，美国航天局开始在网上发布火星每日天气报告，提供火星气温、风速、气压等信息。

2018 年 12 月 20 日，"洞察号"地震仪开始钻探，但至 2019 年 2 月，钻探工作进展困难，原本应钻入地下 4.8m 的钻头钻进了 30cm 后就停止了继续下钻，并持续了 2 个月。美国宇航局暂停了名叫"鼹鼠"的钻头继续钻探并开展故障清查工作，初步认为故障可能原因有两个，一是火星表面的摩擦力以及设备的重力不足以产生足够的下压力来克服钻进时产生的后坐力；二是钻头不巧遇到了火星土壤中较坚硬的石块等结构。2019 年 6 月底，美国宇航局已经开始清障操作；7 月 1 日，成功移开了支撑结构，使地面人员能够观察到钻头的情况，迈出了成功清障的第一步。

7. 美国"帕克"太阳探测任务

2018 年 8 月 12 日，"帕克"太阳探测器（图 27）发射成功，将从前所未有的近距离上对太阳进行观测，是首项将穿越日冕的太阳观测任务。2018 年 10 月 29 日，"帕克"太阳探测器同日打破"阿波罗 2 号"于 1976 年创下的（距太阳表面 4273 万千米）纪录，成为有史以来最接近太阳的人造物体。根据任务轨道设计，探测器后续每个近日点都会更接近太阳，它将是第一个飞入太阳日冕的飞行器，工作在离太阳表面仅 9 个太阳半径处。探测器上科学设备将探测它们遇到的等离子体、磁场和波、高能粒子和尘埃，也对探测器轨道附近以及日冕底部的偶极结构的日冕结构成像。

图 27 "帕克"太阳探测器

8. 欧日"贝皮 – 哥伦布"水星探测任务

2018 年 10 月 20 日，欧洲—日本联合实施的水星探测飞船"贝皮 – 哥伦布"（图 28）搭乘阿里亚娜 5 号火箭从法属圭亚那库鲁航天中心发射升空。按计划将于 2025 年抵达水星。届时它将分离成两个航天器进入各自的水星轨道，开始协作进行暂定为期 1 年的数据收集活动。其中一个由欧洲航天局研发的"水星行星轨道飞行器 MPO"，主要用于探测水星的表面和内部结构；另一个由日本宇宙航空研究开发机构研发的"水星磁层轨道飞行器 MMO"，主要负责探测水星的磁场及其与太阳风的相互作用。欧洲航天局的"水星运载模块 MTM"负责转运这两个轨道器。

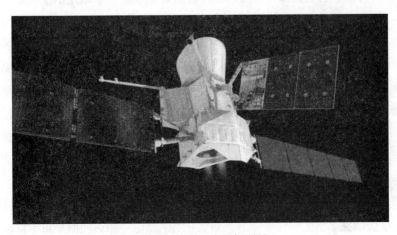

图 28 "贝皮 – 哥伦布"水星探测器

9. 以色列月球探测任务

2019 年 2 月 22 日，以色列首个月球探测器"创世纪"号（图 29）搭乘猎鹰 9 号火箭在美国佛罗里达州卡纳维拉尔角发射升空。以色列首个月球着陆器升空后将展开约 7 周的月球之旅，行驶大约 400 万英里。4 月 11 日，探测器尝试接近并着陆月球表面时，失去了与地面控制中心的联系。目前，该任务正式宣布失败，探测器确定已坠毁于月球表面。

图 29 "创世纪"号月球探测器

图 30 "月船 2 号"月球探测器

10. 印度"月船 2 号"月球探测任务

"月船 2 号"（Chandrayaan-2，图 30）是印度继"月船 1 号"后发射的第二个月球探测器。2019 年 7 月 22 日，由印度太空研究组织（ISRO）研发的 GSLV Mk-III 火箭发射升空。8 月 21 日，"月船 2 号"传回了首张拍摄的月球照片。9 月 2 日，"月船 2 号"着陆器与轨道器分离，开始实施月球着陆变轨。9 月 7 日，"月船 2 号"在距离月球表面 2.1km 处失联，着陆任务失败。

（二）国内最新进展

2014 年至 2019 年 6 月，国内深空探测领域任务主要集中于月球探测。2013 年 12 月发射的嫦娥三号探测器圆满完成任务；2014 年嫦娥五号 T1 飞行试验器圆满完成月球返回高速跳跃式再入返回试验；2019 年嫦娥四号实现了世界首次月球背面软着陆及巡视探测，嫦娥五号任务计划 2019 年实施发射，火星探测器进入正样研制阶段，计划 2020 年发射。

1. 嫦娥三号探测任务圆满实施

嫦娥三号探测器由月球软着陆探测器（简称着陆器）和月面巡视探测器（简称巡视器，又称玉兔号月球车）组成（图 31）。2013 年 12 月 2 日在中国西昌卫星发射中心由长征三号乙运载火箭送入太空，当月 14 日成功软着陆于月球雨海西北部虹湾地区，15 日完成着陆器巡视器分离，并陆续开展了"观天、看地、测月"的科学探测和其他预定任务。

图 31　嫦娥三号月球探测器系统着陆器（左）和巡视器（右）

嫦娥三号探测器是中国第一个月球软着陆的无人探测器，其拍摄的月面照片是人类时隔 40 多年后首获最清晰月面照片。嫦娥三号获取的月面地形地貌、月壤成分、浅层月壤分层结构、紫外对地观测、月基光学观测数据已向全球免费开放共享，取得了丰硕成果。自 2013 年 12 月 14 日月面软着陆以来，嫦娥三号着陆器至今工作正常，创造了全世界在月面工作最长时间的纪录。

嫦娥三号探测器也是一个全新的航天器，新技术和新产品的比例高达 80%。针对新领域中所遇到的新问题，通过大量的设计分析、关键技术攻关和地面验证试验，突破了月球软着陆和月面巡视的核心关键技术，在航天器总体设计、制导导航和控制系统设计、推进系统设计、热控系统设计等方面取得了一系列自主创新的科研成果。

1）实现了多学科总体优化设计。自主建立了月球引力场、月球红外、月表地形地貌以及月壤物理特性等模型，构建了我国首个月球软着陆和巡视探测的系统仿真设计分析平台，完成了系统设计的仿真分析和验证；在系统集成设计方面进行了大胆尝试，通过电子设备的集成设计将系统配电管理、机构控制以及温度控制等功能集成到数据管理分系统和综合电子分系统实现，构建了综合电子体系结构。

2）突破了软着陆的自主制导、导航和控制技术。软着陆的制导、导航和控制在方案设计和技术设计方面均突破了大量技术难点，大量单项技术创新和集成技术创新贯穿于整个研制过程。创造性地将着陆过程分解为 7 个任务阶段，采用多种制导方式完成了 7 个任务阶段的制导律设计；基于多信息融合技术，创新地设计了基于惯性导航配以测距测速修正的高可靠全自主的导航方案；突破了高精度大动态激光测距技术和微波测距测速技术，自主开发研制了多种相关敏感器。

3）突破了复杂推进系统设计和变推力发动机技术。解决了系统并联均衡排放、液体防晃、大流量变工况下系统稳定工作等一系列航天器推进系统设计难题；国内首次采用了复合材料缠绕的大直径金属膜片贮箱，突破了贮箱结构承力设计、膜片变厚度控制、膜片运动及翻转压差控制、碳纤维缠绕等设计和工艺难题；研制出我国第一台航天器用高比冲高控制精度的变推力发动机，实现了推力连续可变，推力变化范围 1500～7500N，推力控制精度达到 6.25N，其突破的关键技术对我国液体火箭发动机及相关技术的发展起到了很大的带动作用。

4）突破了软着陆的着陆缓冲技术。创造性地采用"悬臂式"的构型设计、压紧释放与展开锁定装置与辅助缓冲器的集成设计等创新设计方案，解决了着陆缓冲、着陆稳定性和利于巡视器释放分离等多方面的问题；研制出了新型常温超塑性材料，突破了高延伸率拉杆材料的制备、加工及表面处理工艺的保障等关键技术，解决了拉伸吸能缓冲难题，推动了材料科学的发展。

5）突破了月面移动技术。首次提出了巡视器运动性能的技术评价体系，对巡视器的移动性能进行了综合评价。在移动系统设计方面，提出了多种移动创新形态，并结合月面环境行驶需求进行优化。车轮优化设计方面，根据地面力学的相关理论，构建了轮土动力学模型，并通过试验比较了各种车轮形态的性能及月面环境适应性，结合巡视器的行驶性能如动力性、通过性和稳定性等分析结果，确定了车轮的形态。地面试验过程中，在对主副摇臂按照月面移动过程车轮分压关系进行配重后，采用悬索方法实现了 1/6 地球重力的低重力环境和车轮接地压力的模拟，确保了地面模拟的准确性。

6）突破了月面生存技术。国际上首次采取重力辅助两相流体回路技术实现了热能的可控输运，创造性提出了两相流体回路分析方法和地面试验方案，解决了月夜生存难题，丰富了航天器热控制的硬件产品，促进航天器热控制技术产生了新飞跃。国际上首次采取了地外天体表面探测器全断电休眠、光照自主唤醒的月面休眠唤醒策略，实现了我国航天器在轨长期休眠和自主唤醒的工作模式。国内首次采用同位素热源用于探测器月夜期间舱内温度环境的保障，突破了涉核产品测试、验证流程设计、安装等关键技术。

7）突破了自主导航与遥操作控制技术。创新性地提出了基于立体视觉的局部自主避障算法，完成了巡视器自主局部路径规划，提高了探测器适应月面复杂地形的能力。首次构建了巡视器任务规划体系结构，通过 3 个层次的规划（任务规划、周期规划、导航规划），确保了巡视器在月面的高效、安全工作。开发了基于车载视觉系统的图像匹配定位、基于里程计的航位推算法、路标特征匹配法等定位方法，实现了巡视器精确的定位。

8）实现了月面就位和巡视科学探测。研制了测月雷达、月基光学望远镜和极紫外相机等科学探测仪器，国际上首次实现了月球浅层结构剖面探测，月基天文变源亮度的长期观测和地球等离子体探测等科学探测任务，获得了大量第一手的科学探测数据。

9）突破了软着陆和巡视探测的地面试验技术。构建了国内首个悬停避障试验场、着陆试验场、巡视器内场和外场等试验设施，创造性地提出了一系列针对软着陆和巡视探测的试验方案和试验方法。开创性地制定了地外天体软着陆和巡视探测任务的地面验证试验方案、体系和标准，系统地规划了地面验证试验的项目和方案，有力地保证了地面验证试验的完整性和有效性，为后续行星表面的软着陆和巡视探测任务的地面验证试验工作奠定了基础。

2. "月地高速再入返回飞行试验"取得圆满成功

为确保嫦娥五号奔月、月球采样、返回地球任务的顺利完成，2014年10月24日发射了由返回器和服务舱两部分组成的嫦娥五号"探路者"——探月三期月地高速再入返回飞行器（图32）。2014年11月1日，服务舱与返回器分离，返回器顺利着陆，试验任务取得圆满成功。随后服务舱拉升轨道，继续开展拓展试验，先后完成了远地点54万千米近地点600km大椭圆轨道拓展试验和环绕地月L2点探测、返回月球、嫦娥五号调相机动模拟试验等任务。

嫦娥五号返回再入飞行试验任务的实施，全面提升了我国对高速条件下高空稀薄大气的气动力、气动热、热防护、制导导航与控制等技术机理的认识水平，提高了高空稀薄大气条件下高速再入过程数学和物理模型的精度，积累了高空大气中高速飞行的工程经验，带动了新材料的研制和航天装备设计方法的创新。主要技术成果包括：

1）构建了双平台飞行器系统，实现了一次任务多目标的设计方案。

2）突破了大倾角变轨道空间借力飞行技术，实现了高精度绕月自由返回。

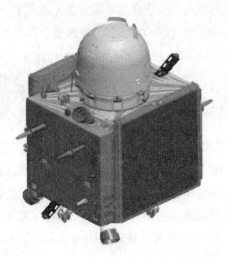

图32　嫦娥五号返回再入飞行试验系统

3）突破了再入返回气动设计、分析和验证，实现了我国高空高速空气动力学的跨越。

4）突破了高速两次再入大气层热防护技术，研制了轻质防热系统。

5）突破了半弹道跳跃式高速再入返回自主制导导航与控制技术，实现了国际上最高精度深空再入返回。

6）突破了深空跳跃式高速再入返回跟踪测量和搜索回收技术，实现了国内最大速度、最长航程、最大范围的测控回收。

实践证明，这条充分利用成熟技术来为掌握核心新技术创造有利条件的技术路线，用比较少的投资和较短的时间，突破了深空高速再入返回的多项关键技术，又好又快地完成了既定任务。

3. 嫦娥四号探测任务取得圆满成功

嫦娥四号任务包括"鹊桥"号中继卫星以及嫦娥四号月球探测器（图33）两部分。"鹊桥"号中继卫星于2018年5月21日5点28分，中国在西昌卫星发射中心由长征四号丙运载火箭成功发射升空。6月14日11时06分，成功实施轨道捕获控制，进入环绕距月球约6.5万千米的地月拉格朗日L2点的Halo使命轨道。2019年1月11日，嫦娥四号着陆器与玉兔二号巡视器工作正常，在"鹊桥"号中继卫星支持下顺利完成互拍，达到工程既定目标，标志着嫦娥四号任务圆满成功。"鹊桥"号中继卫星是世界首颗运行于地月拉格朗日L2点的通信卫星，作为数据中转站，它能够实时地把在月球背面着陆的嫦娥四号探测器发出的科学数据第一时间传回地球，具有重大的科学与工程意义，也是人类探索宇宙的又一有力尝试。

图33 嫦娥四号探测器系统

嫦娥四号月球探测器由着陆器与巡视器组成，巡视器命名为玉兔二号。2018年12月8日2时23分，中国在西昌卫星发射中心由长征三号乙改二型运载火箭成功发射嫦娥四号月球探测器，开启了月球探测的新旅程。2019年1月3日10时26分，嫦娥四号探测器成功着陆在月球背面南极–艾特肯盆地冯·卡门撞击坑的预选着陆区。落月后，在地面控制下，通过"鹊桥"号中继卫星的中继通信链路，嫦娥四号探测器进行了太阳翼和定向天线展开等多项工作，建立了定向天线高码速率链路。2019年1月3日22时22分，玉兔二号巡视器到达月面，着陆器与巡视器各自开始就位探测与巡视探测。在经历了月夜的休眠，2019年1月29日和1月30日，玉兔二号巡视器和着陆器相继唤醒，继续开展科学探测活动。

嫦娥四号月球探测器是国际首个在月球背面着陆的探测器，在航天器总体设计、中继通信系统设计、制导导航和控制系统设计等方面取得了一系列自主创新的科研成果。主要包括以下几方面：

1）突破了地月L2点中继轨道设计技术。首次提出了基于着陆区通信全覆盖的地月L2点中继飞行任务方案。开发了使命轨道构型设计方法，实现了中继星在使命轨道上对着陆区中继通信的100%覆盖；创造性地提出了"1次近月制动+2次捕获"的三脉冲地月L2点Halo轨道捕获策略，实现了国际首次地月L2点Halo轨道的捕获及长期稳定飞行。

2）突破了月背崎岖地形软着陆自主控制技术。提出了一种高精度"定时定点"月面软着陆的轨控策略，解决了在狭窄着陆区精准着陆的难题；提出了一整套创新的月球地形建模、分析和定位方法，解决了月球背面特殊地形地貌带来的环境不确定性的难题，实现地形模型分辨率由30m提高到1m。

3）突破了地月中继通信技术。国际首次实现在地月L2点配置中继通信卫星，提出了基于地月L2点的统一对地，独立对月链路的多用户再生转发中继通信系统方案，实现了人类首次月球背面探测器与地面站之间全时覆盖的可靠中继通信。

4）突破了月夜采温系统技术。首次在月面开展了月壤温度的自动测量。创造性地设计了利用机构悬梯的触月端铲式装置，有效解决了与月壤的直接接触、与探测器的隔热等难题；国内首次提出适应月背环境的RTG热电管理方法，解决RTG电源冷端温度变化高达200℃的月面生存难题；在轨飞行数据表明月夜温度采集系统工作正常，国际首次获取月球背面月壤及探测器昼夜温度数据，对后续月球探测具有重要的意义。

5）突破了巡视器高可靠安全移动与机构控制技术。提出了多方向驶离、机构电流监测、多重停车保护的巡视器移动方案，提高了对月背复杂地形的适应性，确保了两器释放分离和月面移动的安全；提出了行进转向集成一体化轮系的电缆布局方法，解决了在月背松散月壤中车轮沉陷条件下的转向轮电缆防钩挂、防拉脱、防破损、防短路难题；提出了供电端隔离、受电端隔离、继电器并联等多措施结合的故障隔离方法，解决了中继通信大时延、地面判发指令需时较长条件下的故障隔离与防扩散难题；提出了基于目标角度设置、时间超限保护、多步拐点衔接的天地协同机构控制方法，实现巡视器大延时下的运动类指令有效容错，确保了机构运动安全可控。

6）突破了月背复杂环境巡视器昼夜周期规划技术。提出了基于巡视器单目相机图像的天际线识别方法，为巡视器安全进入休眠状态提供了重要保障；提出了基于时间驱动、电流辅助判断的自主休眠方案以及基于车体姿态调整、热控回路自主通断、多种故障情况下太阳翼高可靠自主展开的唤醒方案，确保了巡视器在光照遮挡、通信中断等各种复杂情况下能够安全休眠唤醒。

7）突破了嫦娥四号长期贮存可靠性评价与验证技术。面对嫦娥四号部分产品贮存期超过6年的情况，首次提出了产品长期贮存可靠性关键影响因素矩阵分析方法。首次提出了电子类单机的长期地面贮存状态进行评价方法。基于非工作状态可靠性影响因素，建立了长期不工作状态的性能退化评价方法，解决了型号长期贮存后可靠性指标量化评价的难题。

8）固网结合的高增益可展开天线首次在轨应用。"鹊桥"号中继卫星采用了固网结合的可展开伞状抛物面天线技术方案，增益达到45dB，是迄今国内外深空探测任务中所采用的最大口径通信天线。该天线性能优、重量轻，在未来的深空探测及其他航天任务中具有非常广阔的应用前景。

9）采用单组元推进系统实现了大速度增量轨道控制。"鹊桥"号中继卫星采用单组元的肼推进系统实现了近月制动等需要大速度增量的轨道控制，星上共配置了4台20N推力轨控发动机，与以往嫦娥任务采用的单个大推力轨控发动机方案相比，工作组合多，完成轨道转移任务的可靠性大大提高。

10）实现了中继通信天线指向的高精度指向控制和在轨标定。首次在轨实现了对高精度天线指向的精确测试标定，"鹊桥"号中继卫星在不同轨道位置下的标定测试结果表明，中继通信天线的指向精度在0.1°以内。实际在轨飞行结果表明，在着巡组合体环月、落月以及两器月面工作过程中，中继通信天线指向均满足要求，保证了中继通信链路的畅通。

11）突破了再生伪码测距技术。首次实现了再生伪码测距功能，大大提高了测距能力，测距灵敏度从 –115dBm 提升到 –140dBm 以上，为未来的深空任务应用奠定了技术基础。

4. 嫦娥五号探测器系统蓄势待发

嫦娥五号探测器（图34），是由中国空间技术研究院（中国航天科技集团五院）抓总研制的中国首个实施无人月面采样返回的航天器，计划在探月工程三期中完成月面采样返回任务，是该工程中最关键的探测器，也是中国探月三期工程的收官之战。

嫦娥五号探测器全重 8.2t，由轨道器、返回器、着陆器、上升器四个部分组成，计划2020年年底发射并实施采样返回，探测器系统将由我国目前推力最大的长征五号运载火箭从中国文昌航天发射场进行发射。

通过嫦娥五号的研制和实施，中国将突破月表自动采样、样品的封装与保存、月面动力上升、采样返回轨道设计、地球大气高速再入、月球轨道交会对接、多目标高精度测控通信、月球样品储存和地面实验室分析等关键技术，提升航天技术水平；具备月球无人采样返回的能力，首次实现中国月面自动采样返回，实现航天技术的重大跨越；完善中国的月球探测航天工程体系，形成重大项目实施的科学的工程管理方法，为后续载人登月和深空探测工程服务。通过实施嫦娥五号无人月球采样返回任务，中国在月球科学研究方面将更进一步，开展着陆点区域形貌探测和地质背景勘察，获取与返回样品相关的现场分析数据，建立现场探测数据与实验室分析数据之间的联系；对月球样品进行实验室研究，分析着陆点月表物质的结构、成分、物理特性，深化月球成因和演化历史的研究。

图 34　嫦娥五号探测器

5. 首次火星任务探测器系统（图 35）

我国首次火星探测任务已经开始实施，计划于 2020 年发射，2021 年环绕、着陆火星。其工程目标为：突破火星制动捕获、火星进入着陆、火星表面巡视、长期自主管理、行星际测控通信等关键技术，通过一次飞行任务即实现火星环绕探测和巡视探测的目标，获取自主火星探测工程和科学数据，使我国深空探测能力和水平进入世界航天第一梯队，实现深空探测技术的跨越。科学目标为：通过环绕与巡视探测，实现对火星表面形貌、火星土壤特性、物质成分、水冰、大气、电离层、磁场等科学探测。

6. 后续任务规划稳步开展

为保证我国在深空探测领域的持续稳步发展，月球探测和深空探测均开展了后续任务的规划。

图 35　首次火星任务探测器

深空探测方面，2015 年开始，国防科工局组织开展了深空探测重大专项论证工作，形成了"火星探测两步走，一步实现绕落巡、二步实现采样回，以及木星 / 小行星一大一小" 4 次任务的规划。

月球探测方面，2017 年 4 月开始，国防科工局组织开展探月工程四期任务的实施方案论证工作。探月工程四期任务拟在 2030 年前通过 3 ~ 4 次任务建成中国的月球科研站基本型，形成长期自主开展科学探测和资源利用验证的月面设施，并为后续月球探测奠定基础、有序衔接。

三、与国际发展对比分析

经过多年的不懈努力，我国在月球探测领域已经取得了长足的进步，2019 年嫦娥四号实现了世界首次月球背面软着陆，2020 年前嫦娥五号将实现月球采样返回，标志着我国月球探测达到世界先进水平。但我国在深空探测领域其他方面仍与国际先进水平有所差距，主要体现在以下几个方面。

（一）总体能力

深空探测总体能力主要体现在探测目标和探测手段的多样性。在探测目标方面，国外深空探测目标已经覆盖了太阳系内各种天体，包括太阳、行星、小行星、彗星、矮行星、各行星卫星等，基本具备了太阳系内全区域到达能力。我国深空探测起步较晚，与国外半个多世纪的发展历程相比，我国深空探测活动只开展了 10 多年，期间完成了 5 次月球探测任务，因此探测目标的广泛性存在差距。后续我国将在 2020 年实施首次火星任务，并规划了后续火星采样返回、小行星和木星探测任务，但相比于国外后续将探测重点逐步转移至火星、木星系以及土星系而言，我国还有较大差距，仍需不断提高技术水平，拓展探测范围，获取更多成果。在探测方式方面，我国已经实现了飞越、环绕、着陆巡视探测，采样返回探测正在开展过程中，其中地外天体返回已实现，与国外先进水平相当。

（二）环绕探测能力

环绕探测能力主要体现在遥感分辨率、数传能力方面，目前我国均与国外先进水平有一定差距。

首先，遥感载荷研制能力不足和通信带宽限制导致了遥感分辨率的差距。遥感载荷研制能力的差距主要由光学系统的设计与加工能力、成像敏感器的研制能力导致。要实现高分辨率遥感，需要充足的通信带宽保证图像数据能够在任务周期内完整下传，而目前通信能力的不足也限制了遥感载荷产生图像数据的数量，从而在一定程度上约束了遥感分辨率的提高。

其次，通信体制选择的差异及设备技术水平的差距导致了通信能力差距。我国深空探测起步较晚，为了在满足任务需求的基础上保证通信的可靠性，在地月通信方面采用了技术更为成熟的 S 频段和 X 频段进行数传，而 LRO 使用具有更宽频段的 Ka 和激光进行通信，在地火通信方面我国火星探测器采用了 X 频段，MRO 使用了 X 频段和 Ka 频段，而且 LRO 和 MRO 的星上放大器的输出功率及天线口径也具有一定的优势，因此能够传输更高的码速率。此外，由于地面站现有天线的口径及增益不足，也导致其接收数据的能力也存在一定差距。

（三）创新能力

深空探测是以科学为牵引、技术为基础的复杂工程任务，创新能力是深空探测事业发展的推动力。纵观国内外航天发展历史，由于其高风险和高成本，由政府主导的航天任务往往采用比较保守的技术，从而在一定程度上阻碍了航天的创新发展步伐。近年来我国深空探测事业取得了迅猛发展，型号任务五战五捷，创新能力大大提升，但我们也清醒地意识到我们提出探测任务能力较弱，对影响发展的前沿科技缺乏总体部署与应用，创新能力相比美国等航天强国存在较大差距，特别是在科学任务规划、任务系统设计以及关键技术解决途径等方面创新能力差距明显，难以适应未来的发展需求。我国在该领域的科学研究力量薄弱、投入不足，尚未建立完备的支持机制，研究不够深入和系统，影响了探测数据的充分挖掘，难以形成丰富系统的科学成果。尤其在原始创新方面，基础理论、工程技术、探测方式等长期处于跟随状态，缺乏具有世界影响力的标志性成果，必须加快脚步提高自身创新能力，保持深空探测事业发展的稳步向前。

（四）深空探测的部分关键技术应提前布局

在部分关键技术方面，还需要随着深空探测任务的开展进行不断的加强，比如在深空探测器设计方面，功能、结构一体化设计有一定不足，在载荷种类、载荷性能等方面与国外先进水平有一定差距；在能源方面，我国深空探测器还在使用太阳能为主的技术，核能技术还未成熟运用，目前面向木星以远的探测必须采用核电源；在推进方面，传统化学推进仍是使用的首选，电推进、太阳帆等新型推进技术尚未开展应用；在通信方面，仍以 S 频段、X 频段为主，Ka 频段和激光通信等更先进技术的尚未使用（将在探月四期中采用）；近年来人工智能技术发展迅猛，深空探测领域应用人工智能技术的目的是提升探测器自主能力，特别针对深空探测任务特点，在自主任务规划、自主导航、自主巡视操作以及探测器自主管理等方面需要尽快开展数据积累和技术应用布局；未来深空探测器飞行距离更远，所处环境将更加极端，面对极端环境的热控技术目前尚有不足；另外，随着我国深空探测活动的不断深入拓展，行星保护的实施将是不可回避的国际责任和义务。因此，需要通过不断的任务牵引，对深空探测的部分关键技术进行持续的攻关和加强。

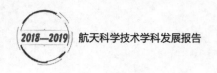

（五）商业化发展滞后

日益高涨的全球航天商业化发展的浪潮正在从美国、欧洲开始传向我国，我国也在加紧发展商业航天，国家"一带一路"倡议的提出，也为我国商业航天发展拓展了更为广阔的前景。商业发射、卫星运营等领域均开展了积极的探索，在深空探测领域，商业化的发展相对滞后，未来发展前景广阔。

四、发展方向与展望

回顾过去五年，国际上的主要深空探测任务呈多样化发展，月球探测进入平静期，而采用深空轨道进行空间科学探测的探测任务数量呈上升趋势，但总的来说，探测热点仍为火星、小行星。而在 2017 年后，各国掀起了重返月球的热情，均规划了月球后续长期探测任务，预计未来五年，经历了短暂平静期的月球探测仍为深空探测的重要目标。从长远规划来看，深空探测重要目的是对系内可能存在生命的天体进行探测，所以国外也已经规划了木星系和土星系的探测计划，并已经开展前期环绕探测任务，木星系和土星系中可能存在生命的木卫三、木卫四、土卫六则可能成为火星之后新的探测热点。

随着我国综合国力的增强以及对航天领域发展的重视，未来预计将在以下领域取得更大发展。

（一）月球探测

发射嫦娥五号探测器并采样返回，完成探月三期工程，实现我国探月工程"绕落回"三步走计划。开启探月四期工程，实施"嫦娥六号、七号、八号"三次任务，计划在 2030 年前后建立月球无人科研站。后续，将不断扩展，形成常态化月球科研站。

（二）火星探测

发射首次火星任务探测器，完成火星探测第一步"绕落巡"计划，开展火星采样返回任务先期关键技术深化论证，为火星探测第二步"采样回"奠定技术基础。

（三）小行星探测

根据深空探测后续任务规划，研制并发射小行星探测器，进行小行星附着采样返回，获取小行星样品。突破弱引力天体绕飞 / 附着 / 采样及智能控制、轻小型超高速再入返回、小推力轨道、长寿命高可靠电推进等关键技术，为后续火星采样返回等任务积累技术和工程经验，推动深空探测整体能力提升。实现小行星探测方式和核心技术的全面性突破，形成小行星探测工程系统能力。

（四）木星系及行星际穿越探测

在行星探测后续规划中，开展木星系及行星际穿越探测关键技术深化论证工作，突破木星系空间环境适应和防护、空间同位素电源、弱光照条件下高效光电转换等关键技术，具备实现木星系环绕和天王星达到的技术能力，使我国深空探测能力达到国际前列。实现木星、木卫四的环绕探测和行星际穿越探测，为深化对木星系和行星际的相关科学研究提供科学探测数据。

针对深空领域在关键技术解决途径方面的不足，关键技术发展需全面开展任务顶层设计、探测器总体设计、先进能源技术、新型推进技术、高速率测控通信技术、极端条件热控技术等领域持续提高能力，在探测器自主能力提升、人工智能技术应用方面需提前布局。全面开展深空探测预先研究，逐步掌握高精高稳卫星指向技术、分布式卫星编队飞行技术、大型空间可展开机构技术、极端热环境控制技术、星际航行先进推进技术、超高精度空间基准技术以及行星保护技术等共性支撑技术，推动太阳探测、引力波探测、系外行星探测等利用深空轨道进行空间科学探测任务的孵化。

参考文献

［1］孙泽洲，孟林智. 中国深空探测现状及持续发展趋势［J］. 南京航空航天大学学报，2015，47（6）：5-11.

［2］中华人民共和国国务院新闻办公室.《2016 中国的航天》白皮书［J］. 中国航天，2017（1）：8-13.

［3］孙泽洲，张廷新，张熇. 嫦娥三号探测器的技术设计与成就［J］. 中国科学：技术科学，2014（4）：331-343.

［4］吴伟仁，于登云. 深空探测发展与未来关键技术［J］. 深空探测学报，2014（1）：13-25.

［5］航天爱好者网［EB/OL］.［2019-3-11］

［6］NASA 官方网站 – 未来计划［EB/OL］.［2019-3-11］

［7］NASA 官方网站 – 当前任务［EB/OL］.［2019-3-11］

［8］NASA 官方网站 – 过往任务［EB/OL］.［2019-3-11］

［9］ESA 官方网站［EB/OL］.［2019-3-11］

［10］维基百科 – 嫦娥三号［EB/OL］.［2019-3-11］

撰稿人：孙泽洲　马继楠　王　强　李　飞　孟占峰　王　闯

审稿人：黄江川　张　熇　邱家稳　彭　兢

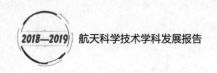

大事记

2014 年 10 月 24 日，中国发射嫦娥五号 T1 飞行试器。

2014 年 11 月 12 日，彗星探测器"菲莱"实现人类首次在 67P 彗星上着陆。

2014 年 12 月 3 日，日本发射"隼鸟 2 号"小行星探测器。

2015 年 2 月 11 日，美国发射深空气候观测卫星。

2015 年 3 月 6 日，美国"黎明号"探测器首次探测谷神星。

2015 年 5 月 1 日，美国首颗水星探测器"信使号"主动撞击水星，完成自己最后一项任务。

2015 年 7 月 14 日，美国"新视野"号飞掠冥王星实现人类最接近冥王星的一次飞行。

2015 年 7 月 24 日，美国宣布发现与地球相似指数达 0.98 的类地行星——开普勒 452b。

2015 年 9 月 28 日，美国宣布发现火星表面存在流动的液态水。

2015 年 12 月 3 日，欧洲航天局发射"LISA Pathfinder"引力波探测技术验证卫星。

2016 年 7 月 4 日，美国"朱诺号"木星探测器进入木星轨道。

2016 年 8 月 4 日，嫦娥三号正式退役。

2016 年 9 月 9 日，美国发射"欧西里斯"小行星采样探测器。

2017 年 9 月 15 日，"卡西尼"号冲进土星大气，结束任务。

2017 年 9 月 27 日，美国、俄罗斯等 20 个国家宣布建立"深空之门"月球空间站。

2017 年 12 月 14 日，开普勒望远镜发现另一个太阳系。

2018 年 4 月 19 日，美国 TESS 太空望远镜发射。

2018 年 5 月 5 日，美国"洞察号"火星着陆探测器发射。

2018 年 5 月 21 日，嫦娥四号中继卫星"鹊桥"发射。

2018 年 6 月 3 日，"隼鸟 2 号"抵达小行星"龙宫"。

2018 年 6 月 10 日，美国"机遇号"火星探测器在一次火星尘暴中发回了最后一张照片。

2018 年 8 月 12 日，美国"帕克"太阳探测器发射。

2018 年 10 月 20 日，欧日合作的"贝皮 – 哥伦布"号水星探测器发射。

2018 年 10 月 29 日，"帕克"太阳探测器成为人类历史上运行速度最快的人造物体。

2018 年 10 月 30 日，开普勒太空望远镜结束任务。

2018 年 11 月 1 日，美国"黎明号"小行星探测器结束任务。

2018 年 11 月 27 日，美国"洞察号"火星着陆。

2018 年 12 月 4 日，美国"欧西里斯"号小行星探测器到达小行星"贝努"。

2018 年 12 月 8 日，中国发射嫦娥四号探测器。

2019 年 1 月 1 日，美国"新视野"号拍摄到目前离地球最遥远的天体"天涯海角"。

2019 年 2 月 22 日，以色列月球探测器发射。

小卫星技术与应用专业发展报告

一、引言

小卫星具有小型化、高性能和低成本的特点。20 世纪 80 年代中期，国际上兴起小卫星热，随着小卫星平台与载荷功能和性能的不断提高，小卫星已广泛应用于对地观测、通信、空间科学、深空探测和新技术试验等领域，近十年在新兴技术持续突破、"互联网＋航天"跨界融合、商业资本涌入的促动下，商业小卫星公司崛起，商业小卫星蓬勃发展，全球即将进入新太空时代。

近十年，国际上小卫星发射数量呈跨越式增长，小卫星越来越小，发射量越来越多，小卫星产业已从呈现快速发展"趋势"变为发展"常态"。2000—2018 年，全球共发射 500kg 以下小卫星 1591 颗，占发射航天器在轨总数的 51%，其中，50kg 以下小卫星达 1167 颗（图 36）。在小卫星应用层次方面，微纳卫星应用领域不断拓宽，从技术试验向

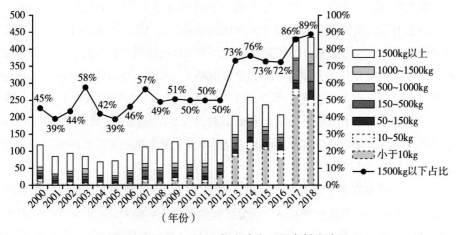

图 36　2010—2018 年全球小卫星发射统计图

业务运行拓展，通过低成本、大规模组网模式的应用，实现小卫星在遥感、通信等领域的商业化。

在小卫星发展大潮推动下，我国于 20 世纪 80 年代也开始了现代小卫星技术跟踪和实践。进入 21 世纪后，小卫星大量引入微机电系统、新材料、信息技术以及全新设计理念，应用领域不断扩展，并推动了卫星应用和卫星技术的变革。据统计分析，我国小卫星整体上呈逐年递增态势（图 37），其中 500～1000kg 小卫星应用最广，皮纳卫星相对滞后，处于起步阶段。

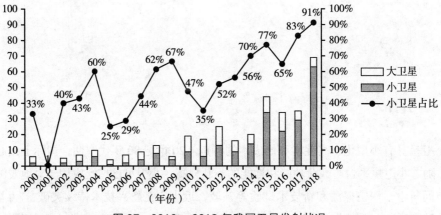

图 37　2010—2018 年我国卫星发射状况

二、近五年的主要进展

（一）国际研究进展

1. 国际总体发展态势

一是高度重视航天科技创新的顶层规划。美国国防部在《空间科技战略（2015）》中提出，利用小卫星和微纳卫星发展反介入和区域拒止（A2AD）环境和复杂地形下战术专用通信卫星系统，全球持续覆盖侦察监视系统，增强对地球同步轨道的空间态势感知能力等技术；2018 美国发布特朗普政府《国家航天战略》，采取多项措施实质性推动商业航天监管改革，鼓励商业小卫星发展。俄罗斯《2030 军事技术装备发展战略》提出，各种作战、侦察、电子压制小卫星和纳卫星为基础的航天技术，是俄罗斯面临的主要军事威胁。印度《国防技术愿景与能力路线图》提出，卫星小型化是未来趋势，组网实现地面或海上动目标监视，发展"看门狗"卫星。

二是航天产品和技术加速升级。卫星遥感向地球整体观测和多星组网观测发展，逐步形成立体、多维、高中低分辨率结合的全球综合观测技术能力，光谱分辨率、时间分辨率、定位精度等不断提升，探测要素不断丰富。近年来，通信小卫星逐渐向宽带方向发展，用于构建宽带低轨卫星移动通信系统和宽带中低轨卫星固定通信系统，以提供宽带互联网服务，下一代移动通信卫星技术正在加紧部署，天地通信网络融合以及星上数字化处理能力不断增强。小卫星在空间探索领域蓬勃发展，探测手段丰富多样，探测模式不断创新。商业航天发展加速，基于微纳技术的微小型卫星进入实用化，遥感卫星的技术与商业模式已经较为成熟。

三是新型系统概念和新技术手段不断涌现。在系统技术方面，世界航天强国不断开拓创新，提出了凤凰计划（在轨操控、在轨服务）、分散式体系以及手机卫星、芯片卫星等概念，并取得部分突破性进展。在平台技术方面，通过星务综合、智能处理、模块化、即插即用等技术实现平台综合化、智能化、通用化。在载荷技术方面，衍射成像、激光探测、量子成像、太赫兹探测、计算光学等新型技术不断出现，丰富了探测手段；量子通信、太赫兹通信以及数字信道化技术等大大提高了通信容量、安全性和灵活性。

2. 基础与前沿探索

标准化、模块化、开放式体系结构夯实小卫星发展技术基础。随着小卫星需求数量的增加，小卫星的研制已经从单颗研制过渡到小批量的生产。同时更加强调小卫星的快速响应能力，研制周期需要大大缩短，技术更新速度进一步加快。各国均大力加强小卫星平台标准化、模块化、系列化工作，立方体卫星、即插即用、标准化火箭适配器等技术发展迅速，为未来微小卫星大规模应用奠定了坚实的基础。

小卫星大规模星座、星群系统成为研究热点。小卫星单星性能相对较低，通过星座组网、编队飞行等途径，可显著提高系统的时间分辨率和覆盖区域。通过快速、灵活、大规模部署及在轨重构，可大幅提高空间系统的生存能力和空间体系的弹性。目前国外在通信、遥感、技术试验等领域均开始大规模的小卫星星座部署，OneWeb 星座计划是世界上最大的卫星互联网计划，旨在为全球提供高速网络服务。当前星座组网已经成为小卫星发挥效能的重要途径，也是未来小卫星发展的主要趋势。

小卫星应用领域不断拓宽、商业模式不断创新。随着技术的发展和商业模式的创新，小卫星逐渐突破以科学与技术试验为主要用途的传统思维，新的航天应用业务正在逐渐形成，商业微纳卫星星座正在实现从试验型向应用型的过渡，例如：美国行星实验室公司（Planet Lab）逐渐完成在遥感和对地观测领域的星座部署，试图在复杂的大型卫星建立的传统天基应用市场上占据一席之地。目前，随着资本的注入与微纳卫星的发展，商业卫星公司已发展为运营主体，占比超过 50%，应充分挖掘微纳卫星的商业价值，以抢占传统卫星应用市场和开发新业务。

3. 技术研究与应用

（1）遥感领域

雷达、光学成像、视频成像能力不断增强。雷达成像技术取得重大突破，芬兰 ICEYE 发射世界上首颗 100kg 以下的 SAR 卫星；美国 Capella 发射全球最小商业雷达卫星，第一代分辨率优于 1m，第二代分辨率优于 0.5m，可每小时重访。高光谱卫星快速部署，Satellogic、Consine、Planetary Resources、HyperSat 等多家公司宣布了高光谱成像卫星星座的计划。视频成像应用能力稳步提升，萨瑞卫星技术有限公司（SSTL）面向美国军方用户发布 V1C 视频小卫星，该公司还为地球成像公司（Earth-i）建设欧洲首个视频和高分辨率成像商业卫星星座。

大规模遥感卫星星座实现全球覆盖。Planet 公司拥有全球最大的卫星星座，Skysat 和 RapidEye 卫星星座可以实现全球图像每一天的更新，Doves 卫星分辨率达 3m。

应用领域不断细分，气象、海事等细分领域深入发展。美国 Spire 公司利用狐猴微纳卫星星座收集天气数据，其单星重量为 4.6kg，可提供全球精确温度、压力、湿度信息，填补美国天气数据的空白；NASA 将发射 TROPICS 卫星群用于热带风暴监测。

（2）通信领域

通过中低轨卫星组网可实现广域甚至全球覆盖，可以为全球用户提供无差别的通信服务。铱星系统（Iridium）、海事卫星系统（Inmarsat）、瑟拉亚（Thuraya）等商用移动卫星通信系统为海上、应急及个人移动通信等应用提供了有效的解决方案。O3b、OneWeb、Starlink 等中低轨卫星星座将卫星通信服务与互联网业务相融合，为小卫星通信服务产业注入新的活力。

（3）空间科学领域

小卫星成为空间科学活动的独特平台，空间科学应用全面铺开。欧盟 QB50 项目（50 颗立方体卫星组成的用于开展低热层探测和再入返回研究的国际卫星项目）创立了国际合作典范，以 800 万欧元的投资牵引了世界 90 多个国家、地区、单位参与，是世界上参与国家与地区最多的微小卫星国际合作项目。美国发射"系外行星凌日卫星"（TESS），探测行星经过恒星时所发生的亮度周期变化，寻找可能存在的外星生命迹象。欧洲航天局研制的"地外行星探测卫星"（CHEOPS），用于监测恒星亮度，探寻周围行星的密度及内部结构。

（4）技术试验领域

小卫星成为开展先进系统、新技术、新概念的重要研究方式。美国"芯片卫星"和 NASA"小卫星技术计划"（SSTP）是典型代表。俄罗斯联邦航天局（Roscosmos）也开展小卫星星座、平台、分系统、载荷研究。

4. 学科发展与建设

星群编队和组网成为发挥小卫星效能的"倍增器"。小卫星普遍单星性能相对较低，越来越多地采用星座组网、编队飞行等多种灵活机动的应用模式，实现多星、多任务、多路径和多模式的综合探测，从而增加观测手段、基线长度，提高观测能力，同时也可大幅提高空间系统的生存能力和空间体系的弹性。卫星星座及编队飞行卫星系统除了时间分辨率提高、系统风险降低外，还可实现单颗大卫星难以实现的功能和性能，形成新的体制，如全球全天候空间目标监视、各类时差测量和干涉测量等。未来，将会有更多小卫星星座计划涌现，以星座组网方式提供大尺度、全球化对地观测或通信广播服务。

创新研制流程，加速小卫星批量化生产。在研制能力方面，低成本、批量化、快速制造能力是重要的发展方向，通过改进卫星整体设计、结合生产流程改造，实现卫星产能的跃升，保证星座系统的部署进度和实施成本。一网公司在欧洲和美国设立批量化生产线，充分利用协作机器人、智能装配工具、自动光学检测系统、大数据控制系统、自动精准耦合系统，以及自动测试系统等数字化、智能化手段，加速总装、集成和测试（AIT）流程，实现大规模生产。各国均大力加强小卫星平标准化、模块化、系列化工作，立方体卫星、即插即用、标准化火箭适配器等技术发展迅速，为未来小卫星大规模应用奠定了坚实的基础。

完善业务布局，构建完整卫星应用生态圈。国外市场活跃，产业格局演变剧烈，传统航天巨头通过多种途径完善自身的小卫星业务能力，波音公司计划收购千禧年空间系统公司增强空间与卫星业务，雷声公司投资鹰眼360公司换取天基无线电信号分析数据访问权。同时，通过与航天产业链上下游、产业外部力量实现战略利益捆绑，构建联盟，构建完整生态圈，OneWeb公司通过与卫星制造空客公司、运营火箭发射部署的维珍银河、阿里安公司、拥有系统技术的高通公司和负责推广运营的软银、可口可乐等公司形成战略合作伙伴，构建以星座为核心的配套生态圈，提升综合效益。

（二）国内研究进展

1. 国内总体发展态势

一是国家高度重视航天体系建设。2016年两会通过《中华人民共和国国民经济和社会发展第十三个五年规划纲要》，提出："加快构建以多模遥感、宽带移动通信、全球北斗导航卫星为核心的国家民用空间基础设施，形成服务于全球通信、减灾防灾、资源调查监管、城市管理、气象与环境监测、位置服务等领域系统性技术支撑和产业化应用能力。加速北斗、遥感卫星商业化应用。"中共中央、国务院《国家创新驱动发展战略纲要》提出："大力提升空间进入、利用的技术能力，完善空间基础设施，推进卫星遥感、卫星通信、导航和位置服务等技术开发应用，完善卫星应用创新链和产业链。"国家重视发展航天技术，促进航天技术服务国民经济，小卫星是整个航天体系的重要组成部分。

二是卫星应用体系向实用化方向发展。以应用为牵引，不断发展以高空间分辨率、高光谱分辨率、高定位精度、高辐射精度、高稳定性、多模式等为特征的遥感技术，拓展谱段范围，提升有效工作时段，实现陆地、大气、海洋观测与探测数据多样化，满足全天时的遥感数据应用需求。通信领域，通过开展具有星地融合、大容量宽带、支持移动、综合多功能以及网络化特点的下一代卫星通信技术研究，不断提升卫星移动通信服务能力。导航领域，以满足应用市场需求为目标，开展导航增强创新性载荷研究，不断提高技术水平，为构建全球低轨导航星座的建设与运营助力。

三是新概念、新体制创新应用不断突破。以提高原始创新能力为导向，开展以太赫兹技术、激光技术、移动互联网技术等为代表的新型遥感、通信载荷技术、新型卫星系统研究，发展新体制、新手段，填补空白，取得原创性成果。开发研制了太赫兹/量子通信技术试验卫星、软件卫星、遥感智能卫星等新概念卫星，不断创新小卫星理念，促进卫星商业运营模式和商业服务模式的变革。开展基于微纳星群的分布式卫星系统研究，通过星间协作能力的提高，提高系统的鲁棒性。开展中继通信技术研究，发射了中继通信卫星"鹊桥号"，为嫦娥四号月球背面软着陆探测任务提供地月间的中继通信，是世界首颗运行于拉格朗日 L2 点的通信卫星。

2. 基础与前沿探索

小卫星产业应用领域布局向体系化、全面化、细分化发展。现阶段，国内小卫星已经形成了体系化布局，全面覆盖通信、对地观测、技术试验、空间科学等领域。同时呈现进一步细分化发展的趋势，通信领域提出了低轨移动星座，同时开展海事监控应用（AIS、VDES）、航空监控应用（ADS-B）；导航领域提出导航增强的发展需求；对地观测领域，成像体制覆盖光学、SAR、视频等，谱段范围逐步扩大，规划的能力覆盖全色、多光谱、高光谱等谱段；技术试验方面，对新型小卫星体系架构、有效载荷、分系统等进行了在轨验证，同时开展了在轨服务等应用；空间科学方面，涉及大气科学、量子科学、生命科学等各个领域。

卫星平台专业技术不断迭代更新，平台型谱不断丰富。突破卫星多学科集成综合优化设计、整星耦合集成仿真、大型复杂航天器动力学分析、在轨服务与可服务、高精度定量化遥感、深空探测等总体技术，有效提升卫星平台总体设计、分析、优化及验证水平。以航天东方红卫星有限公司为代表，为满足日益增长的用户需求，按照柔性化公用平台的理念，公司不断开发和丰富小卫星公用平台系列。目前，按照应用领域、承载能力、控制方式等要素，形成了 CAST968、CAST2000、CAST100、CAST3000、CAST4000 五类公用平台，不断地丰富卫星平台型谱。

微纳卫星技术持续创新发展，规范体系初步建立。近年来，100kg 以下微小卫星发展迅猛，国内相关高校及科研院所以微小卫星为突破口进军航天，促进了微纳卫星技术持续创新发展。国内以"低成本、模块化、标准化"为核心，开展了低成本、高性能微纳卫星的实践，充分考虑微纳卫星功能密度高、智能化、成本低廉、研制周期短、可批量化生产测试等技术特点，建立了微纳卫星标准体系，形成了覆盖产品设计、试验、接口、可靠性、元器件选用等方面的系列化标准，在国内微纳卫星标准体系研究方面取得了重大进展。以航天东方红卫星有限公司为代表，及时总结希望二号卫星、皮纳二号卫星、欧比特卫星等 10 余颗微纳卫星的研制实践和在轨运行经验，制定了第一批微纳卫星研制企业标准规范，实现了对微纳卫星研制的基础性支撑。

小卫星星座组网技术不断实践，促进卫星系统效能的提升。现代小卫星的"快、好、省"卫星为多星协同应用奠定了基础，由此带来卫星星座设计的革命。至今各种用途的星座设计层出不穷，涉及星座的技术不断涌现，如空间分布构型、运行稳定性设计、星座维护与升级、发射策略等。通信领域，2016年12月国务院印发的《"十三五"国家信息化规划》中明确提及"通过移动蜂窝、光纤、低轨卫星等多种方式，完善边远山区及贫困地区的网络覆盖"。

3. 技术研究与应用

（1）遥感领域

遥感技术水平不断发展提高，开创多个卫星系列。海洋水色卫星实现了水色水温遥感；高分工程中的高分一号和高分六号采用多相机大视场拼接技术，增强我国高分数据自给率；高景一号（SuperView）是我国0.5m级高分辨率遥感卫星星座，增强了我国商业遥感数据服务能力；委内瑞拉遥感卫星一号、二号实现我国遥感卫星出口零的突破。

遥感卫星星座逐步构建。珠海一号能对植被、水体和海洋等地物进行精准定量分析，成为我国民营上市公司建设并运营的星座；吉林一号星座目前有12颗星在轨，可获取5m分辨率、110km幅宽、26谱段遥感数据，为林业、草原、航运、海洋、资源、环境等行业用户提供遥感数据和产品服务；"北京二号"是由3颗高分辨率卫星组成的民用商业遥感卫星星座，分辨率为全色0.8m、多光谱3.2m，可提供覆盖全球、空间和时间分辨率俱佳的遥感卫星数据和空间信息产品。

（2）通信领域

中继通信技术是深空探测的关键一环，极大提高了卫星使用效益。嫦娥四号中继星"鹊桥"号运行在环绕地月L2平动点轨道，实现月球背面的着陆器和巡视器与地面站之间前向/返向的实时和延时中继通信，支撑了我国月球背面探月任务实现。

低轨移动通信星座逐步建立。虹云工程首星于2018年12月入轨，是中国低轨宽带通信技术验证卫星，其发射成功标志着中国低轨宽带通信卫星系统建设实现零的突破。

（3）空间科学

在空间科学领域，以航天东方红卫星有限公司为例，其开创了我国太阳、地球、微重力等空间探测实验先河。实践五号卫星首次实现我国空间微重力下流体量相流实验；探测一号卫星通过与欧洲航天局合作开发，获得多项太阳与地磁原创性科学发现，开创了空间科学试验的国际合作新模式；张衡一号卫星通过研究地震震前及发生过程中各种电磁、空间粒子变化前兆信息，首次实现在轨精确磁场探测和高精度电离层电子、离子探测。

（4）技术试验

在技术试验领域，以航天东方红卫星有限公司为例，其开展了大量新器件、新技术、新平台在轨试验，促进航天技术发展。实践九号卫星开展新器件、新技术、编队飞行等试验，完成了高精度编队飞行和GPS载波相位高精度测量试验；希望二号卫星探索了皮纳、

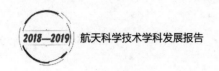

低成本卫星研制模式，在国际上融合 SLR/ 多频 GNSS /VLBI/ 扩频应答机四种空间测定轨技术的联合定轨，达到优于 30cm 级定轨精度的指标；脉冲星试验卫星采用整星零动量三轴稳定姿态控制方式，对未来导航进行科学研究。

4. 学科发展与建设

目前，在小卫星领域研究团队建设方面，参与小卫星研制的单位超过 30 家，大致可以分为传统航天力量、商业航天公司、高校等三类。近年来，我国小卫星领域以东方红为主开展了一系列探索和研究，取得了多项成果，公司目前在轨运行的小卫星数量 80 余颗，在国民经济与国防建设中发挥了重要作用。除东方红外，我国小卫星领域的研究机构还包括上海八院、东方红海特、上海微研，以及清华大学、哈尔滨工业大学、国防科技大学等相关高校，共同支撑了我国卫星业务服务体系的建设。

研制理念不断变化。在策略方面，采用微波载荷与光学载荷分离研制模式，从多功能转变为高精度和高效能。在设计方面，秉持从面向卫星转变为面向应用的原则，从面向政府向面向大众转变，根据应用需求需要进行卫星通导遥一体化设计，完成高精度定位与实时高码速率数据传同时实现。在研制方面，由于卫星技术的成熟性不断增强，卫星研制数量增多，星座应用的低成本要求和快速发射要求，需从单星转变为批量研制。

应用领域不断拓展。空基业务星、高分系列卫星、环境减灾卫星支撑了民用中高分遥感骨干卫星系统的构建，形成高分骨干遥感系统分辨率 2m，每 9 天覆盖观测地表一次的能力；中分骨干遥感系统分辨率 16m，每天覆盖观测地表一次的能力，提高了空间基础设施遥感业务卫星技术水平。高景卫星、中科遥感 SAR 卫星星座作为商业卫星发展，加速航天商业遥感发展进程。重力场测量卫星、新体制高分对地观测卫星拓展了重力场测量、超低轨高分遥感卫星系统发展。苏丹一号微小卫星、北师大全球变化科学实验卫星促进了微纳卫星发展。

技术水平不断深化。MEMS 及轻小型机构技术大力开发，同时高集成化设计、高比能量电源、高承载结构等技术得到普遍使用，使得卫星做到更小，整星载重比更大，为卫星应用提供更多的负载，使整星功能密级度更高。从智能化任务规划到载荷信息自主标定、智能信息提取到服务信息智能发放等技术不断涌现，星上软件技术充分应用。通信、遥感等各类星座得到应用，星座功能重构、星座发射与维护技术得到蓬勃发展，各种用途的星座设计层出不穷，诸如空间分布构型、运行稳定性设计、星座维护与升级、发射策略等星座技术不断涌现。

三、国内外研究进展比较

（一）国内外研究进展总体比较

相比于大型航天器，小卫星具有研制时间短、开发 / 发射费用低、机动灵活、组网能力强、低成本等优势。20 世纪 80 年代，国际上兴起小卫星热，随着小卫星平台与载荷功能和性能的不断提高，应用领域不断拓宽，经过近 40 年发展，小卫星应用产业已经初步形成一定规模与格局。

一是小卫星发射体量逐年攀升。在卫星发射数量上看，美国居首位，2018 年美国发射小卫星数量接近全球发射数量一半，发射数量占有绝对优势，欧洲、中国、俄罗斯、日本、印度体量次之。从卫星发射质量看，国外微纳卫星发展迅速，发射数量不断攀升，2018 年占比达 70% 以上，我国各质量段小卫星数量分布较为均衡，500 ~ 1000kg 的小卫星应用范围最广，数量最多。从小卫星研制主体看，我国小卫星仍是政府主导，以科研机构为研究主体，结合资产属性分析，国外商业卫星发展迅速，我国商业航天仍处于起步阶段。

二是小卫星技术不断积累与突破。我国小卫星经过长期发展已经具备了良好的技术基础，制造并发射了大量业务型小卫星，小卫星已广泛应用于对地观测、通信、空间科学、深空探测和新技术试验等领域，但与国外领先制造商相比，整体上仍存在着小卫星平台型谱不完善、产品体系单薄、核心部组件自主化能力不够等问题。应进一步加强产品体系布局，发展平台型谱完整、部组件配套完善、应用领域完备的产品体系，实现产品全面布局，提升核心部组件自主化能力，降低对外部依赖，提高市场竞争能力。

三是小卫星商业化水平不断提高。近十年在新兴技术持续突破、"互联网＋航天"跨界融合、商业资本涌入的促动下，国内外商业小卫星公司崛起，商业小卫星蓬勃发展，而小卫星的商业化应用前景势必带来低成本商业发射的必然。目前微小卫星成本在持续降低，部分项目已经出现卫星研制费用低于运载研制费用的现象，若再加上昂贵发射测控等费用，势必将大大制约微小卫星的健康发展。目前，国内已经出现大量卫星商业测控公司，但还缺乏纯粹的商业发射场。

（二）重点学科具体进展比较

小卫星设计理念与时俱进。随着商业卫星的发展，小卫星产业市场化程度越来越高，卫星设计从面向卫星本体向直接面向应用服务转变，从多功能向高精度、高效能转变。传统"单星研制周期几年、每年发射数十颗卫星"的模式很难适应有限设计寿命、数百星组网运行的新需求，国内外通过构建大量星座，发挥小卫星在通信、遥感领域效能，必须建立与之相匹配的批量生产、快速发射部署的设计理念与研制策略，包括多星设计规范与产品体系的统一、测试试验流程的优化与协同、工装及测试设备的集约配套、包装与运输策略等。

小卫星空间弹性系统不断构建。随着微光机电系统技术、微纳加工技术以及创新系统设计理念、创新系统运营模式的不断发展，国外微纳小卫星技术发展迅速，美国、欧洲已从关注功能齐全的大卫星向增强系统弹性转变，并大力发展专一功能的小微卫星。从项目数量上看，我国小卫星与国际趋势差距明显，相同级别的卫星在能力上较国外存在不足，后续应继续推进卫星小型化研究，提升小卫星产业的规模与经济效益，实现体系高精度、高效能，由单纯的技术驱动向兼顾业务应用实际、提供高费效的系统解决方案转变是应用型小卫星发展机遇，也是挑战。

小卫星应用细分市场愈加繁荣。伴随着技术的发展，小卫星应用市场也在不断成熟。从当前的发展看，以国家级用户、行业级用户、消费级用户为主体的细分市场正在形成。国际上，小卫星应用领域不断丰富拓展，在传统军、民、商市场持续快速发展的同时，面向大众的消费级应用市场成为新的增长热点。国外新兴商业航天公司和商业航天计划项目大量涌现，重点瞄准高重访、大区域遥感数据获取等大数据时代的应用需求，发展终端用户市场。在国内，面对日益细分的市场需求，小卫星系列也不断丰富完善。以航天东方红卫星有限公司为例，面向国家级用户、行业级用户和消费级用户等三类市场，目前已经形成了高性能、长寿命、应急响应、商业和皮纳等小卫星系列。

四、发展方向与展望

（一）未来发展的战略需求

加速微纳卫星发展，助力卫星试验平台的打造。传统卫星设计单星研制时间周期长，且卫星载荷空间资源有限，要采取竞争搭载的方式获取新技术的演示验证试验机会。随着高新技术的发展与应用需求的推动，微纳卫星呈现井喷式发展，在功能密度、设计寿命、自主生存能力增强的同时，缩短了卫星的研制周期与发射成本，大大提高了技术验证载荷的搭载效率。2018 年日本宇宙航空研究开发机构（JAXA）启动"创新卫星技术验证项目"，通过提供卫星平台，供相应载荷进行在轨验证，使创新想法、技术得到及时验证，大大促进了空间技术的发展。

以面向应用开发为导向，加快小卫星实用化发展。国家顶层政策导向释放出鼓励发展"空间经济"的信号，以及国际上低成本技术和商业资本带动的全球"新航天"发展热潮，内外合力激活了国内小卫星市场。多个地方政府和商业公司均对小卫星提出较大需求，小卫星的开发需要以应用需求为导向，加快小卫星在通信、导航等多领域实用化发展进程。

小卫星与信息技术深度融合，加速大众航天进程。小卫星技术高速发展降低了人类利用空间的准入门槛，信息技术普及应用带来了全新的人类信息交互模式。移动互联网时代，在云计算、大数据技术驱动下，小卫星与信息技术深度融合，催生出更多创新理念，如开展航天教育等，使卫星商业运营模式和商业服务模式发生颠覆式变革。以对地观测为例，低轨小卫星星座将具备全球持续覆盖和数据实时更新能力，面向用户开放基于云平台的遥感数据远程在线访问服务，并可根据每个用户需求提供定制化、近实时的数据获取、分析和提示服务。

（二）发展趋势和重点方向

加大新型技术创新，推进卫星小型化发展。小型化卫星具有研制周期短、发射方式灵活、成本低、生存能力强、功能强、应用范围广等特点，微电子技术、微机械技术、微纳技术、精密加工技术和集成化综合电子技术等创新技术的发展，加速了卫星小型化进程，使小卫星应用能力不断提升。以微电子技术为例，应用MEMS技术加快微纳卫星的创新发展。MEMS是微电子技术的拓宽和延伸，它将微电子技术和精密机械加工技术相互融合，实现了微电子与机械的融合，不仅能大大减少卫星质量、体积、功耗以及研制成本，还能大大提高系统的可靠性和卫星功能密度，可使甚小型卫星各个子系统完全一体化，并形成相应模块，适应未来批量化生产。

卫星与互联网相融合，促进卫星星座技术创新。将小卫星与"互联网"相融合，进行联网化，用卫星星群替代单一卫星实现自组织、可变形、自学习、大范围的共同感知，可以提高卫星的性能、弹性与响应能力。通过星间互联网实现通信分析，能够完成更多、更复杂的卫星任务。在星群构建过程中，需要突破频谱资源有限、通信干扰、星地融合、路由切换、长期供电等技术难点，同时兼顾卫星星座后续的长期维修与损毁卫星替换工作，才能保证星座稳定有效的运行。例如低轨互联网卫星星座，在小卫星星座构建中，需采用天地一体化全链路设计理念，简化星上功能，强化地面处理，注重与信息技术深度融合，将卫星星座应用能力向实用化方向发展。

强化卫星软件技术应用，提升卫星智能化水平。随着互联网、网络、计算机等技术的发展，软件定义卫星逐步兴起。软件定义卫星是以天基超算为基础的开放架构的智能系统，拥有丰富的星上应用软件，提高了卫星产品的软件密集度，增强卫星功能，为卫星智能技术的发展创造良好的条件。通过将工智能技术与软件卫星相结合，构建具有信息数据的智能获取、智慧空间的数据处理与挖掘及数据的驱动应用三部分功能的智能软件系统，进而在星上进行自主决策与自主运行，完成复杂的空间任务，大大提升了卫星的自主性与智能化水平。

批量化生产与新型制造手段不断涌现，推动小卫星设计制造理念创新。目前，以微小卫星为代表的小型化航天器已成为航天领域的重要发展趋势。多达数百颗甚至上千颗的微小卫星星座蓬勃发展，促进了小卫星批量化生产技术与新型制造手段发展。3D打印技术作为一项前沿性的先进制造技术，已成为全球新一轮科技革命和产业革命的重要推动力。通过3D打印技术来实现卫星零部件的生产，可加速新技术升级、降低卫星应用成本，实现自动化装配作业生产，大大提高了卫星的生产效率。我国"浦江一号"卫星的钛合金天线即采用了3D打印的方式，在国内属于首次应用，所用时间是传统工艺的1/40。然而，多数的设备和工艺尚不成熟，还无法批量打出稳定、耐用、高性能的工业品，3D打印技术正处在"模型制造"和试验阶段。

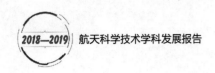
参考文献

［1］ 白照广. 小卫星发展策略分析［J］. 2015 年小卫星技术交流会，2015（9）：24–26.

［2］ 张立华，胡凌云. 小卫星在自主在轨服务任务中的应用及未来发展展望［J］. 2015 年小卫星技术交流会，2015：466–473.

［3］ 张晓敏，杨志. 现代小卫星发展的五次浪潮［J］. 国际太空，2016（10）：54–57.

［4］ 于淼，戴阳利，张召才. 国外商业航天发展模式研究［J］. 卫星应用，2017（1）：23–31.

［5］ 张召才，何慧东. 2015 年全球小卫星发展回顾［J］. 国际太空，2016（2）：49–56.

［6］ 何慧东，付郁. 2017 年全球小卫星发展回顾［J］. 国际太空，2018（2）：51–56.

［7］ S. pace, Security in space［J］. Space Policy, 2015, 33（2）：51–55.

［8］ Curtis K. Iwata, Catherine C. Venturini. Advances in Small Satellite Technology and Resilient Space Systems［C］. SPACE Conferences and Exposition, California: AIAA, 2016:1–6.

［9］ Anton V. Dolgopolov, Philippe M. Smith, et al. Analysis of the Commercial Satellite Industry［C］. AIAA SPACE and Astronautics Forum and Exposition, Orlando, FL: AIAA, 2017:1–6.

［10］ North Sky Research，Nano and Microsatellite Markets［EB/OL］. 2nd edition. June，2015. https://www.giiresearch.com /report/ns307553–nano–microsatellite–markets.html.

撰稿人：杨　志　王丹丹　马琦秀

审稿人：白照广　张立华　陆春玲　刘冬妹

大事记

2013 年 2 月，第二代全球星系统（2nd Globalstar）完成了 24 颗卫星的部署。

2015 年 12 月，Orbcomm Generation–2（OG2）卫星系统完成了 18 颗卫星系统的构建。

2017 年 5 月，第五代海事卫星（Inmarsat）I–5 的四颗卫星（三颗 + 第四颗为备份星）完成部署。

2018 年 1 月，高景卫星完成首批卫星组网。

2018 年 5 月，"鹊桥"号中继星发射升空。

2018 年 12 月，虹云工程首星入轨。

2019 年 1 月，铱星二代系统分别由 8 次发射完成了全部 75 星部署。

2019 年 4 月，O3b 星座第一代卫星完成了 20 颗星的在轨组网部署。

航天制造工艺专业发展报告

一、引言

当前，全球航天产业已进入高速发展期，越来越多的国家加入航天领域的竞争，航天技术的应用范围越来越广，市场需求呈高速增长态势。航天科技工业作为国家高科技产业，肩负着维护国家安全、带动科技进步、促进经济社会发展的重大责任，在我国社会主义现代化建设和国家安全方面发挥着举足轻重的作用。近年来，中国航天已步入改革发展的关键时期，从航天大国向航天强国迈进和建设创新型国家的历史责任、构建航天科技工业新体系和建设国际一流大型航天企业集团的宏伟目标，对中国航天制造能力提出了更高的要求。

当今世界，美国、俄罗斯、西欧等发达国家对于宇航系统技术领域的领先地位没有动摇。发达国家在航天技术的发展上有明确分工，建立完整的工业体系，先进的加工工艺成为国际航天设计目标实现的可靠基础。此外，一些国家在先进材料、先进设备以及先进的工艺技术管理模式等方面均形成了严密的对华封锁局面。面对世界航天技术发展的新形势和日趋激烈的国际竞争，要求我们必须迎头赶上，切实将工艺技术发展置于发展的优先地位，大力推进自主创新，赢得发展的主动权。

面对复杂外部环境的同时，中国航天企业还肩负着现代化建设与国民经济建设的神圣使命，并面临着日趋发展的内部竞争。产品研制将呈现出"任务重、难度大、风险高、进度紧"的特点。此外，近年来，国内其他企业的加工技术水平有了长足发展，在技术相关领域，特别是在航空领域的制造工艺方面，不断形成超越航天工艺的多项技术竞争优势；使航天制造面临的竞争日趋激烈，也要求我们必须大力开展先进、实用的工艺技术研究，不断提高航天的制造能力，增强航天制造技术的核心竞争力。

"十三五"是中国航天制造发展的关键期。探月工程、新一代运载火箭等一系列国家重大工程的科研生产进入关键阶段，新一代型号产品研制更注重精细化、整体化、轻质化、低成本化和高可靠性，采用大量新材料、新技术、新结构，急需在轻质高强材料成型加工、精密成型技术等方面突破一批核心工艺技术。另外，多种航天产品都将进入批量生产阶段，对现有工艺的合理性、规范性、稳定性、可靠性提出了更高的要求。

当前运载火箭发射任务繁重，除满足发射任务外，要求运载火箭进一步提高性能、可靠性，大幅度降低发射成本，从而对工艺技术提出了更高、更新的要求。如针对运载火箭大尺寸贮箱、箭体结构，需开展火箭贮箱箱体自动焊接技术、箱底整体旋压技术等工艺技术研究，同时开展箭体结构快速柔性自动化装配技术，实现高可靠高效装配；运载火箭发动机方面，需开展针对高温合金、钛合金的高效数控加工技术研究，开展钛合金复杂构件精密铸造技术研究；针对产品设计结构的日趋复杂化，各种新产品的推出日益加快、零部组件的相互借用更加频繁的特点，开展数字化集成制造技术研究。

二、近五年的主要进展

（一）热加工与精密成形技术

热加工是在材料再结晶温度以上进行的塑性加工技术。精密成形是指零件成形后接近或达到零件精度要求的成形技术，它是建立在新材料、新设备、新工艺、计算机辅助工艺设计等技术成果的基础上，发展了传统的热加工与成形技术，实现产品优质、高效、高性能、低成本的少无余量制造技术。对于航天工业，热加工与精密成形技术主要包括铸造、锻造、钣金精密成形、粉末冶金、热处理等专业的相关工艺技术。

热加工与精密成形技术在工业发达国家受到高度重视，各工业发达国家均投入了大量资金优先发展。美国将热等静压成形工艺、数控强力旋压工艺、超塑成形 / 扩散连接工艺等精密热加工成形技术视为航天关键制造技术。此外，美国、日本、西欧等发达国家近年来还发展了以航天产品为对象的大型模锻件的锻造及叶片精锻成形工艺、难变形材料超塑成形工艺等技术，在航天产品上普遍采用精密锻造、精密铸造技术，其中大型铝合金薄壁铸件的制造已经达到相当高的技术水平。热处理技术向清洁、节能、高效的技术方向发展，热处理后的产品质量好，变形小。

国内通过近年持续的工艺改进，热加工与精密成形技术基本能够满足现有产品的研制和生产的需要，但由于航天产品具有多型号、小批量的特点，与国外先进企业相比，在一定程度上表现出工艺技术落后，新工艺、新技术研究开展不够，工艺技术储备不足，难以满足产品研制和批产对工艺技术的快速响应及高标准、高可靠性的要求。

（二）特种加工技术

特种加工又被称为非传统或非常规加工，泛指各种利用物理、化学能量去除或添加材料以达到零件设计要求的加工方法。从广义上讲，即将电、磁、声、光、化学等能量或其组合直接或间接施加在工件的被加工部位上，从而实现材料被去除、变形、改变性能或被镀覆等的非传统加工方法。特种加工方法种类很多，而且还在继续研究和发展，目前在生产中主要应用的特种加工方法有电火花加工、电化学加工、超声加工、快速成型、激光加工、电子束加工、离子束加工、磨料流加工等。由于这些加工方法的加工机理以溶解、熔化、气化、剥离为主，且多数为非接触加工，因此对解决航天型号制造中用常规加工方法无法实现的高硬度、高韧性材料和复杂形面、低刚度零件的加工具有十分重要的意义。特别是最近几年，随着快速制造技术体系建立的要求越来越迫切，特种加工技术的地位越来越重要，已成为现代制造技术不可分割的重要组成部分。

特种加工在各工业国得到了普遍的重视，特别是欧美、日本和俄罗斯等发达国家投入了大量的人力物力进行开发研究，在基础研究、硬件开发、成套设备集成方面取得了巨大的成就。近几年在航空、航天、电子等工业需求的推动下，特种加工技术正向组合化、智能化、精细化、高速化和绿色环保方向发展。

我国的特种加工技术从 20 世纪 50 年代起步，从无到有取得了很大的进步，但在基础研究，特别是设备集成能力、智能化水平等方面与发达国家还存在比较大的差距，先进的设备还主要依赖进口。

（三）先进焊接技术

先进焊接技术是指在焊接结构制造过程中采用自动化、智能化、集成化等现代高科技手段与最新焊接技术成果，实现同种或异种材料（主要指新型材料）之间可靠连接的相关技术。

航天工业领域应用的先进焊接技术主要包括电子束焊、激光焊、等离子焊等高能束焊接技术，自动化、智能化焊接技术，搅拌摩擦焊技术，活性 TIG 焊技术，束流 – 电弧复合焊接技术，真空扩散焊技术以及高频感应钎焊等先进焊接技术。

近年来，在航空航天制造领域中，焊接装配技术发展迅速并达到了较高的自动化、智能化水平。工艺技术方面，数字化装配技术、装配仿真技术、公差配合技术、工艺布局等装配工艺设计技术手段；柔性模块化工装、数字化在线检测技术集成应用于自动化焊接系统实现焊接的高质量、高效率。工艺装备方面，以自动 TIG 焊接技术、搅拌摩擦焊技术等为代表的新型连接技术长足发展，促进了自动化焊接系统等先进设备的广泛应用；单台数字焊机和操作机构组成的自动焊接系统已经向柔性装配工装、模块化焊接单元和数字化检测系统等组成的自动化焊接系统发展。同时，在航天制造领域，发达国家连接装配技术已经发展到了很高水平，大量采用机器人柔性装配、VPTIG、VPPA、搅拌摩擦焊接等技术，如美国的 SLS 采用了先进的搅拌摩擦焊接技术。此外，国外航空航天制造业在数字化协同制造、柔性制造、精益生产等生产制造模式方面的发展大大促进了其生产效率的提升及效

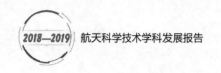

益的最大化，国外已实现完备的贮箱制造体系。

（四）表面工程技术

表面工程技术是将材料表面与基体一起作为一个系统进行设计，利用表面改性技术、薄膜技术和涂镀层技术，使表面获得材料本身没有而又希望具有的性能的系统工程技术。

表面改性技术：利用激光、离子和电子束等能量对材料表面或亚表面进行改性，使材料的机械性能、电学性能、光学性能以及摩擦磨损性能得到改善。

薄膜技术：利用沉积或涂敷方法，包括物理气相沉积（PVD）、化学气相沉积（CVD）以及化学溶胶－凝胶和喷涂等在材料表面沉积或涂敷一层或多层薄膜，使材料性能得到加强或彻底改变。

涂镀层技术：方法原理与薄膜技术类似，但其表面覆层比薄膜厚，结构粗糙，工艺简单。

1. 表面改性技术

国外在铝、镁、钛等有色金属或其合金的材料零部件的微弧氧化膜层厚度最高可达约300μm，并可以根据需要进行选择，绝缘电阻大于100MΩ，硬度甚至可达2000HV，从而大大改善了铝、镁等有色金属的耐磨性、耐蚀性和耐热冲击性，在航空、航天、电子和装饰等工业已进入工业化应用阶段。如美国将微弧氧化处理后的铝合金零件用于卫星，俄罗斯将微弧氧化后的镁合金用于零部件。我国航天表面改性工艺技术手段较少，研究基础较差，铝、镁、钛合金的微弧氧化技术在航天器上应用较少。

2. 薄膜技术

国外研究广泛、深入，技术储备多，一旦需要就可以进入验证和应用阶段。如使用低成本高效薄膜太阳电池是未来低成本航天器选择趋势之一，国外已进入技术验证阶段，而国内薄膜太阳电池的转化效率、稳定性、面积等距应用还相差较远；国外许多技术已达到实用化程度，而国内才刚刚起步，如多种可变发射率智能型热控薄膜技术和小卫星热控技术在美国 NASA 和日本 NEC 公司已得到实际应用。

多种硬质、超硬、耐磨损薄膜材料和制备工艺在航天精密零件上的应用更是与国外差距较大。国外已将该技术用于航天精密零件上，如德国、瑞士等为欧洲航天局提供的镀AlTiN、TiN、TiC 薄膜的高速、重载卫星精密轴承，俄罗斯航天使用的镀 TiC/DLC 的半球形铍气浮轴承，国内应用与国外相比不足。

3. 涂镀层技术

目前涂镀层技术正向着无氰、低氰、无毒、低毒和无苯的绿色表面技术方向发展，而我国航天领域却仍在使用有氰、苯的氧化和涂层技术（图38）。防腐蚀、耐磨、防冷焊、绝缘、导电、防烧蚀和防磁等性能应用是航天器最基础和最基本的表面处理技术；等离子喷涂陶瓷涂层是一种较为成熟的技术，在诸多民用领域和航空业进行了广泛的应用。国外

图 38　火箭发射平台涂层

在航天领域也有一些较成熟的应用，如推力室的氧化锆保护涂层、"探险者"人造卫星仪器舱外壳的氧化铝涂层等。国内目前也有研究机构开始尝试在非金属件上进行陶瓷涂层的喷涂。

目前在涂层方面的研究主要集中在提高耐磨性能。对在高温下使用的具有抗氧化能力的新涂层研究较少，这在一定程度上影响了高合金钢、高速钢、硬质合金的应用。电子元器件目前朝着超小型化发展，这对微小零件的表面处理提出了更高的要求，现阶段仍存在微孔及细小表面局部无镀层和镀层不均匀的工艺问题，与国外相比有一定差距。

（五）电子元器件与电气互联技术

电子元器件制造与电气互联技术是根据电路原理图将各种电子元件、电子器件、机电元件、机电器件以及基板合理设计、互联、安装、调试使其成为具有预期功能的、适用的、可生产的电子产品的技术。它是一门电路、工艺、结构、元件、器件、材料紧密结合的多学科交叉的工程科学。

航天工业领域应用的电子元器件制造与电气互联技术主要包括集成电路固态技术、厚薄膜混合集成电路技术、印制电路板技术、表面安装技术、电子电路技术、数字化制造技术、互联与连接技术、热控技术、封装技术、检测技术、微电子技术等领域。

国际上，目前微组装技术已经进入实用化阶段。表面安装技术与微组装技术交织在一起，成为电子装联技术最新的发展动向，并不断向纵深发展。环保无铅焊技术、焊点无损检测技术、网络化在线测试技术也日趋成熟。精细间距器件组装的印制件、板级三维组装技术正在研究和试验中。美国和一些发达国家已向航空航天系统进行推广。

随着电子元器件高集成化组装技术的发展，电子产品趋向"轻、薄、短、小"，印制板也呈现"密、薄、平"的发展特点。新的制造工艺不断出现,如 ED 膜技术、微小孔技术、B2it 高密度互联技术等。国际上航天传感器正向小型化、高可靠性、高精度、智能化以及具有自我诊断功能、可实现多功能的测量和控制的方向发展。拥有多种常规及特殊的加工手段,涉及的领域也非常多,如特种加工及精密加工,目前微机电系统(MEMS)传感器制造技术已成为研究热点。而机电组件国外已基本实现了专业化、自动化、快速、高效的规模生产。工装、模具国外已基本实现高精度、高效率、长寿命,先进的多工位复合功能级进冲模已研制成功复合材料代替铝合金壳体。

国内民用行业板级元器件组装密度、精度和程度均达到较高的水准,并正在向更高密度组装技术的方向发展。目前国内自行设计的电子产品,片式化率达到 70% 以上,大型 PCB 贴片、双面回流焊、通孔回流焊、激光焊以及 MCM 都能达到国外同类水平。表面贴装、通孔插装技术共存,焊接采用手工焊接、波峰焊接和再流焊接,落后于先进水平 10 ~ 15 年。近十年来先后引进了一些表面贴装生产线,为表面贴装技术的发展起到了重要的推动作用。面对新型号的研制,现有的电装工艺技术将无法适应航天技术发展的需求,尽快改变电装工艺技术的落后状况、提高电装工艺技术水平是适应航天事业发展的当务之急。

(六)先进复合材料工艺技术

复合材料是指由两种或两种以上具有不同物理、化学性质的材料,以微观、细观或宏观等不同的结构尺度与层次,经过复杂的空间组合而形成的一个材料系统。先进复合材料指的是在性能和功能上远远超出其单质组分性能与功能的一大类新材料。先进复合材料从使用角度主要分为结构复合材料及功能复合材料。

先进复合材料工艺技术是指相关复合材料及产品制造中所采用的特种成型及加工工艺技术,结构复合材料成型工艺技术主要包括热压罐成型工艺、模压成型工艺、缠绕成型工艺、RTM 成型工艺等。功能复合材料成型工艺技术主要包括:酚醛树脂基防热复合材料应用较多的是布带缠绕 / 热压釜成型工艺;碳纤维增强碳基复合材料(C/C)成型工艺主要为预制体编织工艺技术、CVD 以及液相浸渍与碳化工艺;二氧化硅基石英透波复合材料采用的成型工艺主要是循环浸渍致密化固化工艺;另外还有不同种类的复合材料加工、装配工艺技术和评价表征技术等;先进复合材料工艺技术范围较为广泛。

先进复合材料作为航天新材料和新工艺的研究重点和发展方向,受到各国的高度重视,美国已连续多年把先进复合材料技术作为最优先发展的关键技术。美国、俄罗斯等航天先进技术国家早在 20 世纪 60 年代就开始从事航天结构复合材料的研制工作,经过几十年的发展,复合材料应用成熟度不断提高,先进材料工艺不断涌现。

国外碳纤维的开发自 20 世纪 80 年代以来,品种、性能有了较大幅度改观,从 T300 碳纤维发展到 T800、T1000、IM7、IM8 等高强中模纤维,高模量碳纤维也从 M40 发展到 M55、M60,纤维品种不断增多,并已形成以高强、高模碳纤维与高韧性环氧与双马树脂的应用为代表的主干材料体系，复合材料的各类性能数据非常齐全。目前国外先进功能复合材料已广泛应用于各类航天产品关键部位，航天飞机等可重复使用运载器上也大量使用了先进功能复合材料，可以说，在各类航天器中，先进复合材料的应用已经成为获得高性能的基本手段之一。在长期的实践中，美国、俄罗斯等国对树脂基结构或功能复合材料的设计、制造、加工、装配、使用各环节进行了系统、深入的研究，并已形成了齐全的各类规范。复合材料的工艺制造规范也越来越多。国外在设计制造一体化技术（DFM）、以共固化/共胶接和无紧固件为核心的整体成形技术、自动化制造技术（如干法预浸料制备、自动铺带技术、自动下料技术、快速纤维缠绕技术、快速装配技术等，图 39）、非热压罐固化技术（如液体成型技术 –RTM、VARTM、RFI、真空固化材料及工艺技术、低温固化材料及工艺技术、电子束固化技术、热塑性树脂成型技术、多维缠绕成型技术）、高压浸渍碳化技术、原位聚合反应技术、快速 CVD/CVI 技术等低成本制造技术方面已经取得重大成果，并已获得广泛应用。

图 39　自动铺丝复合材料成型技术

　　国内先进复合材料在航天飞行器上的应用也在大力发展，而且取得了令人瞩目的成就。目前，以碳纤维复合材料为代表的先进复合材料已成功应用于各种航天器结构中，其中包括多种结构复合材料和功能复合材料产品。如卫星中采用的复合材料结构达到了卫星结构重量的 70% 左右，使结构重量与整星总重量之比降到了 10% 以下，国内航天热压罐成型工艺技术方面，在 20 世纪 90 年代初已实现复杂碳/环氧结构件整体共固化，同时还实现了高模量碳/环氧蜂窝夹层轻质结构的成型。相应复合材料成型的工艺技术水平有了很大提高，形成并逐渐固化了一批工艺技术，如热压罐成型技术、高模量碳纤维湿法薄型预浸料制造技术、共固化成型技术、模压成型技术、蜂窝夹层结构胶接技术、纤维缠绕成型技术及液体成型技术（如 RTM、VARTM）、布带缠绕/热压釜成型工艺等，在相当程度上适应了当前生产的需要。功能复合材料及相关技术也广泛应用于航天器，为新一代航天

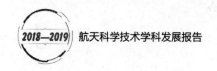

产品关键材料研制进行了技术储备。

（七）装配技术

装配技术就是指根据规定的技术要求，按一定的顺序，将两个或多个单元通过一定的连接方式进行组合，结合成组件、部件最后装配成机器，并经过相应的调整、检验和试验等工作，使其整体可靠地实现特定的功能的技术方法。

国外在航天产品装配领域进行了大量技术革新，在装配中采用分舱段垂直总装，分舱段总装测试，在总装平台上对接成整箭、星的总体装配与测试技术，达到了大型舱体的精密装配要求（图 40 和图 41）。并广泛采用了数字化模拟装配技术、自动化装配技术、装配工装快速准备、快速检测试验技术，已实现网络化、程序化管理，而且实现了快速装配，柔性化生产，使用机器人代替大部分手工作业，提升了工作效率，提高了装配质量。在测量、测试技术水平上，国外的系统测量和综合测试已非常成熟。

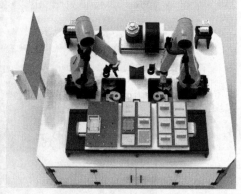

图 40　精密装配工位　　　　　　　　图 41　高精度同轴装配技术

目前，我国的航天产品装配技术和组织管理方式在局部上也开始采用了较为先进的技术，如利用激光跟踪仪等技术安装型架，部分采用了自动钻铆技术，简化了装配型架结构。但是，在发展各类计算机技术、网络技术等方面尚不配套，应用上不成熟，加上国内多年来对航天器装配技术缺乏深入研究，数字化装配技术的应用规模小，还未实现一个完整型号的全面数字化。采用专用工装装配，普通仪器测量安装仍是目前航天产品装配的主要手段，在数字化装配技术方面未能实现新的突破，导致制造成本居高不下；工装、工艺设计与产品设计脱节，未能充分实现并行工程，造成装配协调困难，返工率高。

（八）集成制造技术

集成制造技术是指以信息化技术为平台的数字化集成制造技术和以复杂产品为载体的综合工艺集成制造技术。

国外各主要工业国家在航空、航天等领域已经大量采用数字化集成制造技术研制开发产品,大大缩短了研制周期、降低了研制成本。波音公司以性能实现为目标,重视设计、制造的有效集成,波音 –777 飞机的研制成为航空航天领域内采用集成制造技术的成功案例;2001 年美国 NASA 的哥达德中心根据用户需求,采用数字化集成制造技术,不到 30 个月就完成了合同的研制内容;EDS 公司、DASSAULT 公司及 PTC 公司等也重视从面向设计、制造的软件产品向面向全生命周期管理的软件产品过渡,增强了系统集成性、完整性和与其他系统数据的可交换性,由于强调系统的集成应用而提升了公司的竞争力。

国内数字化集成制造技术在航空、航天及其他企业也取得了较好的应用成果。近几年,有 20 多家企业应用集成制造技术获得了显著的效益,如长安汽车公司、成都飞机公司等,其中成都飞机公司通过采用数字化集成制造技术,以明显的技术和管理进步,从竞争中获得了多项订单。综合工艺集成制造技术主要针对工程应用转化不足的现象,通过对单项预研成果综合集成、融合解决,实现制造技术集成验证。

(九)精密超精密加工技术

精密超精密加工技术指加工精度达到某一量级的制造技术的总称。在当今科学技术条件下,精密加工技术是指加工的尺寸、形状精度在 $0.1 \sim 1 \mu m$,表面粗糙度 $Ra \leq 30nm$ 的加工技术总称。超精密加工技术是指加工的尺寸、形状精度在 $0.1 \sim 100nm$,表面粗糙度 $Ra \leq 10nm$ 的加工技术总称。

在惯性器件制造技术方面,国外的制造技术已经相当成熟,实现了系列化、专业化、标准化、规模化的生产体系,产品开发研制周期短、成本低、精度高、质量稳定。国内在制造工艺技术、生产能力、质量稳定性、可靠性、成本等方面存在着一定差距。

国内在精密加工技术中提升脉冲电源技术,实现零件高表面质量及微精加工,初步探索微细丝加工技术,完成了机械平台的改进和数控系统的增强;实现了双丝加工技术,既提高了加工速度,又实现了零件高效高精度加工。

三、国内外研究进展比较

(一)热加工与精密成形技术

1. 铸造

目前国外在铝合金、高温合金铸造方面广泛采用熔模精密铸造技术。美国航天飞机主发动机 SSME 氢氧涡轮泵使用了 INCONEL 718 等轴细晶铸造技术,高温合金等轴细晶精密铸造材料性能可与锻件相媲美,拉伸强度和屈服强度为相同牌号变形合金的 90%,低周疲劳寿命是传统铸造材料的 2 ~ 4 倍。美国 Delta4 的 RS-68 大推力氢氧发动机、欧洲航天局 Ariane5 的 Vinci 上面级氢氧发动机、日本 H-II 系列火箭 LE-7A 氢氧发动机大量使用一体化设计制造技术、高温合金真空精密铸造技术，大大缩短了产品研制周期，提高了产品可靠性。

国内在高强铝合金大型结构件铸造技术方面处于领先水平，但是高强钢、高温合金、钛合金等精密铸造工程化应用技术滞后，镁合金铸造件强度较低，还有待进一步发展。

2. 锻造

锻造技术在国外工业发达国家备受重视，精锻齿轮、齿轮轴等的尺寸精度已高到不再需要机械加工，生产效率高，产品性能好。在航空航天领域，美国支持制定了"锻造工艺现代化计划"，使锻造这种传统的制坯工艺实现现代化。精密模压成形技术已经得到广泛应用。等温锻造技术已经在航天飞机发动机涡轮盘、燃料箱、框体结构等方面获得应用，美国普拉特·惠特尼公司（Pratt & Whitney）采用等温锻造工艺生产 F100 发动机涡轮盘，重量由原来普通模锻件的 112.5kg 降到 56.7kg。美国、法国等国家异形截面框类零件轧制工艺已广泛应用，大型运载火箭普遍使用整体铝合金环形锻件。

我国精密模压技术精度与国外有一定差距，国内温锻造技术已经应用于中强甚至高强耐热镁合金上，已研制出多个典型构件。铝合金锻造技术已突破 5m 级整体锻环成型，已在产品应用，目前，已实现了直径 9.5m 大型整体环件的环轧成形（图 42）。

3. 钣金精密成形技术

美国利用强力旋压技术，已经能够生产直径 3.9m、径向尺寸精度达到 0.05mm 的壳体，甚至一些高强度材料也可通过旋压进行成形。目前美国旋压成形工艺稳定，CNC、PNC 等先进旋压工艺及设备得到普及使用。在航空航天飞行器制造领域，通信卫星上采用超塑成

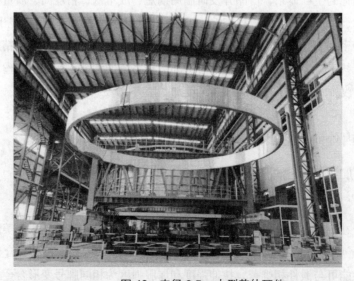

图 42　直径 9.5m 大型整体环件

形技术制造了扩散连接直径 90～600mm 的各种推进剂箱，使成本降低 67.6%～83.8%。钛合金超塑成形工艺已广泛用于制造卫星推进剂储箱、球形气瓶等部件。充液柔性成形、温热液力成形、磁脉冲成形等技术也已成为发达国家航空航天工业中薄板复杂结构件成形的重要手段。

国内在大直径、大型薄壁超高强度钢旋压工艺技术方面处于行业领先水平，解决了型号研制中的关键难题。目前已突破直径 2.25m、3.35m 贮箱箱底（图 43）整体旋压技术、直径 5m 低温贮箱箱底瓜瓣成形技术；开展了电磁脉冲成形工艺应用研究，电磁脉冲翻边凸孔等技术已实现工程应用。超塑成形技术在航天领域已有应用，如卫星部件和火箭气瓶等，但壁厚均匀性问题尚待解决。

图 43　整底旋压直径 3.35m 箱底

4. 粉末冶金技术

作为一种重要的成形技术，国外在粉末冶金近净成形技术方面已取得了很大进展，粉末冶金成形的高速钢、高温合金、钛合金等制品得到了广泛应用，由 Snecma、Turbomeca、Tephy 及 CEA 等公司开发的 Vinci 氢氧发动机 Ti6-4 ELI 氢泵高转速（100000r/min）离心轮，粉末冶金尺寸精度达到 0.1mm。俄罗斯在钛合金粉末冶金技术发展及应用方面具有比较高的水平，能源号火箭发动机氢氧涡轮泵等采用了热等静压粉末冶金成形技术；欧洲用粉末耐热钛合金 VT18U 制造了轻质承载结构件。

国内近期研制了部分大型、复杂结构的钛合金构件，但是和国外相比，仍存在较大差距，主要表现在对粉末钛合金材料体系研究不够；粉末钛合金构件成形技术与世界先进水平相比有较为明显的差距，包括复杂形状构件的成形能力、大尺寸构件的制备经验等。

5. 热处理技术

国外热处理工艺技术的发展重点主要集中在少无氧化热处理、高能密度热处理、热处理工艺过程的数值模拟和优化、自动化精密热处理技术等。真空热处理技术和可控气氛热处理技术广泛应用于航空航天结构件，如航天器钛合金燃料贮箱、发动机壳体各种合金的去应力、增强增韧处理；实现了生产过程的计算机自动化实时监控、热处理质量的精确控

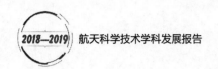

制，热处理产品无氧化、微变形、质量分散度小。淘汰了高污染的盐浴等热处理方法，向着清洁、节能、高效的热处理技术方向发展。

国内航天所属多数企业使用的大部分热处理设备停留在 20 世纪 80 年代的水平，普通箱式炉、井式炉等仍普遍使用。自动化程度低，能耗大，效率低，热处理污染较为严重，热处理产品存在氧化等问题。近年来，针对大型薄壁铸造铝合金结构件开展了热处理技术应用研究，基本掌握了固溶时效工艺参数，但防变形技术及变形后校正工艺有待进一步改进；可控气氛热处理、真空高压气淬等热处理工艺有待扩大应用研究。

（二）特种加工技术

1. 电火花加工

国外电火花加工技术近年来发展迅速并达到了较高的自动化、智能化水平。在航空航天领域，带叶冠涡轮盘多轴联动精密数控电火花加工技术反映了电火花加工的现状水平，以微小孔、微三维结构为代表的微细电火花加工反映了未来电火花加工的发展趋势。多轴联动精密数控电火花加工技术依托于多轴联动精密数控机床的发展而发展。国外的多轴联动精密数控电火花加工机床已经非常成熟，代表了当今电火花加工的发展方向，而微细电火花加工技术也随着国外高精度装备的发展远远领先于国内。

国内开展了多轴联动精密数控电火花加工技术的研究，已经突破了成型电极分体设计、组合电极设计、加工轨迹自动搜索、加工过程仿真等 CAD/CAM 一体化设计关键技术。我国的精细陶瓷及复合材料加工技术研究起步时间较短，现在尚处于初级阶段，虽然已有多所高校以及研究单位、企业在精细陶瓷及复合材料等加工方面进行了大量的研究工作，并取得了较大的进展，但是与国外技术仍有较大的差距。

2. 电解加工

国外航空航天领域电解加工技术近年来发展迅速并达到了自动化、信息化水平。在航空航天领域，整体叶盘五坐标数控电解加工技术反映了电解加工的现状水平，该技术依托于整体叶盘五轴数控专用电解加工设备的发展而发展。国外的整体叶盘五轴数控专用电解加工设备已经非常成熟，电解加工机床最大容量达到 5 万安培，并已实现 CNC 控制和多参数自适应控制，代表了当今电解加工设备的发展方向。另外，机匣电解加工在国外也达到了很高的技术水平，美国及欧洲建有机匣批产生产线；脉冲电源的发展使得电解加工精度和稳定性大幅提高。

国内航天企业普遍采用小间隙电解加工技术，有生产效率高、表面质量好、阴极无损耗、无切削力、可加工薄形零件、加工后无变形等优点。此项工艺已经十分成熟，达到了稳定批产的水平。南京航空航天大学在数控展成电解加工方面取得了一定成果，但还未得到大范围应用。对于大型叶盘扭曲叶片的成型需采用多轴联动电解加工技术，该技术目前国内研究较少，后续有必要深入研究，以解决大型叶盘扭曲叶片的高效率、高精度加工难题。

3. 磨粒流加工

磨粒流表面光整加工技术作为先进的表面抛光技术，在世界各国的航空航天发动机生产制造中得到了日益广泛的应用。美国 Dynatics 公司为航天发动机数控铣切削加工后的整体叶轮表面做磨粒流光整加工，解决叶轮高速旋转时因应力集中而产生的断裂问题。美国的 EXTRUDEHONE 挤压研磨有限公司运用磨粒流加工技术解决了航空发动机叶片风翼和气冷通道流动阻力调谐问题，提高了发动机性能。

国内复杂结构类零件磨粒流光整加工技术水平处于初级阶段，制造能力水平也达到了自动化制造水平，但相对于国外的制造水平来说，差距较大。零件加工范围较小，机床仅配备了磨料冷却系统和补料系统；未配备磨料流速控制系统、参数记录系统及可交换工作台等配套装置；具备了难加工材料复杂结构类零件的小批量加工能力。

4. 增材制造

增材制造技术主要包括"快速原型制造技术"和"高性能金属构件直接制造技术"两大类。"高性能金属构件直接制造技术"采用高能束、电弧等能源对粉末或丝材进行逐层熔化/凝固堆积，直接制造出致密金属零件。根据能量源及添加材料方式的不同，目前应用较为广泛的金属增材制造方法主要包括激光选区熔化成形（SLM）、激光熔化沉积技术（LMD）、电子束选区熔化沉积技术（EBM）、电弧熔丝增材制造技术（WAAM）及激光熔覆技术（LC）等。

增材制造技术对工业乃至整个国家发展有着重要作用及巨大潜力，欧美等发达国家已经预计到这一技术即将引领新一轮的制造业技术革命，各国政府部门均高度重视。2012 年 3 月，美国提出"国家制造业创新网络"计划，拟以 10 亿美元联邦政府资金支持 15 个制造技术创新中心，3D 打印作为其中核心支撑技术之一。同时，美国"3D 打印路线图"把航空航天需求作为第一位工业应用目标，波音、GE、霍尼韦尔、洛克希德.马丁公司等著名航空航天企业均参与其中。德国于 2008 年成立了直接制造研究中心（DMRC），波音、EOS、Evonik、SLM Solutions、Simens、Stratasys、Stukerjurgen、Blue Production、Eisenhuth 等知名单位为该中心提供资助。英国在"未来高附加值制造技术展望"报告中把增材制造作为提升国家竞争力、应对未来挑战亟须发展的 22 项先进技术之一，且自 2011 年开始持续增大对增材制造的研发经费。此外，澳大利亚、新西兰、日本等国家对增材制造技术均给予相当关注。

国内增材制造技术的发展现状可概括为："国家战略规划、各级政府支持，基础研究火热，工业应用薄弱，产业初具雏形"。一批高校和科研院所在国家项目资助下在增材制造理论、工艺及应用研制方面取得了一定进展，成功研制了一批各具特色的系列增材制造装备（图 44）。国内航空领域率先开展应用技术研究，激光直接制造技术（LMD）研制航空大尺寸钛合金主承力构件，钛合金、高温合金复杂薄壁结构件等中大型金属构件成形方面具有世界领先水平。然而，从总体上看，我国 3D 增材制造技术起步较晚，目前还处于从模型制作向零部件直接制造的过渡阶段，技术基础较为薄弱，各种 3D 打印装备的成形

图 44　增材制造捆绑支座产品

尺寸、精度、光洁度以及成形材料等方面与国外尚有差距。我国航天领域的 3D 打印技术应用尚处于起步阶段。

（三）先进焊接技术

国外运载火箭箭体结构的材料经历了从铝 – 镁合金、铝 – 铜合金到铝 – 锂合金的发展。为保证箭体结构的连接强度，其焊接工艺已由最初的钨极氩弧焊逐渐发展到电子束焊、变极性等离子弧焊和搅拌摩擦焊等。同样在星船壳体结构制造方面，俄罗斯、美国等先进航天国家已采用 2219 铝合金、铝镁钪合金、1420 与 2195 铝 – 锂合金结构、焊接技术广泛应用变极性等离子焊与搅拌摩擦焊技术。

在薄壁壳体与法兰空间曲线焊缝方面，国外多采用智能化、自动化焊接技术。对于动力推进部件的耐热材料、难熔材料和异种材料复杂结构的焊接难题，美国、欧洲和俄罗斯已完全掌握具有这类材料和结构的焊接技术，如已采用扩散焊的方法将 C–C/SiC 复合材料与钛合金成功连接用于卫星上，采用激光焊、真空电子束焊、钎焊、扩散焊等焊接技术，实现了异种金属之间可靠连接，并成功应用在空间推进领域。俄罗斯与美国在环路热管异种金属低温钎焊方面处于国际领先水平，在卫星环路热管研制中得到广泛应用。

国内在航天先进焊接工艺方面，相对于国外还有比较大的差距，虽然在局部也接近或者达到了国际先进水平，但是整体水平不高，突出表现在：TIG 焊接工艺虽然在贮箱主焊缝上实现了自动化生产，但还未全面实现自动化焊接；工艺装备可以实现自动化焊接，但是距离实现智能化焊接还有一定距离；搅拌摩擦焊接工艺（图 45）虽然开始应用，但研究不够深入，缺少对基础工艺工作深入细致的研究；搅拌摩擦焊接设备虽然实现了国产化，但是精度不高，稳定性不够。变极性等离子在贮箱制造领域内应用较少；装备方面虽然有成功应用的例子，并且在部分产品上得到了应用，但是系统的整体质量和国外还是有一定的差距。

图 45　搅拌摩擦焊接技术与成形的贮箱

（四）表面工程技术

通过多年工艺问题的攻关，航天表面工程技术得到了很大的发展，有效保障了研制和批产，但与世界先进水平相比，还存在很大差距，如传统表面处理技术大多沿用 20 世纪 80 年代的工艺技术和设备，技术落后；新型表面工程技术的门槛高、难度大，因此技术贮备跟不上产品的研制速度，在一定程度上形成航天产品发展中设计、制造的双向制约。具体表现在以下几方面。

1. 表面改性技术

国内对稳定化热处理工艺的研究仍处于探索性阶段，但稳定化处理的材料局限于 2A12、2A14、7A04 的固溶、时效状态的铝合金。钛合金尺寸稳定化处理工艺的许多理论和实践问题有待解决。

针对铝合金、镁合金材料的无铬氧化技术在航天工业领域的开发和应用较少。钛合金的表面强化处理目前未得到广泛的应用。

2. 薄膜技术

在大面积薄膜的制备方面还存在一定问题，如大尺寸异形件的表面镀膜和微处理工艺面向应用的许多关键工艺技术尚未得到突破、基于原子层沉积技术等先进的薄膜制备工艺有待展开研究、适应航天需求的新型功能薄膜的开发需要更多的投入。

在智能热控薄膜技术方面，国内开展了机理研究与试验探索，国外实现应用。在超窄带滤光片和多通道窄带高反防激光薄膜技术方面，国内工艺方法落后，与国外指标相差一个量级。在大面积柔性薄膜太阳电池技术领域，实用的设备、工艺和产品都是从国外引进的。

3. 涂镀层技术

目前国外的"OBS"消杂光涂层在 260~2600nm 波段的吸收比可以达到 0.98 以上，而国内的"消杂光铝合金超黑工艺"制备的膜层在可见光段 380~760nm 的吸收比为 0.97，而在 380~1100nm 的吸收比则降至 0.90 以下，相差较远。同时，钛合金材料表面对于消杂光膜层的需求也日益迫切，但钛合金膜层的消杂光系数目前仅能稳定在 0.90 左右。

目前国内普遍采用涂镀 MoS2 的方法来增加钛合金零件之间的润滑性，以防止零件在装配期间咬合。但涂镀 MoS2 不适用于多次运动的机构零件，而且易造成材料内部氢氧含量超标，增加零件脆断的可能性。

迄今为止，轻合金表面处理工艺种类少，且多数未形成稳定的工艺体系，成为技术瓶颈。涂镀层技术正向着无氰、低氰、无毒、低毒和无苯的绿色表面技术方向发展，而航天领域仍在使用有氰、苯的氧化和涂层技术，缺少无氧热喷涂抗氧化涂层技术。

（五）电子元器件与电气互联技术

国内电子产品的制造技术及电气互联技术在技术上与国外发达国家还有很大的差距，其主要表现在两个方面：第一是基础加工技术，电子产品的加工精度及质量是由先进的加工设备决定的，国内制造技术与国外制造技术相比还比较落后；第二是电子元器件制造与电气互联技术发展迅速，出现了很多新的技术，国内还处于跟随状态。

集成电路的制造技术发展迅速，按照摩尔定律理论成指数增长，目前国外圆片加工技术已经达到 12 英寸，65nm 工艺，45nm 工艺也即将实现量产，先进的工艺生产线主要集中在欧洲、日本、美国、韩国、中国台湾等地。目前，国外的继电器产品的可靠性等级已经达到了宇航 I、II 级（相当于 8 级），而我国目前最高的统计可靠性仅能达到 6 级左右，国外有可靠性指标的产品有 80 多种，而我国只有 17 种。国外的一些继电器产品的厂家，例如 LEACH 公司等已经发展了小型化的、多功能集成的、有数字化功能的继电器集成产品。它们在高频、高压、大功率、微型化/轻量化、智能化、网络化等新型继电器集成产品的设计制造技术方面具有明显的优势。

（六）先进复合材料工艺技术

先进复合材料在我国航天器中的应用日益广泛，各种工艺技术也得到了快速发展，实验室或局部应用的技术水平和国外工艺技术水平相当，但与国外相比还存在较大差距。总体而言，工程化应用技术落后国外 15~20 年。主要表现在以下几个方面：

先进复合材料原材料不足，体系不完备。作为先进纤维复合材料的增强纤维来源不稳定，种类较少，尤其国产的碳纤维不仅规格低、品种少、质量不稳定，已成为发展的关键制约因素，加快高性能碳纤维国产化是当务之急。先进树脂基体开发能力较弱，与高模量碳纤维相匹配的树脂基体尚不稳定，急需开发耐高温的高强高韧树脂体系。陶瓷基复合材料适用的前驱体种类较少，性能不高。从 20 世纪 90 年代起，国内开始进行热熔预浸料的研制，目前已有十几种热熔预浸料，但是与国外预浸料相比，国内热熔预浸料仍存在温度范围窄、类型单一、力学性能低且性能不稳定等诸多不足。

复合材料生产和应用研究的基础条件差，复合材料成型及装配自动化程度低。工艺实现手段单一落后，部分产品仍维持手工操作的阶段，生产周期较长，质量控制难度大，不能适应当前多型号并举的局面；在复合材料的优化设计、设计制造一体化、低成本制造技术等方面还相当落后。国内复合材料构件的设计制造大多仍沿用传统的模拟量尺寸传递体系。数字化设计制造技术虽得到了部分应用，并取得了一定的效益，但基本处于孤立的状态，尚未实现复合材料构件从设计、工艺、工装、制造到检测整个过程的信息共享。

先进复合材料工艺技术创新不足，基本上是引进、吸收国外先进的工艺技术，在新的树脂体系开发、复合材料高效自动化制备工艺、低成本成型工艺方面技术创新能力不足。发达国家复合材料全过程自动化程度越来越高，从干法预浸料生产、自动下料、自动铺放到自动固化、自动装配，大大提高了生产效率及产品质量。我国航天复合材料生产单位急需改变手工作坊模式，从实验室生产模式发展到规模化生产方式，提高自动化制造能力，也是为了满足产品批生产及稳定产品质量的需求。

（七）装配技术

国外先进的航天产品制造企业在设计、制造和装配上实现了数字化、统一化，达到了无缝连接，整个产品的生命周期全部实现数字化，企业成本较低，装配的可靠性和生产效率很高。

与国外先进的航天产品制造企业相比，我国航天企业在装配技术方面的差距主要体现在：整个航天产品的装配生产流程设计思想和实施落后，各项专业装配技术的研究开发和应用上不足，整体装配能力的提升缓慢。主要处于传统的手工装配模式中，先进的自动化、网络化、柔性化、快速响应技术未得到开发和应用，包括装配技术在内的先进的设计、制造体系仍未能完全建立，相应的装配质量和装配效率也相对较低。普遍采用专用工装装配，普通仪器测量安装，容易造成装配质量问题，装配的通用性很差，装配周期较长。立足于单发装配生产模式，工艺技术落后，对操作人员的技能依赖性大，生产效率低下，差错率高，一致性差。

（八）集成制造技术

我国航天企业在集成制造技术方面的发展与国外相比存在较大差距，特别是成熟度和集成度不够，也明显落后于飞机和汽车等行业。

归纳型号需求和国内外比较的结果，航天集成制造技术的主要差距为：集成制造技术的成果提升航天产品的综合性能，在型号研制过程中发挥了作用，但针对航天产品的功能复杂化发展需求，由于缺乏制造技术的有效协同与集成手段，制约了型号性能的进

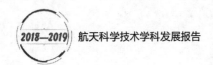
一步提高；在运载、卫星、飞船等复杂产品综合工艺集成制造技术方面需要针对需求进行重点突破。

（九）精密超精密加工技术

国外的精密超精密制造技术具有较高的成熟度，依靠机床设备的性能和精度保证零件的加工精度，制造精度高，互换性好，批量化生产，形成了系列化、专业化、标准化、规模化的生产体系，装备研制开发周期短、成本低、精度高、质量稳定。随着超精密加工精度的持续提高，超精密加工机床实现了深亚微米级的定位和重复定位精度、纳米级的位置反馈控制分辨率、纳米量级的主轴径向和轴向运动误差。

近年来，国内加强了精密超精密加工设备和工艺技术的研究与开发工作，并取得了很大进展，在一定程度能保证型号的研制需求，但是与新时期更高要求和国外先进水平相比还有较大的差距，主要体现在以下几方面：

精密超精密制造（图46）还停留在单件小批的状态，许多单项技术虽有所突破，但面向产品的集成应用技术程度不够；对操作人员的技能依赖性比较强，质量一致性不易保证；精度稳定性与国外先进水平有明显差距。

精密超精密装备和高精度测量设备大多数依赖进口。对检测技术的研究不足，研究成果的工程应用水平有待进一步提高，检测技术整体水平与精密超精密加工要求不相适应。

通用的精密超精密加工的高精度刀具主要依赖进口，专用的高精度刀具制造还不能完全满足精密超精密加工的要求。

图46　超声振动加工技术

四、发展方向与展望

（一）航天制造工艺发展趋势

1. 传统制造工艺技术向高效化、敏捷化、绿色化方向发展

向高效化方向发展：高效加工是集高效、优质和低耗于一身的先进制造工艺技术，工艺装备在数控化的基础上进一步向生产自动化、作业柔性化、控制智能化方向发展。例如，在运载火箭贮箱制造中采用蠕变成形、搅拌摩擦焊等先进制造技术，可大幅提高贮箱制造效率和成形精度；在运载火箭钣金结构件制造中采用电磁脉冲、多点柔性成形等先进制造技术，可大幅提高钣金结构件生产能力。

向敏捷化方向发展：随着世界经济竞争全球化、贸易自由化、需求多样化，产品生产朝多品种、小批量方向发展，从而对制造企业快速响应市场和产品一次制造成功的要求日益提高，敏捷制造成为制造技术的一个重要发展方向。例如，航天产品研制生产多为多品种单件或小批量生产，随着运载火箭高密度任务的常态化发展，需要更经济、更敏捷、更柔性地组织生产和优化布局。

向绿色化方向发展：保护环境、节约资源已成为全球密切关注的焦点，为此发达国家正积极倡导"绿色制造"和"清洁生产"，大力研究开发生态安全型、资源节约型制造技术。我国近年来也逐步提出绿色制造技术，以解决与日俱增环境恶化问题。例如，在航天产品的热处理、表面处理、锻造成形等子领域亟须实现节能、降耗、降噪、无毒无污染的绿色制造模式。

2. 先进制造技术向精密化、自动化、智能化方向发展

向精密化方向发展：加工技术向高精度发展是制造技术的一个重要发展方向。精密加工和超精密加工、微型机械的微细和超微细加工等精密工程是当今也是未来制造技术的基础。运载火箭膜盒产品中，膜片厚度最薄达 0.12mm，加工精度要求高，需对膜盒的精密化制造技术展开研究。

向自动化方向发展：制造业自动化水平是制造技术先进性的标志之一，不断提高制造业自动化程度是工业先进国家追求的目标。例如，目前运载火箭总装过程中仍延续着人工调整架车对接操作，缺乏机械随动定位技术能力。运载火箭壳段及壁板目前仍采用传统装配方式，质量可控性不足、一致性低、生产效率低，不能满足高密度、高可靠性发射的任务需求。因此，自动化已经成为制约航天产品批量生产的重要因素之一，急需通过开展自动化技术研究以及积极引进国内外先进的自动化制造装备来提升企业的自动化生产能力，进而提高生产效率，实现稳定的批量生产。

向智能化方向发展：智能化是柔性化、集成化的拓展和延伸，未来的智能机器将是机器智能与人类专家智能的有机结合，未来的制造业将是基于知识和信息的高技术产业，制

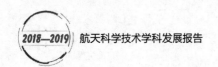

造自动化也将从强调全盘自动化转向重视人的智能和人机交互工作。目前，我国近年来也逐步提出智能化制造技术，在产品研制过程中，急需开展检测设备智能化、焊接过程智能化控制等技术研究。

3. 制造系统向柔性化、集成化、精益化方向发展

向柔性化方向发展：随着制造业生产规模向"小批量→少品种大批量→多品种变批量"的演进，制造业自动化系统正沿着数控化→柔性化→集成化→智能化→全球化之螺旋式阶梯攀缘而上，柔性化程度越来越高。例如，未来运载火箭直径增大到10m，由于尺寸的增大，靠人工干预较难保证对接框上百个螺栓一次准确入孔，需开展大部段柔性对接技术研究，构建数字化测量场，通过对产品多个自由度运动状态的精细化控制，可以提高对接一次成功率。

向集成化方向发展：借助计算机和网络技术将企业所有的技术、信息、管理功能和人员、财务、设备等资源与制造活动有机结合在一起向计算机集成制造系统发展，构成一个覆盖企业制造全过程，能对企业物质流、资金流、信息流进行有效控制和集成管理的完整系统。结合航天型号研制生产需求，产品研制过程实现了科研生产信息主线的基本贯通，但是对制造系统各业务系统间尚未实现深入集成，仍然存在信息孤岛问题。

向精益化方向发展：精益生产是指运用多种现代化管理手段和方法，以社会需求为依托，以充分发挥人的作用为根本，有效配置和合理使用企业资源为企业谋求经济效益的一种新型企业生产方式。在航天领域，可以借鉴的方面主要有：型号研制采用并行工程方法，确保高质量、低成本、缩短研制周期；生产制造过程中实行"拉动式"的准时化生产，即下道工序要求拉动上道工序的生产。通过对生产管控设计及改进技术研究，以精益生产的管理理念，优化生产管理业务流程，建立配套中心，形成新的生产管控设计及改进的整体技术方案。

4. 制造科学、技术与管理向系统化、一体化方向发展

向系统化方向发展：随着现代科技的突飞猛进，制造技术正吸收与融合微电子学、计算机科学与技术、信息科学、材料科学、生物学、管理科学以至人文社会科学等诸多学科的理论知识和最新成果，不断研究各类产品与机器的新原理和制造机理。制造科学技术与现代高新技术之间不断渗透、交叉与融合，各学科、各专业间界限逐步模糊甚至消失，技术趋于系统化、集成化。

向一体化方向发展：以系统论、控制论、信息论为核心的系统科学与管理科学也正在向制造技术领域渗透、移植与融合，产生出新的制造技术与制造模式。先进制造模式是一项由人与物、技术与组织管理构成的集成系统，制造硬技术与管理软技术在制造模式中得到有机统一，逐步走向一体化。

（二）航天制造工艺下一步发展展望

1. 热加工与精密成形技术

铸造技术将以大型复杂化、整体精密化、近净形为目标，大力发展高温合金、钛合金的精密铸造技术，研究发展高强镁合金、金属基复合材料的铸造技术，优化铝合金大型结构件的近净形铸造技术。

锻造技术将以精密化、大型化、柔性化为发展目标，大力发展钛合金、镁合金的精密等温锻造技术，研究发展多点柔性成形、蠕变时效成形、数控渐进成形等新技术，突破大尺寸结构框环的成形技术，开展锻造过程模拟与仿真技术研究。

钣金成形技术将以柔性化、数字化、精密化为发展目标，发展超高强度钢、高强铝合金、钛合金的精密旋压技术，研究掌握超塑成形、充液成形、拉形成形等技术，实现钣金结构件优质、高效成形。

粉末冶金技术将重点开展复杂形状构件的成形和大尺寸构件制备技术的研究。实现钛合金、高温合金、金属间化合物、铌基合金等材料与构件粉末冶金工艺的工程化应用。

热处理技术将朝着优质、高效、低耗、环保、清洁的方向发展，重点发展小（无）变形、少（无）氧化的先进热处理技术，开展金属基复合材料等新材料热处理技术研究。

2. 特种加工技术

以科研生产加工需求为牵引，加强特种加工新技术的应用研究，突破一批制约预先研究和型号研制的关键特种加工技术，解决加工难、精度低、效率低等问题。特种加工技术的应用向多功能、微细化和智能化方向发展。不断推进特种加工新技术、新工艺、新设备的工程化应用工作。通过设备的改造、工艺的优化、方法的组合不断扩大特种加工的应用范围，重点解决型号研制中特种材料（如高温合金、钛合金、复合材料、陶瓷、玻璃等）、特种结构型面（小孔、窄槽、缝隙、复杂型腔、复杂流道等）的加工与成型难题。

3. 先进焊接技术

结合先进焊接技术专业发展方向，发展高效、智能、自动化的先进焊接技术，力争实现我国新一代航天产品结构的高可靠、高效连接，满足新一代产品高可靠、长寿命和轻量化要求。推动我国航天结构焊接技术的快速发展，达到部分先进焊接技术居于国际领先、部分焊接技术与国际一流水平同步的发展目标。

4. 表面工程技术

开展先进的薄膜工艺技术的预先研究，对瓶颈和共性问题进行技术攻关，重点突破一批影响航天器发展的表面工程关键工艺技术，改进和优化产品研制和生产过程中的薄

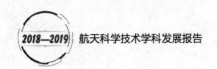

弱工艺，提升我国航天先进表面工程工艺技术能力和水平，提高航天器研制水平和产品寿命，减少生产过程中的环境污染、保证产品质量和可靠性，为航天器快速发展提供技术保障。

5. 电子元器件与电气互联技术

根据未来航天电子产品将向多功能、小型化、高可靠性、高集成度的发展趋势和电子元器件制造及电气互联技术的自身发展要求，电子元器件制造技术重点发展方向为特种封装工艺技术研究、硅基 MEMS 器件工艺技术研究。

6. 先进复合材料工艺技术

针对新一代航天产品对先进复合材料及工艺技术的需求，结合先进复合材料专业技术的发展，开展先进复合材料工艺技术的预先研究、工艺瓶颈问题和工艺共性问题的技术攻关；发展相关工艺设备技术，加强先进复合材料的制备能力，开展快速制备技术研究，丰富制备手段，提高工艺自动化水平，深化工艺过程控制及评价表征技术研究；在此基础上突破碳纤维国产化工程应用、干法预浸料制备、预浸料自动铺放、预浸带自动缠绕、快速CVI 技术、陶瓷基前驱体转化等工艺技术关键，大幅度提升我国航天先进复合材料工艺技术能力和水平，拓展先进复合材料在航天产品中的应用领域。

7. 装配技术

针对新一代航天产品对先进总装技术的需求，开展先进总装技术研究，突破空间机构的装配技术难题，实现快速、高效、高可靠自动化装配。通过装配技术与信息技术的结合来提升航天型号装配水平，实现装配工艺过程与装配工艺管理的数字化，积累一批数字化装配工艺资源数据库和装配工艺管理规范，推广可视化装配等一批数字装配技术，大幅度提高装配效率。深入开展精密装配技术研究，突破精密装配技术难题，掌握影响产品性能的核心装配技术，使我国航天产品的装配技术实现大幅度跃升。

8. 集成制造技术

以新一代航天产品为需求和应用背景，以背景项目为应用对象，开展综合工艺集成技术研究，打造若干个以综合工艺集成为支撑，以产品研制瓶颈为应用对象的集成制造技术应用范例；在集成制造技术方面取得突破，为航天项目进入工程研制提供技术支持，实现自主创新与集成创新能力的显著提高。

9. 精密超精密加工技术

针对航天关键精密部件的研制生产需求，开展精密超精密加工、检测等技术的预先研究、工艺瓶颈问题和工艺共性问题技术攻关，研究解决非球面光学零件、精密微小结构件、精密复杂结构件，以及金属基复合材料、陶瓷、钛合金、不锈钢以及高温合金等难加工材料精密超精密加工技术难题，进一步提高零件加工精度和尺寸一致性，实现微米级精密零件高效率生产制造，满足在研及新一代宇航系统的发展要求。

参考文献

[1] 王少纯，等. 金属精密塑性成形技术 [M]. 哈尔滨：哈尔滨工业大学出版社，2008.
[2] 张立武，等. 钛合金精密热成型技术在航空航天的应用进展 [J]. 航空制造技术，2015（19）：14–17.
[3] 李玉青，等. 特种加工技术 [M]. 北京：机械工业出版社，2014.
[4] Literature Review on Robotic Friction Stir Welding [R]. TWI，2016.
[5] 李慕勤. 材料表面工程技术 [M]. 北京：化学工业出版社，2010.
[6] 周德俭，等. 电子制造中的电气互联技术 [M]. 北京：电子工业出版社，2010.
[7] 谢富原. 先进复合材料制造技术 [M]. 北京：航空工业出版社，2017.
[8] 徐寅，等. 航天数字化装配工艺研究 [J]. 现代制造技术与装备，2016（4）：13–15.
[9] 于霖，等. 超精密机械加工技术及其发展趋势 [J]. 中国设备工程，2017（19）：166.
[10] 李权，等. 航空航天轻质金属材料电弧熔丝增材制造技术 [J]. 航空制造技术，2018（3）：74–82.

撰稿人：周世杰　敖洪峰　陈缇萦

审稿人：李曙光　王　贺

大事记

2014年7月31日，研制的CZ-4火箭全搅拌摩擦焊（FSW）三级共底贮箱完成预定试验项目，顺利通过整箱爆破静力试验。各项数据远超设计指标，标志着国内首个全搅拌摩擦焊运载火箭贮箱研制成功。

2015年9月20日07点01分，CZ-6 Y1运载火箭在太原卫星发射中心发射升空，发射取得圆满成功。本发火箭为CZ-6首发飞行箭，以一箭多星的方式发射20颗小卫星。CZ-6火箭的成功发射拉开了我国新一代运载火箭发射的帷幕，也创造了多项世界及亚洲纪录。

2016年6月25日，CZ-7运载火箭从中国文昌航天发射场首次成功发射，增材制造航天产品搭载火箭完成首飞，此为增材制造技术第一次成功应用在航天飞行器。

2016年11月3日，CZ-5运载火箭在中国文昌航天发射场首次发射成功，由此成为中国运载能力最大的火箭，贮箱采用的2219铝合金，助推液氧贮箱采用的全搅拌摩擦焊接技术。

2018年，航天五院529厂航天器管路集成制造技术荣获国防科技进步奖一等奖。该技术历经多年发展，系统地研发了具有自主知识产权的航天器管路非接触测量、离线焊装和集成制造等软硬件装备，实现了管路由传统手工/串行制造向自动/并行集成制造的跨越式技术发展，满足了航天器管路制造可靠性和效率大幅提升要求，目前已在我国通讯/遥感/导航卫星、载人领域等航天器中得到应用，直接保障了载人航天、深空探测、高分辨率对地观测、北斗导航等国家重大工程的顺利实施。

2019年1月8日，航天一院211厂牵头申报的《新一代运载火箭箭体结构制造关键技术及装备》项目获得国家科学技术进步奖二等奖。新一代火箭箭体呈大、薄、柔、精的结构特征，面临轻量化制造、高品质焊接、高可靠铆接、高精度协调总装等四大挑战。项目团队通过十余年公关，研制出具有完全自主知识产权的箭体结构制造系列化成套特种装备，构建我国新一代运载火箭制造能力平台，支撑我国新一代运载火箭制造能力平台。

2019年2月3日，航天一院211厂完成首个直径3.35m整体箱底旋压成形及机加工，这个是我国第一个可用于贮箱装配的大型铝合金整体制造箱底工程零件，标志着基于旋压成形的铝合金贮箱整体化制造关键技术取得重大突破，运载火箭贮箱箱底整体化制造技术能力达到国际先进水平。

航天制导、导航与控制技术
专业发展报告

一、引言

航天制导、导航与控制（GNC）技术主要包括航天器和运载火箭等空间飞行器的制导、导航与控制技术。航天器制导、导航与控制技术研究的是航天器为完成飞行任务，而进行的航天器状态参数测量、姿态与轨道的确定与控制，对某些特定飞行还包括航天器本体局部的指向控制。运载火箭制导、导航与控制技术是通过对运载火箭发射前、飞行初段、中段和末段全程导航及飞行过程的制导与控制，保证运载火箭稳定飞行、调姿并将有效载荷送入预定轨道的一种航天技术。

航天制导、导航与控制技术是一项涉及多学科、多领域的综合技术，其水平直接制约着航天器及运载火箭的功能和性能。该领域涉及制导、导航理论和方法，控制理论和方法，控制系统设计、测试及试验技术，导航设备与姿态敏感器技术，执行机构技术，控制电路、控制计算机和软件技术，控制系统仿真技术等多方面。

近年来，随着我国载人航天、深空探测、在轨服务以及应用卫星等重大空间任务的顺利开展和不断推进，有效推动了我国航天制导、导航与控制技术的发展。本文介绍近几年我国航天制导、导航与控制技术的发展现状，并与国外发展情况进行比较，给出我国航天制导、导航与控制技术的发展趋势与对策。

二、近五年的主要进展

（一）载人航天制导导航控制技术

我国载人航天工程空间实验室主要包括天宫二号空间实验室、神舟十一号载人飞船和天舟一号货运飞船等飞行任务。2016 年 9 月 15 日，我国第一个真正意义上的空间实验室天宫二号搭载长征二号运载火箭成功发射。2016 年 10 月 17 日，神舟十一号飞船承载两名航天员顺利升空，拉开了我国第六次载人飞行任务的序幕。10 月 19 日，神舟十一号飞船与天宫二号成功实现自动交会对接（图 47），航天员在轨驻留 30 天后撤离天宫二号，于 11 月 18 日在内蒙古四子王旗预定区域安全着陆，标志着神舟十一号与天宫二号载人飞行任务取得圆满成功。2017 年 4 月 22 日，我国首艘货运飞船天舟一号与天宫二号成功实现自动交会对接（图 48），后续成功完成了首次自主快速交会对接试验和在轨加注试验。

空间实验室四次飞行任务圆满完成后，我国载人航天工程正式迈入空间站时代。中国空间站核心舱计划于 2020 年前后发射，全站预计于 2022 年建成并投入运营，设计寿命 10 年，运行轨道高度 340～450km，可容纳 3 名航天员同时在轨工作生活，轮换期间可容纳 6 名航天员（图 49）。

围绕上述载人航天工程任务，我国载人 GNC 技术的进展主要表现在以下两方面。

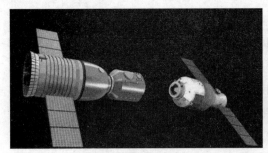

图 47　神舟十一号与天宫二号交会对接

图 48　天舟一号与天宫二号快速交会对接

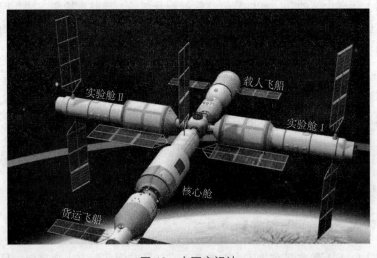

图 49　中国空间站

1. 快速交会对接 GNC 技术

快速交会对接 GNC 系统的主要任务是基于能够在轨计算的制导导航和控制方法，实现燃料优化、时间节省、自主安全的交会对接。快速交会对接任务需要实现燃料、时间、精度等多重约束下的最优控制，要求制导结果存在唯一且适应性强，算法的计算量适合在轨计算。传统依靠地面任务规划、地面轨道预报并上注的方式已无法满足快速交会对接制导导航任务要求。

针对上述技术难题，提出了一种适合工程应用的基于轨道要素和相位协同的全程自主快速交会对接制导导航控制方法和飞行方案，实现了船上自主定轨、自主制导和自主变轨，大幅提升了飞船的自主能力。该方法已在天舟一号货运飞船成功进行了在轨飞行验证，飞行时间约 6.5h，为后续中国空间站建设奠定了重要技术基础。

2. 空间站控制技术

空间站旨在为航天员长期在轨工作和生活提供稳定的空间环境，为空间科学试验提供长期可靠的空间平台。空间站由天和号试验核心舱、天和号核心舱、问天号实验舱、梦天号实验舱和巡天号光学舱组成，载人飞船负责人员的天地往返，货运飞船负责货物的运送。

空间站的特殊结构导致其惯量高出常规航天器 4 ~ 5 个数量级，环境干扰力矩达到 1 ~ 10Nm 量级，普通航天器采用的喷气或磁力矩器卸载方式难以适用。为解决上述难题，研发出基于环境力矩的空间站姿态和角动量鲁棒控制技术。通过姿态调整，利用环境力矩进行系统的姿态控制与角动量管理控制，具备了利用环境力矩的空间站在轨飞行能力；通过构建高维状态空间模型，结合线性不等式等鲁棒控制方法，提高了空间大幅值干扰不确定环境下系统的鲁棒性；采用在线参数调整的自适应控制方法和通用性参数化设计与仿真技术，解决了各种任务构型的变惯量变挠性参数的高性能控制及仿真验证问题；利用多敏感器、多执行机构进行系统的故障诊断与重构，通过系统级、部件级以及物理与数值结合的多通道信息融合，可实现系统高可靠与高灵敏度的状态评估与健康管理。

（二）深空探测制导导航控制技术

2013 年 12 月 14 日，我国第一个月球软着陆的无人探测器嫦娥三号实现月面自主精准避障软着陆（图 50），避障精度优于 1.5m，达到国际领先水平；15 日完成着陆器巡视器分离，进行月球表面移动巡视探测任务。2014 年 11 月 1 日，嫦娥五号飞行试验器在内蒙古四子王旗预定区域顺利着陆，月地跳跃式返回再入开伞点精度达到国际领先水平，标志着我国探月工程三期再入返回飞行试验获得圆满成功。2018 年 6 月 15 日，嫦娥四号中继星成为世界首颗顺利进入地月拉格朗日 L2 点 Halo 使命轨道的卫星。2019 年 1 月 3 日，嫦娥四号着陆器成功着陆在月球背面的预选着陆区，实现人类首次月背软着陆。同日，两器分离，巡视器成功抵达月面，开始人类首次月背原位探测和巡视探测。

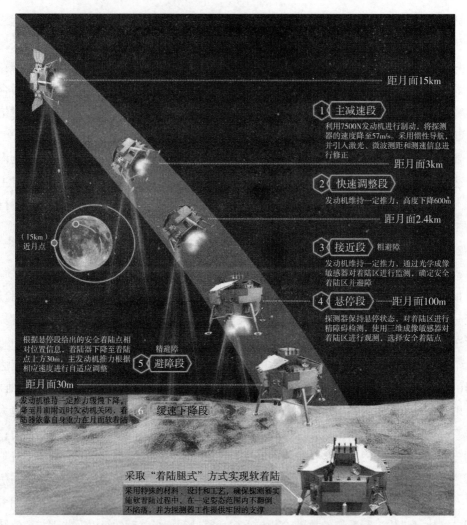

图 50　嫦娥三号月球探测器在月球虹湾软着陆过程

《2016 中国的航天》白皮书公布了中国的深空探测计划，中国将于 2020 年发射首颗火星探测器，实现环绕和巡视联合探测；后续将陆续开展小行星探测和木星、行星探测任务。

近年来，我国深空探测 GNC 技术的进展主要表现在以下四个方面。

1. 月球软着陆 GNC 技术

2013 年，嫦娥三号成功着陆于月球正面虹湾地区，实现了我国首次地外天体软着陆。嫦娥三号着陆过程中使用了惯导结合测距和测速的组合导航技术、多约束强适应的动力显式制导技术、快速姿态高精度跟踪技术以及粗精结合的着陆避障技术。嫦娥三号的成功标志着我国已经掌握了地外天体软着陆 GNC 技术。2019 年，嫦娥四号实现了人类历史上首次月球背面软着陆。针对月背复杂地形条件下的安全软着陆问题，嫦娥四号在嫦娥三号基础上进一步发展了智能自主 GNC 技术。提出了基于测量数据多层筛选学习的前后台并行容错导航方法，完善了基于目标自学习和参数自适应相结合的智能制导方法，提出了垂直接近与智能避障相融合的控制方法，实现了下降过程全系统全自主故障诊断。嫦娥四号的成功标志着我国月球软着陆 GNC 技术逐步成熟。

2. 地月 L2 点轨道控制技术

由于月球的自转周期和绕地球的公转周期同步，在月球背面着陆的探测器无法与地球直接通信。嫦娥四号中继星首次实现人类航天器在地月 L2 点对地对月中继通信。中继星于 2018 年 5 月 21 日发射，2018 年 6 月 14 日进入地月 L2 点的 Halo 轨道；2019 年 1 月 3 日嫦娥四号中继星跟踪嫦娥四号着陆器动力下降、嫦娥四号巡视器月面巡视，实现了地月中继通信任务。地月系 L2 平动点是三体问题中的不稳定平动点，位于 L2 平动点附近的轨道往往对轨道初值十分敏感，且附近还存在多种摄动因素，因此航天器在地月系 L2 平动点附近飞行时，容易因轨道的不稳定发散而飞离 L2 平动点。中继星通过采用自主轨道维持策略，可实现 Halo 轨道的自主维持控制。

3. 跳跃式再入飞行 GNC 技术

嫦娥五号飞行试验器是嫦娥五号月球探测器的先导飞行器，用于验证月地轨道以第二宇宙速度返回的跳跃式再入技术。嫦娥五号飞行试验器的返回器在国际上首次完成小质量低升阻比飞行器跳跃式再入飞行，也是人类历史上第二次成功的跳跃式再入飞行。返回器 GNC 系统首次采用全数字预测校正制导方法、一阶全系数自适应校正方法、双环制导策略、瞄准点动态调整方法、适用于跳跃式再入的横向射向校准及跟踪制导方法、高精度再入轨迹预测方法、基于方差评估的在线自主标定方法等新技术，飞行试验的圆满成功标志着我国已掌握了这一特性飞行器的再入制导、导航与控制技术。

4. 火星及小行星探测 GNC 技术

我国首次火星探测任务计划在 2020 年通过一次发射实现火星环绕和着陆巡视，对火星开展全球性、综合性的环绕探测，在火星表面开展区域巡视探测。目前，火星探测器正在开展研制工作，GNC 系统已突破了火星捕获制动过程自主导航与控制、大气进入着陆下降高动态容错导航、多约束自适应制导、大范围快速机动姿态控制等关键技术，开展了火星探测任务 GNC 系统方案设计、研制和试验验证等工作，为飞行任务打下坚实基础。

目前，我国已开展了不规则小行星引力场建模与近似快速计算、不规则引力场中悬停和绕飞等轨道精确控制、不规则天体表面地形建模、附着自主障碍识别和高精度基准建立等关键技术研究，以及小行星附着探测任务 GNC 方案论证和试验验证工作。

（三）在轨服务制导导航控制技术

近年来，我国也开展了在轨服务制导导航控制技术研究，包括轨道机动、近距离快速绕飞、接近、安全停靠，以及机械臂在轨标定、模块更换、在轨加注等，主要技术成果体

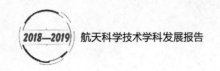

现在以下两方面。

1. 空间目标相对测量及接近停靠技术

提出了强杂散光低信噪比动目标识别与精确相对位置和姿态测量的新理论及新方法，开展了抗杂散光的新型敏感器样机研制；提出了能对转动或抖动非合作目标进行相对位置和姿态精确测量的新型抗强杂散光敏感器方案、空间目标视觉测量的快速高精度智能处理方法。此外，突破了多特征自适应目标跟踪测量技术，开展了旋转目标测量相机研制。

针对失效后发生旋转的航天器的接近、抓捕、维修任务，突破了旋转目标超近距离接近停靠技术，在地面验证中实现了逼近过程中 12 自由度相对位置、相对姿态的精准控制试验，初步掌握了针对旋转目标的各类接近方式的控制技术。

2. 在轨加注 GNC 技术

瞄准未来空间在轨维修维护的需求，突破了灵巧高精度空间多自由度机械臂的机构结构设计、关节高精度驱动控制等关键技术，研制了具有大范围操作空间的 7 自由度串联机械臂和具有大承载的 7 自由度串并混联机械臂。根据加注任务的特点，研制了多种末端特种操作工具，如手爪、加注接口等。此外，针对非合作目标无先验信息、难以识别和测量的问题，以双目相机立体视觉为技术手段，突破了典型部位目标识别技术，解决了非合作目标平台相对测量和机械臂手眼测量问题，完成了气浮台自主接近控制、对漂浮目标的相对位姿测量和抓捕、对合作加注口相对位姿的测量和对接等关键技术。突破了微重力环境下流体传输过程管理和自主控制等关键技术，已完成了在轨加注用板式贮箱、高精度超声波流量计、循环加注泵、在轨加注接口装置等关键单机产品的研制工作，初步掌握了卫星在轨加注所涉及的核心技术。

（四）新型卫星控制技术

为适应我国对地遥感、通信导航、星群星座等重大空间任务需求，卫星结构越发复杂，单星的控制精度、稳定度和机动性能要求越来越高，卫星集群的分布式控制能力需求越发迫切。为此，近年来我国发展了一批新型卫星控制技术，主要包括以下 7 个方面。

1. 大跨度细长体的多极化 SAR 卫星控制技术

高分三号是我国首颗多极化 SAR 卫星，具有 4 个子附件，外形近似为 18m×2m×2m 的细长体。针对该卫星载荷成像特点，自主研发了全零多普勒姿态导引算法，解决了超短波 SAR 成像所需的高精度全零多普勒姿态的解算问题。为有效抑制喷气干扰激励的挠性振动，研发了基于频率调制的喷气脉冲算法，解决了不完全展开、支撑架未锁定等大偏心大挠性工况下的姿态机动、轨道机动的控制稳定问题。研发的主轴归一化控制算法解决了大惯量积卫星的三轴姿态严重耦合的控制问题。面对轮子布局的制约，设计的变加速机动控制律有效发挥每个动量轮的机动能力，实现任意 4 轮组合都能有效完成姿态机动任务的目标。针对短时间内多个附件展开、动力学参数变化大的问题，设计了鲁棒控制参数，解决了卫星所有附件展开正常或异常工况下动力学参数大范围变化的稳定控制问题。在星敏感器中采用动态补偿和姿态自适应滤波技术，并结合星敏感器高精度结构热设计与温控技术，实现卫星在轨姿态测量精度优于 0.001 度。设计并研制了挠性模拟器用于大挠性体三轴物理仿真试验，解决了大挠性体卫星控制的地面验证问题。

2. 同步轨道面阵遥感卫星姿态控制技术

高分四号是我国首颗地球同步轨道高分辨率面阵光学成像遥感卫星（图51）。该星采用双星敏感器结合陀螺的组合定姿方式实现了高精度的姿态确定，采用同步轨道第二类无奇点根数的解析预报方法实现了星上自主的轨道确定；采用前馈力矩补偿的复合姿态控制算法实现了高精度高稳定度的姿态控制，采用加权伪逆力矩分配算法实现了大、小力矩飞轮之间力矩的调配，采用角动量自调整算法解决了动量轮的转速因摩擦逐渐降低进而偏离标称转速的问题；采用姿态机动规划技术实现了相机成像期间小角度频繁快速机动和快速稳定控制；采用阳光规避判断及规避机动规划算法解决了午夜前后星上自主规避太阳光线进入相机视场的问题。

图 51　高分四号卫星

3. 卫星高敏捷机动控制技术

高景一号卫星要求具备 30°/20s 的快速机动能力（图52）。为实现这一指标，在控制系统设计中采用了具有高动态特性的控制力矩陀螺与光纤陀螺等关键执行与测量部件，优化了控制力矩陀螺群奇异规避操纵律，设计了高动态高性能控制算法以及快速机动快速稳定平稳切换策略，显著缩短了机动后的稳定时间，使卫星具备了单次过境 60×70km 区域的图像采集能力。卫星采用了小型一体化高精度星敏感器，在轨测试表明，图像无控制点地面定位精度达到 5～8m。

高景一号卫星在控制系统设计中遵循系统可靠性与鲁棒性设计理念，在简化配置的前提下充分考虑了部件以及方案对异常状态的冗余与容错能力，为高景一号01组双星在未

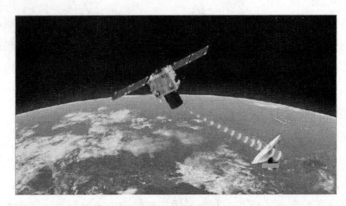

图 52　高景一号卫星

正常入轨情况下顺利完成升轨操作提供了重要保证。

此外，成像路径在轨自主规划、机动中成像控制、宽频高精度姿态确定和空间相对目标的快速指向等关键技术也已突破，正在开展相关型号研制。

4. 具有大型柔性天线的航天器动力学及控制技术

针对卫星大口径柔性天线引起的天线展开前后惯量变化大、天线柔性大、太阳光压大以及天线展开过程复杂等问题，采用实验与仿真相互验证的方法，研制了"动力学软件+物理仿真+星上控制算法"一体的动力学建模和验模系统，解决了卫星天线展开动力学正确性可靠性问题，为卫星的姿轨控系统设计打好了基础，并在发射时准确预示了天线展开过程的姿态运动。利用小增益原理设计卫星鲁棒控制器较好地解决了惯量变化大、天线柔性大条件下的姿轨稳定控制问题。

5. 高轨卫星电推进位置保持和动量轮卸载技术

针对高轨卫星长寿命、高载荷比的需求，开展了电推进轨道保持控制技术和动量轮角动量卸载技术研究。针对不同位保需求，对电推力器的安装约束进行分析，并对布局进行优化。设计高轨电推进南北、东西位置保持控制律和耦合推力分配策略，并对当单台推力器发生故障后的位保推力点火分配方式进行设计。针对利用矢量调节机构实现电推进角动量卸载问题，给出了解析形式的最优位保卸载策略。最终形成电推进位置保持和角动量卸载联合控制算法，完成电推进高精度位保和角动量卸载的方案设计和试验系统的构建。

6. "超精、超稳、超敏捷"平台控制技术

为满足未来极高分辨率对地观测、天文观测等航天任务需求，卫星平台需要具备"超精、超稳、超敏捷"的控制能力。与单纯依靠提升卫星平台能力来实现载荷高性能需求的传统设计理念不同，"三超"平台采用主动指向超静控制方案，通过在星体和载荷之间设计具有振动隔离、扰振抑制和指向调节的主被动一体控制，实现性能指标的跨越式提升；

以载荷为中心，采用光学、控制、结构一体化设计方案，通过粗精分层、快慢结合、主被一体的多级复合控制技术，实现"稳、快、准"矛盾的统一；采用智能挠性作动器技术，利用挠性环节实现宽频振动隔离，通过智能控制实现载荷高精度指向与快速稳定；采用一体式与分布式两种智能挠性作动器布局形式，以满足未来"微、小、中、大"多种类型有效载荷的需求；采用基于操纵律最优的平台构型参数优化方法，解决承载能力、控制精度、冗余容错等技术难题。

7.航天器集群分布式控制技术

针对分布式遥感和测绘、空间在轨服务任务等对编队航天器导航、制导与控制的需求，开展了长基线编队构型精确维持控制技术、集群编队卫星队形重构规划技术、微纳集群智能控制技术等关键技术攻关。

（1）长基线编队构型精确维持控制技术

针对大尺度编队具有"长基线、高精度"的特点，设计了基于加速度计组合接入闭环的长基线编队构形精确维持控制技术。根据严格回归轨道特点和控制任务需求，提出了基于同宿极限环的迭代修正严格回归轨道设计方法，并根据严格回归轨道的"管道控制"精度需求，设计了基于切向对齐算法和相对轨迹特征量的管道导航算法。设计了基于虚拟编队的严格回归控制技术，充分利用自然摄动进行逐次调节，实现管道保持，同时考虑半长轴超调与平面外控制对管道偏差的耦合影响，降低了管道保持频次，增加了有效载荷可使用工作弧段，节省燃料消耗。针对卫星编队和严格回归轨道控制仿真任务的运行时间长、在执行控制期间时间精度要求高的特点，设计了一种地面快速仿真支撑技术，极大提高了编队/轨道仿真试验的运行效率。开展了多星模拟气浮台实验系统条件建设，完善了多星编队飞行控制地面试验系统。

此外，针对分布式遥感和测绘应用，高精度相对导航技术、星上自主编队控制与自主诊断技术、多约束编队初始化规划技术、多脉冲推力器标定技术以及星间安全动态评估等技术均得到了在轨验证，实现了两星间由相距数十千米的跟飞编队到相距百米的近距离绕飞编队切换、星上自主编队控制，编队控制精度达到了分米级。

（2）集群编队卫星队形重构规划技术

基于分布式可重构航天遥感技术，开展了集群编队卫星队形重构规划及控制技术研究，提出了三种典型网络构型灵活重构、五种自组织协同观测模式的遥感体系概念与方法，极大地提高了对地观测的时间分辨率，提高了任务响应的灵活性。

（3）微纳集群智能控制技术

针对微纳集群智能控制问题，开展了微纳智能集群的高效种群拓扑优化技术、多构型变拓扑下的多模式相对测量技术、动态环境下的集群协同行为规划技术等关键技术攻关，完成了数学仿真验证，初步设计地面验证的相似度建模与评估方法。

（五）运载火箭制导导航与控制技术

长征二号 F 运载火箭于 2016 年 9 月 15 日和 2016 年 10 月 17 日将天宫二号空间实验室和神舟十一号载人飞船发射准确入轨（图 53）。2016 年 6 月 25 日，长征七号运载火箭从海南文昌航天发射场首次发射成功，它是中国载人航天工程为发射货运飞船而全新研制的新一代中型运载火箭（图 54）。2016 年 11 月 3 日，长征五号运载火箭从海南文昌航天发射场首次发射成功，它是为未来天宫空间站、北斗导航系统建设、探月三期工程及深空探测实施研制的新一代大型运载火箭（图 55）。

图 53　长征二号 F　　　　　图 54　长征七号　　　　　图 55　长征五号
　　　运载火箭　　　　　　　　运载火箭　　　　　　　　运载火箭

近年来，运载火箭 GNC 技术重点开展了长时间高精度自主导航技术、迭代制导与轨迹规划技术、载荷控制技术、控制系统冗余和在线故障诊断与重构技术等研究与应用。

1. 长时间高精度自主导航技术

在导航技术方面，我国对长时间精确在轨导航技术、基于深空网及天文导航的复合导航方法进行了一定的研究。上面级起飞前采用了自主对准技术，提高了多元任务发射能力；采用了惯性 / 卫星 / 星光组合导航，实现了长时间高精度自主导航。我国在研发新一代大推力火箭的同时，寻求适合我国国情的先进部分 / 全部可重复使用自主导航。

2. 迭代制导与轨迹规划技术

在制导技术方面，在一次性运载火箭领域，我国经过多年发展，形成了经典的摄动制导理论并不断得到完善，满足了目前绝大部分飞行任务需求。在载人航天任务中，为达到交会对接要求，改进型长征二号 F 运载火箭采用迭代制导技术，实现了迭代制导与在线轨迹规划技术应用。

3.控制系统冗余和在线故障诊断与重构技术

在姿态控制技术方面，经过多年的技术发展，我国现役运载火箭形成了相对比较完备的技术发展路线和技术储备。其中，姿控系统设计和分析方法大多采用经典控制理论，通过校正网络进行刚体、晃动、弹性等的综合稳定。随着新型号和新需求的发展，近几年的姿态控制方法为了确保系统的可靠性和抗故障能力，基本采用了冗余配置的硬件及软件，大幅提高了系统的可靠性。采用助推发动机和芯级发动机联合摇摆控制技术，提高了运载能力。在助推发动机控制能力分配、助推器局部弹性振动抑制等方面取得了长足的进步。针对运载火箭动力系统和伺服系统典型故障，上面级在设计过程中考虑了故障自适应需求，已经实现了在线故障诊断与重构。开展了针对姿控发动机的故障诊断与重构技术研究，同步开展了全四元数姿态控制攻关，以适应更大范围的姿控调姿需求。

4.新型主动卸载控制技术

在目前我国火箭的运载能力普遍较低的情况下，主动卸载控制技术可以有效降低总体结构强度，减少火箭结构质量，大幅提高运载能力。目前我国有一些型号中采用了加表直接反馈控制技术，降低大风区飞行时的攻角和摆角。也有采用火箭上现有的惯性测量装置，实时估算火箭飞行过程中的攻角和侧滑角，进行攻角控制，降低气动载荷。并且随着测量技术的不断发展，采用各类大气测量系统，可以对火箭飞行过程中的攻角、侧滑角等参量进行实时观测或计算，并对攻角和侧滑角进行主动控制，减小大风区的合成攻角，达到降低气动载荷的目的。

三、国内外发展比较

（一）载人航天制导导航与控制技术

我国神舟十一号飞船与天宫二号自动对接形成组合体，天舟一号货运飞船与天宫二号交会对接，并开展了绕飞、快速自主交会对接、推进剂在轨补加等试验，为后续的载人空间站打下坚实基础。在"十三五"末，实现对22t量级空间舱段在轨道系及惯性系的控制，完成验证100t量级空间站在轨控制与组装控制。现有条件可进行自主软着陆近距离GNC的半物理和物理仿真试验，但尚不具备有人参与的软着陆及月面起飞上升交会的GNC验证手段。

国外在空间站等大型组合体的复合控制方面，不同舱段采用不同的敏感器与执行机构进行联合控制，统一调度整个系统的控制部件，实现系统的优化。美国在20世纪60年代实施的"阿波罗计划"已实现了载人的月面软着陆和上升，已掌握定点着陆技术、人控避障技术、航天员参与的月面定位对准技术等关键技术，并计划在10年内建造有人月球基地。2014年美国制定了新载人火星计划，计划2033年将航天员送入火星轨道，2035年左右实现航天员登陆火星。美国"移民石"计划预计2025年实现载人小行星探测，通过仿

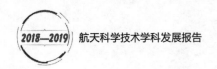

真技术可提前验证未来载人深空探测的关键技术。

国外致力于发展能够自动执行所有交会、接近操作、对接和分离操作，以及 GNC 体系有更高可靠性和更大冗余的新一代载人飞船。交会对接相对测量敏感器实行多重备份，从远到近各有侧重，使用星跟踪器、S 频段无线电测距等新型相对测量敏感器，尤其是 S 频段无线电测距系统相比雷达系统功率更高、质量更轻、成本更低。从交会对接方案上来讲，新一代载人飞船方案继承性强，如"猎户座"和"龙"飞船的远程交会方案继承了"阿波罗"飞船、CST-100 继承了"轨道快车"、俄罗斯新飞船"罗斯"继承了"联盟"号飞船的相关技术，且近程制导多用 CW 制导，转移时间和中途停泊点因型号不尽相同。对接分为 VBar 对接和 RBar 对接，均设有安全禁飞区。

GNC 技术方面，和国际载人航天强国相比，我国在载人空间站相关操作、载人月面着陆和上升、载人月球往返等标志性技术方面与国外存在差距，需要通过具体工程任务的实施才能掌握技术，填补差距。

（二）深空探测制导导航与控制 GNC 技术

我国嫦娥三号和嫦娥四号实现了月面自主精准避障软着陆，避障精度优于 1.5m，处于国际领先水平；实现的月球着陆精度优于 1km，达到国际先进水平。嫦娥五号飞行试验器的返回器月地返回再入开伞点精度为百米量级，达到国际领先水平，表明我国已全面突破和掌握航天器以接近第二宇宙速度的高速再入返回关键技术。计划 2020 年发射的嫦娥五号将实现月球采样返回，火星探测任务将实现火星环绕、着陆和巡视探测。小行星探测目前处于方案论证阶段，后续将开展采样返回探测任务。

国际上，已完成了大天体（火星、金星等）的环绕／飞越／着陆／巡视探测、小天体（小行星、彗星等）的飞越／撞击／附着／采样返回探测等任务，规划了大天体的采样返回等探测任务。月球探测着陆精度为 1km 量级，火星探测着陆精度为 10km 量级，小天体探测目前更多的是保证附着安全，还无附着精度可言。

GNC 技术方面，和国际深空探测强国近 50 年陆续完成的多项深空探测任务相比，我国的深空探测还需要在高效率的深空探测轨道设计技术、空间自主导航技术、小天体智能附着技术、核电能源与推进技术等方面开展研发，通过深空探测任务的合理规划和工程实践验证掌握上述技术。

（三）在轨服务制导导航与控制技术

我国开展了对非合作目标卫星的目标捕获和相对测量，以及接近、自然绕飞、强迫绕飞、视线逼近、星下点悬停等空间操作任务的研究与试验工作。空间站机械臂正处于研制阶段。国外已掌握空间中近距离合作目标的自主交会对接技术，开展了非合作目标捕获、识别、跟踪、接近和交会对接技术应用研究与飞行演示验证（美国 XSS-10，2003）；基本掌握低轨目标的绕飞观察、自主接近、燃料加注、部件更换技术。国际空间站上的机器人系统已进行多次在轨服务作业试验，验证了众多关键技术。

在试验验证方面，日本和美国采用吊丝悬吊配重方式建立了空间机械臂微重力仿真系统。在此基础上，美国采用大理石台和气浮台支撑方式实现了漂浮基座的空间机械臂操作全物理仿真验证；德国宇航局 DLR 和欧洲航天局 ESA 联合研制了 EPOS 系列，利用两个 6 自由度工业机器人实现了空间机械臂操作和对接过程的动力学与 GNC 地面半物理仿真试验。

对照国际上已掌握的和正在研发的在轨服务 GNC 技术，我国的空间站机械臂、操作技术以及物理仿真试验技术还在研制阶段，其他航天器在轨服务还处于试验阶段，总体上我国的在轨服务技术离任务级实用化技术还有待在轨验证。

（四）卫星控制技术

我国低轨商业遥感卫星姿态机动能力 30°/20s，姿态稳定度优于 2×10^{-4}°/s，姿态测量精度达到角秒级大型天线的建模验模技术、姿态控制技术、角动量管理等多方面关键技术已经达到了工程需求，目前在研卫星的附件口径最大为 26m。北斗三号卫星具备自主运行与业务能力，定位精度将实现水平优于 4m，高程优于 6m。北斗导航系统定位精度 10m，测速精度 0.2m/s，授时精度 10ns。

国外 GeoEye-1 等商用卫星已实现了卫星平台亚角秒级姿态测量，空间天文望远镜（HST）已实现了载荷对天体指向的毫角秒级测量及控制。光学成像侦察卫星（KH-12）地面分辨率优于 0.1m，且具有姿态与轨道快速机动能力；低轨商业遥感卫星姿态机动角速率达 5°/s、机动稳定度优于 8.33×10^{-5}°/s，其中 Pleiades 卫星载荷指向机动能力达 10°/10s、60°/25s；在通信卫星方面，已具备对带有 100m 环形天线口径的超大型空间结构体的控制能力。微小卫星组网/编队控制已实现了 1mrad 星间指向控制；TPF 编队要求编队相对位置和相对位置变化率控制精度为 2cm 和 0.05cm/s；已初步具备星座组网协同观测、成像及通信能力。美国在研的大型空间望远镜 JWST 采用了将扰振源、结构、热、控制、光学等因素考虑在内的多学科一体化仿真技术。美国 JPL 实验室建设了基于气浮台的编队控制物理仿真试验台，马歇尔空间飞行中心飞行机器人实验室建设了用于编队飞行和交会对接的六自由度相对运动控制物理仿真试验台。

卫星姿态保持的精与稳，姿态机动的快、准、稳，与卫星控制系统的敏感器、执行机构密切相关，与控制器、控制方法及卫星动力学模型的掌握程度也密切相关。实践表明，控制系统与整星结构及附件的一体化设计，对高精度的卫星姿态控制系统设计是必需的。相对国际航天强国的卫星控制技术，我国需要在上述多方面开展持续的研发，并针对恰当的卫星项目，适时推出和应用新技术，完成新技术的工程验证。

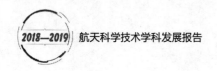

（五）运载火箭制导导航与控制技术

我国长征五号、长征七号等运载火箭具备发射近地轨道、太阳同步轨道、地球同步转移轨道等多种轨道有效载荷的运载能力，入轨精度达到国际先进水平。从隐式制导到显式制导，迭代制导技术成功应用，突破了神舟飞船入轨精度小于 20m，实现了运载火箭转移入轨向直接入轨控制技术的跨越；长时间在轨导航技术成功应用，实现了运载火箭向太空摆渡车的模式转变，确保了运载器的准确入轨能力和多任务适应能力。

国外运载火箭 GNC 系统的可靠性、任务适应性和智能化水平在不断提高。国外土星 5、阿里安 5、航天飞机、猎鹰 9 等运载器多采用鲁棒能力强的制导方案。土星 5 载人运载火箭最早采用路线自适应制导方法，使飞行器在大干扰条件下仍沿最佳路线定向和稳定，提高飞行成功率；阿里安 5 运载火箭在固体助推器分离前采用摄动制导，助推器分离后则采用自适应制导；而美国 SpaceX 公司的猎鹰 9 运载火箭采用了与航天飞机类似的制导方案，在大气层外能够根据实时状态信息生成制导指令，在发射"龙"飞船和 OG2 通信卫星的任务中，一台一子级发动机出现异常，猎鹰 9 火箭利用其可重构制导控制系统完成了主要任务，体现了良好的故障适应能力。美国新一代重型运载火箭（SLS 火箭）在第一代闭环最优制导方法和第二代动力显示制导方法的基础上，已经开始研究多目标优化制导方法，该方法具有"可满足定时、定姿、定点入轨等终端约束"和"可靠性和运算速度满足在线使用要求"的优点，载货任务将力争进入预定轨道，直至燃料耗尽，载人任务将自主决策进入安全轨道，针对高可靠稳定性和高飞行性能需求，根据控制品质在线调整增益，扩展了 SLS 火箭对典型故障和飞行异常的适应性。

国外运载已大量采用人工智能、移动式控制、自动测试等技术，可实现任意地点采用便携式计算机方便地检查和控制火箭发射。美国先后发展了四代测试系统，不断提高快速性和通用性，日本 H-2A 火箭采用一体化测发控模式，实现箭上单机自主测试、远程异地测试数据的自动判读。Epsilon 火箭具有智能控制系统，可在射前对箭上各系统的状态进行自主监控、故障诊断，并实施故障隔离及恢复。

与国外运载火箭相比，我国运载火箭对故障应对能力、对环境载荷不确定性的适应能力、重复使用火箭回收制导控制能力、发射经济成本控制能力等方面亟须进一步加强。

四、发展方向与展望

（一）载人航天制导导航与控制技术

发展千米级大型组合体航天器平台控制技术，开展近地空间及深空环境下的大型组合体控制技术研究，具备在不同参考坐标系下进行大型组合体控制的能力。突破月面自主上升与交会对接一体化 GNC 技术、最优轨迹规划技术、具有较强鲁棒性和灵活性的高速再入制导技术以及应急再入技术等关键技术，为载人登月奠定基础。

（二）深空探测制导导航与控制技术

突破深空探测器自主 GNC 共性关键技术，实现由月球探测到行星际探测的技术跨越，具备行星际自主 GNC 技术能力。实现 100m 的地外天体定点着陆精度。重点突破太阳系内天体的定点取样返回任务所需要的关键 GNC 技术。

（三）在轨服务制导导航与控制技术

重点突破在轨服务操控技术，进一步发展空间机械臂精细化智能自主操作相关技术，具备智能感知、自主轨迹规划、自主避障、自主目标抓取、部件更换、在轨加注等高精度智能自主操作能力。

（四）卫星控制技术

发展亚角秒级高精度指向平台控制技术、$10^{-5\circ}$/s 超静遥感及空间科学平台控制技术和全向高敏捷机动平台控制技术等关键技术。实现超大挠性体的振动抑制与形状控制，实现高轨卫星的电推进自主控制。建成覆盖全球的卫星导航系统，实现毫米级的相对位置精度、角秒级的相对指向精度。建立多航天器任务设计及体系框架，实现航天器集群分布式智能控制。

（五）运载火箭制导导航与控制技术

面向运载火箭先进控制系统技术发展需要，以"智能自主、重复使用、快速高效"为目标，实现运载火箭飞行智能控制、天地往返重复使用、智能快速测发控的工程应用，突破智能感知、智能规划与决策，运载器子级、组合体可控回收，智能测发控等关键技术项目。完成相应飞行试验，形成标准化、模块化、智能化的高性能控制系统，大幅提高复杂运载器的快速测试发射能力。提质增效，全面降低发射成本，全面提升发射效率，全面保证发射可靠性，打造国际一流的运载火箭控制系统。

参考文献

［1］杨保华. 航天器制导、导航与控制［M］. 北京：中国科学技术出版社，2010.
［2］解永春，陈长青，刘涛，等. 航天器交会对接制导导航控制原理和方法［M］. 北京：国防工业出版社，2018.
［3］Y. C. Xie, H. Huang, Y. Hu, et al. Applications of advanced control methods in spacecrafts：progress，challenges，and future prospects［J］. Front Inform Technol Electron Eng, 2016, 17（9）：841-861.

［4］武江凯，白明生，张柏楠.美国"移民石"计划最新进展［J］.国际太空，2013（7）：37-44.

［5］孙泽洲，孟林智.中国深空探测现状及持续发展趋势［J］.南京航空航天大学学报，2015，47（6）：785-791.

［6］胡绍林，李晔，陈晓红.航天器在轨服务技术体系解析［J］.载人航天，2016，22（4）：452-458.

［7］郭筱曦.国外载人航天在轨服务技术发展现状和趋势分析［J］.国际太空，2016，451（7）：26-32.

［8］朱仁璋，丛云天，王鸿芳，等.全球高分光学星概述（一）：美国和加拿大［J］.航天器工程，2015，24（6）：85-106.

［9］朱仁璋，丛云天，王鸿芳，等.全球高分光学星概述（二）：欧洲［J］.航天器工程，2016，25（1）：95-118.

［10］朱仁璋，丛云天，王鸿芳，等.全球高分光学星概述（三）：亚洲与俄罗斯［J］.航天器工程，2016，25（2）：70-96.

［11］黄翔宇，张洪华，王大轶，等.嫦娥三号探测器软着陆自主导航与制导技术［J］.深空探测学报，2014，1（1）：52-59.

［12］吴宏鑫，胡军，解永春.航天器智能自主控制研究的回顾与展望［J］.空间控制技术与应用，2016，42（1）：1-6.

［13］何英姿，魏春岭，汤亮.空间操作控制技术研究现状及发展趋势［J］.空间控制技术与应用，2014，40（1）：1-8.

［14］张洪华，关轶峰，黄翔宇，等.嫦娥三号着陆器动力下降的制导导航与控制［J］.中国科学：技术科学，2014，44（4）：377-384.

［15］张洪华，梁俊，黄翔宇，等.嫦娥三号自主避障软着陆控制技术［J］.中国科学：技术科学，2014，44（6）：559-568.

［16］胡军，张钊.载人登月飞行器高速返回再入制导技术研究［J］.控制理论与应用，2014，31（12）：1678-1685.

［17］J. Gong, M. F. Yang. Evolutionary Fault Tolerance Method based on Virtual Reconfigurable Circuit with Neural Network Architecture［J］. IEEE Transactions on Evolutionary Computation，2018，22（6）：949-960.

［18］Y. Xie, J. Hu, H. Hu, et al. Characteristic model based golden section phase plane adaptive control method and its application in Rendezvous and Docking［J］. In proceedings of the International Astronautical Congress, IAC，4971-4978，2014.

［19］向尚，陈盈果，李国梁，等.卫星自主与协同任务调度规划综述［J］.自动化学报，2019，45（2）：252-264.

［20］吕新广，宋征宇.载人运载火箭迭代制导方法应用研究［J］.载人航天，2009（1）：9-14.

［21］高朝辉，张普卓，刘宇，等.垂直返回重复使用运载火箭技术分析［J］.宇航学报，2016，（2）：145-152.

［22］吕新广，宋征宇，巩庆海.运载火箭轨迹预测制导方法研究［J］.载人航天，2013（6）：20-24.

［23］杨勇，王小军，唐一华，等.重复使用运载器发展趋势及特点［J］.导弹与航天运载技术，2002（5）：15-19.

［24］康建斌，谢泽兵，郑宏涛，等.火箭子级垂直返回海上平台制导、导航和控制技术研究［J］.导弹与航天运载技术，2016（6）：32-35.

撰稿人：解永春　姜甜甜　胡少春　张惠平

审稿人：李小龙　李英波　胡　军

大事记

2013 年 12 月 14 日，嫦娥三号实现月面自主精准避障软着陆；15 日完成着陆器巡视器分离，进行月球表面移动巡视探测。

2014 年 10 月 28 日，安塔瑞斯货运火箭发射起飞时爆炸。

2014 年 10 月 31 日，维珍银河公司的太空船二号火箭动力飞机试飞时失事，两名试飞员一死一伤。

2014 年 11 月 1 日，嫦娥五号飞行试验器在预定区域顺利着陆。

2014 年 11 月 12 日，"罗塞塔"探测器成功释放着陆器菲莱，并成功降落在彗星表面。

2014 年 12 月 5 日，"猎户座"飞船完美首次试飞成功。

2015 年 1 月 10 日，SpaceX 公司成功实施一级火箭回收。

2015 年 9 月 20 日，长征六号运载火箭"一箭 20 星"首飞成功。

2015 年 12 月 29 日，我国 50m 分辨率地球同步轨道光学卫星高分四号顺利入轨。

2016 年 5 月，美国"好奇号"火星探测器上注智能软件 AEGIS，使目标探测准确率由 24% 提升到 93%。

2016 年 6 月 25 日，长征七号运载火箭从海南文昌航天发射场首次发射成功。

2016 年 8 月 16 日，全球首颗量子科学实验卫星墨子号发射成功。

2016 年 9 月 15 日，天宫二号空间实验室用长征二号 F/T2 运载火箭发射准确入轨。

2016 年 11 月 3 日，长征五号运载火箭从海南文昌航天发射场首次发射成功。

2016 年 10 月 17 日，神舟十一号载人飞船用长征二号 F/Y11 运载火箭发射准确入轨。

2016 年 10 月 19 日，神舟十一号与天宫二号成功自主交会对接。

2016 年 11 月 18 日，神舟十一号返回舱安全着陆。

2016 年 12 月 11 日，风云四号静止轨道气象卫星首飞成功，标志着中国静止轨道气象卫星观测系统实现了更新换代。

2017 年 7 月 2 日，长征五号遥二火箭发射失利。

2017 年 9 月 12 日，天舟一号与天宫二号成功完成首次自主快速交会对接试验。

2017 年 11 月 5 日，中国第三代导航卫星顺利升空，标志着中国正式开始建造北斗全球卫星导航系统。

2018 年 2 月 15 日，印度一箭 104 星发射成功。

2018 年 6 月 15 日，嫦娥四号中继星入轨，成为世界首颗顺利进入地月拉格朗日 L2 点 Halo 使命轨道的卫星。

2018 年 8 月 25 日，长征三号乙运载火箭以"一箭双星"方式成功发射第 35、第 36 颗北斗导航卫星。

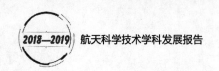

2018 年 11 与 26 日,"洞察号"火星无人着陆探测器成功登陆火星。

2018 年 12 月 29 日,全球低轨卫星移动通信与空间互联网系统("鸿雁"星座)首发星发射成功,标志着该系统的建设全面启动。

2019 年 1 月 3 日,嫦娥四号着陆器成功着陆在月球背面的预选着陆区,实现人类首次月背软着陆。

2019 年 2 月 14 日,美国 NASA 宣布"机遇号"任务结束。

2019 年 2 月 22 日,日本"隼鸟 2 号"探测器成功着陆小行星"龙宫"。

2019 年 5 月 17 日,长征三号丙运载火箭,成功发射了第 45 颗北斗导航卫星。

航天推进专业发展报告

一、引言

航天推进，一般是指航天器进出空间、轨道转移、空间探测的动力系统。按照工作介质的不同，主要包括液体火箭发动机、固体火箭发动机，随着空天融合及空间探测步伐加快，组合循环发动机、特种推进也成为研究热点。

液体火箭发动机、固体火箭发动机不需要外界工质，利用自带的推进剂（包括燃料和氧化剂）燃烧产生推力。其中，液体火箭发动机具有可靠性高、工作时间长、推力大、工况可调节、多次起动等特点，广泛应用于运载火箭动力、上面级动力、卫星推进、空间飞行器动力，也用于战略导弹主动力和姿轨控动力。固体火箭发动机具有结构简单、可靠性高、可长期贮存的特点，主要用于弹道导弹的主动力，也可作为运载火箭主动力、助推动力等。组合循环发动机是火箭发动机、航空发动机、冲压发动机等动力模式的有机融合，可用于未来天地往返运输系统、临近空间飞行器。特种推进，包括电推进、核热/核电推进、绳系推进和太阳帆、电磁帆推进等，目前电推进已应用于卫星、探测器、空间站等航天器的轨道保持、姿态控制、轨道转移等。

二、近五年的主要进展

（一）液体火箭发动机

主要包括现役运载火箭常温推进剂发动机、新一代火箭四型发动机、重型运载火箭大推力液氧煤油发动机、液氧液氢发动机以及上面级发动机。

现役运载火箭（CZ-2C/D/F、CZ-3A/B/C、CZ-4B/C）常温推进剂发动机，主要用于载人航天、月球探测等国家重大工程和卫星发射，在总体应用的牵引下，其设计技术、制造工艺技术得到了改进与完善，发动机高密度发射和可靠性保障能力不断提高。

新一代火箭四型发动机，是指我国从 2000 年陆续开始研制的 1200kN 液氧煤油发动机（图 56）、180kN 液氧煤油发动机（图 57）、500kN 液氧液氢发动机（图 58）和 90kN 液氧液氢发动机（图 59）等。这些发动机技术先进、无毒无污染、性能高，但系统复杂、研制难度大，主要指标达到国际先进水平。从 2015 年 9 月开始，四型发动机陆续推举 CZ-6、CZ-7、CZ-5 首飞，建立了小型、中型、大型新一代运载火箭型谱，在提高我国运载能力的同时，也实现了我国航天液体火箭发动机从有毒到无毒、小推力到大推力、开式到闭式循环的代的跨越。

图 56　1200kN 液氧煤油发动机

图 57　180kN 液氧煤油发动机

图 58　500kN 液氧液氢发动机

图 59　90kN 液氧液氢发动机

我国重型运载 4800kN（地面推力）液氧煤油发动机（图 60）和 2200kN（真空推力）液氧液氢发动机（图 61）完成了方案论证和关键技术攻关的主要工作。2019 年 3 月，完成了 4800kN 液氧煤油发动机第三次发生器——涡轮泵联动试验，标志着重型发动机研制达到第一个里程碑。

图 60　4800kN 液氧煤油发动机　　　　图 61　2200kN 液氧液氢发动机

瞄准未来航天发展，我国开展了可重复使用火箭发动机技术研究，实现了新一代运载火箭液氧煤油发动机和液氧液氢发动机多次不下台试车；我国同步开展了液氧甲烷发动机研制，进行了相关组件研制和地面整机试车。同时，围绕运载火箭任务拓展，研制了 20kN 液氧煤油上面级发动机、250kN 液氧液氢上面级发动机，均采用性能先进的闭式循环方案，达到国际先进水平。

随着建设航天强国步伐的加快，我国空间推进技术发展迅速，形成了从 1N 到 600N 单组元发动机和 2N 到 7500N 双组元发动机共 70 多个推力品种，其中，第一代、第二代 490N 发动机实现工程应用，第三代 490N 发动机（图 62）完成了工程研制，达到国际一流水平。高性能 7500N 变推力空间发动机（图 63）实现了嫦娥三号、嫦娥四号月面软着陆，为火星探测提供动力支撑。

（二）固体火箭发动机

"十三五"以来，我国运载固体发动机发展迅速，

图 62　490N 发动机　　　　图 63　7500N 变推力空间发动机

多项关键技术得以突破，推动了固体运载火箭和捆绑固体运载火箭技术发展。在整体式固体发动机方面，2015 年 9 月 25 日，CZ-11 火箭成功首飞，我国首型 1200kN 大推力固体火箭发动机（图 64）实现了工程应用，该发动机直径 2m、装药量 35t、平均推力 1200kN。CZ-11 火箭拓展型 I 级发动机已启动了演示验证工作，发动机直径 2.6m，装药量 71t，工作时间 90s，平均推力 2000kN，已经完成了大直径纤维壳体、大型全轴摆动喷管等单向研究。

在分段式固体发动机方面，2015 年 4 月 15 日，我国完成了直径 2m/2 分段固体发动机地面试验（图 65），其装药量 58.4t、工作时间 115s、推力 1200kN，突破了分段式固体发动机总体设计技术、直径 2m 级金属壳体分段连接与密封技术、燃烧室分段绝热与对接技术，为我国新一代固体捆绑运载火箭 CZ-6A 的研制提供了关键技术支撑。2016 年 8 月 2 日，以重型运载火箭固体助推器为背景，我国首台直径 3m/2 分段固体助推发动机地面试车取得了成功，实测平均推力 1502kN、工作时间 100.4s，验证了 3m 级分段式固体发动机设计与工艺方法的正确性、关键技术的突破成果。

图 64　大推力固体火箭发动机　　　　图 65　分段固体火箭发动机

（三）组合循环发动机

在航天推进领域，我国组合循环发动机研究重点是火箭冲压组合循环发动机、复合预冷发动机等。近年来取得了重大的技术突破，达到国际先进水平。

火箭冲压组合循环发动机（图 66）完成了原理样机的研制和马赫数 2-7 地面试验验证，计划 2019 年前后开展马赫数 4-7、飞行高度 15～50km 飞行演示。

复合预冷发动机完成了系统方案优化、参数匹配、预冷器研究及验证、空气压气机论证、氦循环系统研究等工作，部分技术接近国外先进水平，具备进行中等尺度预冷发动机样机的基本条件。

同时，开展了空气涡轮火箭发动机（ATR，图 67）、涡轮辅助火箭增强冲压发动机（TRRE）等特种组合动力关键技术研究，取得了重大进展。

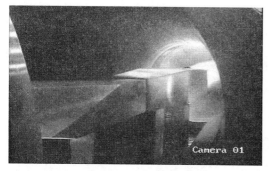

图 66   火箭冲压组合循环发动机

图 67   空气涡轮火箭发动机

（四）特种推进

电推进方面，千瓦级霍尔电推进和氙离子电推进完成多型产品研制和飞行演示验证，处于工程应用的初期阶段。2017 年 40mN 离子电推进系统在实践十三号成功应用（图68）；2018 年完成东方红四号全电推进卫星用 5kW 霍尔和氙离子推进样机研制（图69）。大功率电推进领域，正在开展霍尔、离子、磁等离子体动力学发动机、可变比冲磁等离子体发动机等多类型产品预研。完成 10kW 霍尔推力器和 30kW 磁等离子体发动机样机研制（图70）、50kW 级霍尔推力器设计，实现 100kW 磁等离子体发动机成功点火（图71），性能指标达到国际先进水平。微小功率电推进领域，完成微阴极电弧推进、电喷推进、脉冲等离子体推进等多型产品研制和空间飞行验证。

图 68   氙离子推力器

图 69   霍尔推力器

图 70   磁等离子体发动机

图 71   磁等离子体动力学推力器

核热推进、核电推进正在开展系统方案设计和关键技术研究，完成了110kN核热火箭发动机系统方案设计，以及兆瓦级核电推进系统方案的初步设计。吸气式电推进、无工质绳系、太阳帆等推进技术完成概念研究。其中，空间吸气式推进技术完成地面模拟环境下的验证试验。

三、国内外进展比较

（一）世界航天推进技术主要进展

1. 液体火箭发动机

2015年以来，美国加快了大型液体火箭发动机自主化进程，开展了多款液体火箭发动机的研制，主要包括航天发射系统（SLS）火箭芯一级、二级液体火箭发动机改进研制，SpaceX公司猛禽（Rapor）液氧甲烷全流量补燃循环发动机（图72）、蓝源公司BE-4富氧补燃液氧甲烷发动机（图73）研制。航天发射系统火箭芯一级采用航天飞机主发动机的改进型RS-25D，二级采用J-2X等。新RS-25D真空推力提高了9%，通过减少零件数量、增材制造等手段控制研制成本。猛禽发动机和BE-4发动机是美国联合发射公司新研制的火神火箭的候选动力，目前BE-4发动机已完成多轮整机热试车考核，猛禽发动机已完成首次缩尺热试车，设计推力调整到1700kN。

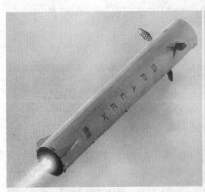

图72　猛禽液氧甲烷发动机　　　　　　　　图73　BE-4液氧甲烷发动机

俄罗斯充分发挥液体火箭发动机方面的巨大技术优势，先后研制了4000kN级的RD-180、2000kN级RD-191高压补燃液氧煤油发动机（图74）；继安加拉1和安加拉5陆续首飞后，俄罗斯提出了联盟5、安加拉重型、新能源号等中、重型火箭方案，组建新的RD-171M、RD-191生产线。开始了低成本的RD-193、RD-181发动机研究，带领欧洲开展了3000kN级液氧甲烷发动机研究。

欧洲阿里安6火箭液体主动力，其芯级动力为火神（Vulcain 2.1）液氧液氢发动机

（图 75），为降低成本采用了增材制造的喷管扩张段、燃气发生器、氧换热器等。2018 年 6 月已进行了第一次试车，计划到 2030 年完成重复使用运载器研制和工程应用，动力采用普罗米修斯液氧甲烷发动机。

图 74　RD-180 高压补燃液氧煤油发动机　　图 75　火神液氧液氢发动机

日本 H-3 火箭液体主动力，其芯级动力为 LE-9 液氧液氢发动机，推力量级为 1500kN 级，采用开式膨胀循环方式，结构简单、成本低廉、使用安全，目前已完成首次整机热试车考核。

2. 固体火箭发动机

2015 年以来，面向"增大推力、提升性能、降低成本、提高可靠性"，国外持续引领运载固体动力技术发展。大型整体固体发动机具有大推力和高性能的特点，主要用作固体运载火箭基础级。欧洲继研发 P80 发动机之后，为进一步提升火箭运载能力，降低发动机成本，研制了 P120C 固体火箭发动机（图 76），用于织女星 C 火箭 I 级动力，也用于阿里安 6 火箭助推动力。发动机直径 3.4m，总长 11.7m，装药量 143.6t，工作时间 132.8s，真空平均推力 3010kN，质量比 0.928，这是当前世界上研制的最大的整体式固体发动机。

大型固体助推器充分发挥了固体发动机易实现大推力的特点，在美国、欧洲、日本、印度等国家和地区得到了广泛应用。美国 SLS 火箭 I 期构型仍采用大推力固体发动机作为助推器，其可重复使用固体火箭发动机（图 77），运载器（RSRMV）固体助推器已于 2015 年 3 月 11 日完成地面试验，该固体助推器采用 D6AC 高强度钢壳体，HTPB 丁羟推进剂，全轴摆动柔性喷管，通过使用无石棉绝热层材料，减轻了质量并节省了成本。RSRMV 固体助推器直径 3.71m，总长 47.45m，分 5 段，装药量 647t，真空推力达到 13110kN。

ATK 公司近三年来一直在研制大型分段纤维壳体发动机，以形成高性能低成本的固体运载火箭，该火箭已正式命名为"欧米伽"（Omega），用于同太空探索公司和航天发射联盟公司争夺美国军方的最敏感和最贵重的有效载荷的资质。火箭存在中型和重型两种构

图 76　P120C 固体火箭发动机

图 77　可重复使用固体火箭发动机

型，中型版火箭芯一级为 Castor-600 固体发动机，芯二级为 Castor-300 发动机，芯三级为 BE-3U 液氧液氢发动机；重型版火箭将 Castor-600 发动机替代为 Castor-1200 发动机。此外，该火箭还可以捆绑 6 个 ATK 公司为联合发射联盟（ULA）公司的"火神"和"宇宙神 5"两型火箭设计直径为 1.6m 的固体助推器，火箭计划于 2020 年左右发射。

Castor-1200 发动机直径 3.71m，长 38.4m，分为 4 段，装药量 500t，总重 544t，预计真空推力将达到 10400kN 左右。该发动机采用的分段式纤维壳体采用 IM-7 纤维湿法缠绕成型，是继大力神 4 火箭改进型捆绑固体火箭发动机（SRMU）分段纤维壳体后的全面提升，较分段钢壳体加工工时缩减了 46%，可大幅度降低成本和提升火箭运载能力。分段式纤维壳体是空军投资给 ATK 公司初期经费的研制重点，目前美国空军和 ATK 公司已经为该项目投资了 2 亿美元，2016 年 5 月成功完成了首次静态点火测试，工作时间 122s。

3. 组合循环发动机

2015 年以来，美国开展了面向多种应用的高马赫数火箭冲压组合循环发动机技术验证，总体应用主要瞄准两级入轨（TSTO）飞行器的一级动力。NASA 专门成立了涡轮基组合循环 / 革新性涡轮加速器（TBCC/RTA）计划，RTA 计划以格林研究中心牵头，兰利研究中心、马歇尔航天飞行中心等参与其中。同期日本、俄罗斯、德国、印度等国也开展了火箭冲压组合循环发动机理论研究和试验研究工作。

复合预冷组合循环发动机是当前各国的研究热点，包括日本的 ATREX、PCTJ 和英国的 SABRE、SCIMITAR。其中英国 SABRE 方案得到各国的认可，其特点是创造性地引入第三流体氦循环系统，提高了发动机系统方案的工程可行性和系统综合性能。SABRE 已经通过了欧洲航天局、NASA 的评估，获得了空军研究实验室（AFRL）、英国航空航天（BAE）公司、波音公司和罗罗公司等国际知名机构和企业的认可，给予项目支持。其预冷器、空气压气机、换热器、膨胀偏转喷管等关键技术均已突破。

4. 特种推进系统

2015 年以来，千瓦级电推进已成为美国、俄罗斯、欧洲航天局等地球同步轨道卫星的标准配置，广泛应用于各类卫星平台、深空探测飞行器、空间机动飞行器轨道保持、机动变轨和星际航行等任务。同时美国大规模发展高功率、高比冲、大推力电推力器，同步进行改进型氙离子推力器（NEXT）、核电氙离子系统（NEXIS，图 78）和高功率电推进（HiPEP）研究计划，后两个计划研发的推力器拟用于核电推进。美国、俄罗斯、印度等国也已开展高功率霍尔推力器的试验研究，研制的可变比冲磁等离子体发动机（图 79）最高功率接近 200kW。法国斯耐克玛公司和法国国家科学研究中心（CNRS）开展了 20kW 霍尔推力器的制造和测试，最大推力 1050mN，是现有产品模块 PPS1350 功率的 14 倍。俄罗斯、日本、澳大利亚等国家也在积极开展高功率电推进技术研究。大推力、高比冲、长寿命电推进系统是未来无人、载人深空探测器的主要发展方向。

美国提出了以重返月球和深空探测为重点的"航天发展倡议"，开展核热火箭发动机技术研究。俄罗斯航天局 2016 年制订的十年发展规划中，进一步明确了空间核动力装置研制计划，包括核涡喷、核涡扇、核冲压和核火箭发动机。同时，美国和俄罗斯正在开展兆瓦级核电推进方案设计，正在加紧开展小型空间核电源、大功率电推力器关键技术研究。

美国、欧洲航天局、日本等开展了绳系推进、空间吸气式电推进、太阳帆、电磁帆等新型特种推进技术研究。绳系推进、太阳帆、电磁帆开展了样机研制和飞行演示验证。空间吸气式电推进完成地面原理样机点火和性能测试。

（二）国内外主要差距

我国航天动力技术近年来成绩显著，体系完整，支撑和巩固了我国航天大国地位，推动我国向航天强国迈进。但是从发展历程看，我国航天动力技术起步较晚、研制型号少、产品升级相对缓慢，部分技术指标和国外先进水平存在一定差距。

主动力方面，美国和俄罗斯研制了数十种百吨级以上液体主发动机，拥有了品种齐全的液体火箭主发动机和系列化的固体火箭主发动机产品系列。特别值得注意的是，当前美

图 78　核电氙离子系统（NEXIS）　　图 79　可变比冲磁等离子体发动机

国宇宙神 5、德尔塔 4、阿里安 5 等现役火箭已服役十年以上，国外围绕下一代火箭开发启动了新一轮主动力研发工作，如美国的 2000kN 级 AR-1 液氧煤油发动机和 BE-4 液氧甲烷发动机、欧洲 1000kN 级液氧液氢 Vulcain-X 发动机和日本的 1500kN 级 LE-9 液氧液氢发动机。我国研制了 4 型无毒无污染液体火箭发动机，正在开展重型大推力发动机的研发，我国推进技术与世界先进国家的差距逐步缩小。

运载火箭主动力方面，主要表现为我国发动机推力量级偏小。CZ-5 助推级液氧煤油发动机 YF-100 推力量级为 1200kN，是俄罗斯 RD-180 的 1/3；CZ-5 芯级氢氧发动机 YF-77 推力量级为 500kN，是欧洲 Vulcain 2 和日本 LE-7 的一半。推力量级是决定火箭构型的核心因素。运载火箭主动力推力量级过小会使导致火箭构型复杂程度提高，影响火箭的可靠性。我国将用十年左右的时间完成重型火箭 4800kN 发动机研制，届时我国将消除发动机推力量级差距，达到国际先进水平。

固体发动机方面，我国军民转化应用少，性能低，应用水平差距明显。我国目前仅有直径 2m 级固体发动机，而国外已经形成直径 1.0m、2.5m、3.2m、3.7m 多个直径系列。从指标看，国外 P80 发动机装药量 88t、质量比达 0.93 以上，我国最大装药量 35t 的大型发动机，质量比仅 0.89，差距明显。国外全固体运载火箭 700km 太阳同步轨道运载能力从几十千克到 1.5t 全程覆盖，多型火箭已经服役，我国只有正在全新研制的几型固体运载火箭，最大运载能力仅为 350kg，应用差距明显。此外，延伸喷管、分段纤维壳体、装药快速卸载等关键技术在国外已有型号应用，我国还处于预研阶段。

上面级发动机方面，主要表现为比冲性能低。我国目前型号应用上面级动力以常规发动机 YF-40A、YF-50 系列和液氧液氢发动机 YF-75 为主。美国以膨胀循环液氧液氢发动机为主和俄罗斯以补燃循环液氧煤油发动机为主实现了上面级高性能、通用化，以 RL-10B 为代表的液氧液氢发动机比冲达到 465s，以 RD-58S 为代表的液氧煤油发动机比冲达到 360s。我国将用十年左右时间完成 250kN 液氧液氢膨胀循环发动机、20kN 液氧煤油高压补燃发动机研制，弥补了我国上面级动力长期在轨能力低、多次起动能力不足、总体性能偏低等短板，达到国际先进水平。

空间推进方面，化学推进比冲低，电推进工程化应用水平低。国外在用三代 490N 发动机比冲为 330s，正在研制 335s 高性能发动机，开展比冲达到 360s 的相关工作。我国比冲为 315s 的二代 490N 发动机已实现工程应用，比冲为 323s 的第三代 490N 发动机已完成工程研制。我国将用十年左右时间在空间推进方面全面达到国际先进水平，支撑我国长期在轨和深空探测任务需求。

特种推进方面，国外电推进已经实现了系列化、多模式和高性能，形成了货架产品和全电推进系统，在近地、同步轨道卫星和深空探测广泛应用；我国电推进在多个卫星平台上得到演示验证，刚刚进入工程应用阶段。国外在核热 / 核电推进、绳系推进、太阳 / 电磁帆，以及空间吸气式电推进等领域大多完成了样机研制和空间飞行验证。而我国在在核热／核电发动机、太阳／电磁帆、绳系推进、吸气式电推进等新概念推进技术处于原理探索阶段。

四、发展方向与展望

（一）液体火箭发动机

航天液体主发动机方面，21 世纪以来世界发展的主要方向是高性能、无毒环保、可重复使用，推进剂组合涵盖液氧煤油、液氧液氢和液氧甲烷。近年来，可重复使用液体火箭发动机的发展势头迅猛。上面级主动力方面，随着运载火箭性能要求的提高和多星部署的任务越来越普遍，其主要的发展趋势是多用途、高性能、长期在轨和多次起动。长期在轨平台、深空探测、星际航行和空间在轨服务给空间姿轨控动力提出了更高要求，主要是高性能、大变比、长寿命和无毒化。

针对与世界先进水平的差距和我国未来航天事业的发展需求，我国航天液体动力主要提升发动机性能，增强任务适应能力，具备可重复能力。提升 1200kN 液氧煤油发动机性能，重点开展稳定燃烧、新材料、新工艺研究，提高新一代运载火箭动力的推质比、比冲和火箭运载能力；突破重型大推力火箭发动机关键技术，完成 4800kN 液氧煤油和 2200kN 液氧液氢发动机研制，使我国具备近地轨道 50～130t、月球转移轨道 35t 的航天运输能力；开展具备大范围推力调节、混合比调节能力和故障诊断能力的可重复使用高性能液氧甲烷发动机技术研究和工程研制，完成可重复使用液氧煤油发动机技术演示验证，形成新一代运载火箭、商业航天液氧煤油运载火箭和液氧甲烷运载火箭动力构成的运输格局，实现重复使用技术初步应用和新一代运载火箭备份。

提升上面级发动机在轨适应和多次起动能力，实现常规通用上面级多领域应用，突破 80kN/20kN 液氧煤油高性能、多次起动和变推力上面级发动机技术，具备运载器轨道转移、一箭多星、长期在轨等功能；进一步提升空间轨姿控液体火箭发动机性能、寿命和推力调节能力，发动机比冲达到 330s，寿命达 60000s，推力调节比达 10：1；开展空间无毒推进技术研究，完成单／双组元空间高性能无毒液体发动机研制，实现在空间卫星平台的工程应用。

全面提高原始创新、集成创新和协同创新能力，形成一定的核心技术优势和独立自主的发展实力，运载能力达到世界同等水平，重复使用技术具备应用条件，液体动力运载能力、可靠性、成本等具备竞争优势，部分领域引领技术发展潮流，具备世界一流航天动力产业规模和能力水平。

（二）固体火箭发动机

瞄准火箭提升能力的需求，不断推进新技术研发，推动发动机推力和性能提升。近年来先后突破了大型整体式 / 分段式纤维壳体技术，新型无石棉绝热层技术，自保护柔性接头技术，大型燃烧室连续混合装药技术，整体式发动机真空推力达到 3010kN，质量比达到 0.92 以上，分段式发动机平均推力达到 13110kN。通过火箭模块化设计，加大发动机生产批量，同时改进设计和生产工艺，降低发动机成本，应对重复使用等价格挑战。

充分挖掘直径 2m 固体发动机性能，成为"快响"运载火箭的"中坚动力"。针对 CZ-11 火箭的装备需求和商业发射任务，进一步开展直径 2m 固体发动机性能挖潜，支撑火箭运载能力在现有基础上实现 20% 提升。进一步发展直径 2.6m 级先进整体式固体发动机，大幅度提升发动机性能水平，支撑 CZ-11 商业型火箭实现 1.5t/700km 太阳同步轨道运载能力，超过艾普斯龙火箭并达到织女星火箭技术水平。

加快发展直径 3m 级先进固体发动机，实现能力跃升。瞄准固体运载火箭大型化、低成本的市场需求，加快突破直径 3m 级先进大推力固体发动机技术，实现质量比 0.92 和海平面推力 3000kN 以上的高技术指标。研究成果既可进一步增强固体运载火箭能力，又可以作为捆绑型运载火箭固体助推器，从而实现批量化生产，支撑运载火箭发射成本降低到每千克载荷 1 万美元以下。

稳步推进大型分段式固体发动机推动新一代运载火箭的型谱优化发展。以满足中型、大型、重型运载火箭对大推力固体发动机的需求为目标，兼顾维持固体动力长远健康发展的国家需求，稳步推进关键技术攻关，逐步发展直径 2m、3.5m 两个直径系列，2～5 分段的大型钢壳体发动机，满足运载火箭助推动力技术需求。同步开展新型纤维壳体分段式发动机技术攻关，进一步提升发动机性能并降低成本。研制过程的中间成果也可为新中型运载火箭的能力拓展提供产品。

（三）组合循环发动机

组合循环发动机朝着宽速域、跨领域、多方案并举的技术方向发展，不同组合动力的应用方向和发展重点也不同，具体为：火箭冲压组合循环发动机是航天运输动力系统发展的重要方向，其重点在两级入轨飞行器二级动力和临近空间可重复使用飞行器动力的应用；涡轮火箭组合循环发动机重点研究其作为航天运载器起飞加速动力和飞行马赫数 0.8-3 临近空间巡弋飞行器动力的应用；预冷组合循环发动机是未来单级入轨运载器的理想动力，近期的研究重点是突破高效轻质预冷器、换热器等核心关键技术，并对其循环方案进行优化设计。

（四）特种推进系统

特种推进向着多样化、高比冲方向发展，提高任务适应能力，扩展功率范围，适应不同规模的航天任务，拓展航天应用领域。电推进正从中等功率向着微小功率、（超）大功率方向发展，重点开展以微小功率射频离子、霍尔和离子液体电喷为代表的高性能、小型化、模块化微电推进系统；以可变比冲磁等离子体发动机、磁等离子体动力学发动机和霍尔推力器为代表的高功率、大推力、高比冲、长寿命电磁推进系统；开展空间核热/核电、空间吸气式电推进、太阳帆、电磁帆、绳系推进等新型特种推进技术研究和技术验证。

参考文献

［1］谭永华. 重复使用运输系统动力技术发展与展望［C］. 首届中国空天推进技术论坛，2018，8，哈尔滨，中国．

［2］侯晓. 分段式固体火箭发动机技术［C］. 首届中国空天推进技术论坛，2018，8，哈尔滨，中国．

［3］孙新锋. 高功率等离子体电推进技术研究进展［J］. 真空与低温，2017，23（6）：311–317.

［4］于达仁. 中国电推进技术发展与展望［C］. 首届中国空天推进技术论坛，2018，8，哈尔滨，中国．

［5］张蒙正，南向谊，刘典多. 预冷空气涡轮火箭组合动力系统原理与实现途径［J］. 火箭推进，2016，1（4）：6–12.

［6］周利民，刘中祥. 膨胀循环发动机技术的发展、应用与展望［J］. 火箭推进，2016，1（42）：1–5.

［7］张梦龙，张悦，王宝和. 空间核推进系统综述与展望［J］. 兵器装备工程学报，2018，39（9）：96–100.

［8］Yu. O. Bakhvalov.Prospects on the Development of the Angara Rocket and Space Complex［J］.Journal of Machinery Manufacture and Reliability，2010，39（6）：511–515.

［9］A. S. Korotee，V. N. Akimov. Nuclear rocket motors: development status and application prospects［J］. Atomic Energy，2018，124（4）：244–250.

［10］A LLIOT P，DELANGE J F，EDELINE，el al. The VINCI propulsion system: new steps toward qualification: AIAA–2014–3478［R］. USA：AIAA，2014.

［11］TAN Yonghua，DU Feiping，CHEN Jiahua et al. Study on deep variable thrust system of LOX/Kerosene high pressure staged combustion engine［J］. Journal of Propulsion Technology，2018，39（6）：1201–1209.

［12］MAZOU S，TSIKATAY S，VAUDOLONA J，et al. Development and characterization of a wall–less Hall thruster: AIAA 2014–3513［R］. USA：AIAA 2014.

［13］He Y，Chen Y，Liu D，et al. Research on Solid Rocket/Scramjet Combined Engine［C］. Xiamen: 21st AIAA International Space Planes and Hypersonics Technologies Conference，2017.

［14］ZHANG Tianping.New progress of electric propulsion technology in LIP［J］. Journal of rocket propulsion，2015，41（2）：7–12.

撰稿人：谭永华　张贵田　陈鸿麟　王建设　王拴虎　刘站国
陈祖奎　韩先伟　杨　娟　侯　晓　任全彬　龚晓宏
审稿人：李　轩　余贞勇　李　斌　张贵田

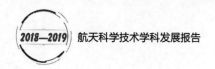

大事记

2015 年 9 月 20 日，CZ-6 火箭成功首飞，一级使用 1200kN 高压补燃液氧煤油发动机、二级使用 180kN 高压补燃液氧煤油发动机。

2016 年 6 月 25 日，CZ-7 火箭成功首飞，一级使用 2 台 1200kN 高压补燃液氧煤油发动机、4 个助推各使用 1 台 1200kN 高压补燃液氧煤油发动机，二级使用 2 台 180kN 高压补燃液氧煤油发动机。

2016 年 6 月 28 日，Orbital ATK 公司在位于犹他州试验厂，成功对其全新的五段式固体火箭推进器（SRB）进行地面静态点火测试，完成了两分钟的点火试验。

2016 年 11 月 3 日，CZ-5 火箭成功首飞，一级使用 2 台 500kN 开式循环液氧液氢发动机、4 个助推各使用 2 台 1200kN 高压补燃液氧煤油发动机，二级使用 2 台 89kN 膨胀循环液氧液氢发动机。

2016 年 8 月 1 日，重型运载火箭 4800kN 液氧煤油发动机首次燃气发生器 - 涡轮泵联动试验取得圆满成功。2018 年 4 月 10 日，第二次联试未成功。2019 年 3 月 24 日，第三次燃气发生器 - 涡轮泵联试取得圆满成功。

2016 年 8 月 2 日，由四院自主研制的我国直径最大、装药量最大、推力最大的固体火箭发动机——民用航天 3 米 2 分段大型固体火箭助推发动机地面热试车圆满成功。

2016 年 9 月 25 日，美国太空探索公司的全流量补燃循环液氧甲烷发动机"猛禽"（Raptor）首次点火试车成功，发动机为 1000kN 推力量级的验证机。

2018 年 1 月 21 日，美国火箭实验室公司"电子"号电动泵火箭发射取得成功，火箭一子级采用完全相同的 9 台"卢瑟福"液氧/煤油发动机，起飞推力为 162kN，峰值推力为 192kN，比冲 303s。火箭二子级采用 1 台真空型"卢瑟福"液氧/煤油发动机，推力为 22kN，其真空比冲为 333s。

2017 年 5 月 27 日，我国首台大推力 1250kN 泵后摆高压补燃液氧煤油发动机首次整机热试车获得圆满成功，中国成为世界上第二个掌握泵后摆核心技术的国家；2018 年 9 月 6 日，完成泵后摆液氧煤油发动机煤基航天煤油长程试验取得圆满成功。充分验证了发动机工作的适应性和工作特性，以及煤基航天煤油长程试验特性。

2017 年 10 月 18 日，美国蓝源公司的液氧甲烷发动机 BE-4 首次点火试车成功，在 50% 推力水平下点火工作 3s，发动机目标推力是 2443kN。

2017 年 10 月 19 日下午，美国宇航局完成 RS-25D 液氧液氢火箭发动机 500s 地面测试，进行了额定推力（RPL）80%~109% 的推力范围的测试，其中额定推力 109% 时测试了 350s，额定推力 100% 时测试了 8s，额定推力 80% 时测试了 78s。

2018 年 7 月，我国新一代中型运载火箭固体助推发动机与伺服系统进行地面联合热试车获得圆满成功。

2018 年 4 月 26 日，我国在酒泉卫星发射中心使用 CZ-11 固体运载火箭，以"一箭五星"的方式，成功将珠海一号五颗卫星准确送入预定轨道。航天科技四院为该型火箭提供了主动力，全部四级主发动机表现完美，全力推举火箭升空。

空间遥感专业发展报告

一、引言

在过去五年，我国在空间遥感领域取得了很大的进展。高分辨率对地观测系统基本建设完成，高分辨率商业遥感蓬勃发展，分辨率优于 0.5m，遥感数据广泛应用于国土资源、环境和海洋等领域。在前沿技术方面，开展了静止轨道超大口径光学系统、器件的规模与探测处理水平、星上智能化信息处理等技术研发，为未来的发展奠定了技术基础。但是，与国外先进水平相比，我们在有效载荷的集成化、智能化方面还存在一定的差距，遥感卫星的应用潜力与效率还有待深入挖掘。本文主要分析了过去五年我国在空间遥感领域取得的成绩以及存在的差距，指明了未来的发展方向和发展重点。

二、近五年的主要进展

（一）国际研究进展

本节将从基础与前沿、研制与应用、学科发展与建设三个层面，系统总结 2014—2019 年国际上航天科学技术领域空间遥感学科的总体研究进展。

1. 国际总体发展态势

近五年，世界航天科学技术领域空间遥感学科总的发展态势和特点如下：

光学技术、微电子、人工智能等技术的发展推动遥感技术不断创新。遥感载荷向高空间分辨率、高时间分辨率、高辐射分辨率、高光谱分辨率以及智能化方向发展。

对地观测遥感产品和体系不断更新和完善。已经形成了高分辨率成像、高光谱探测、激光主动探测以及微波探测系列载荷产品。

遥感市场趋于多元化发展，商业遥感在遥感卫星系统规模和应用领域上获得稳步提升，遥感仪器的专业化、小型化和低成本日益突出，遥感应用更加方便、快捷和多元化。

2. 基础与前沿探索

（1）高分辨率成像技术

近年来，国际上光学遥感卫星正加速升级换代，空间分辨率正在以每十年一个数量级的速度提高，高分辨率、超高分辨率是新一代光学遥感卫星空间分辨率的主流发展趋势。为兼顾高空间分辨率与强覆盖能力，各国都在开展超大口径成像技术的研发，以期在静止轨道实现高分辨率对地观测。美国先后开展了分块可展开成像系统、薄膜衍射成像技术、天基光学合成孔径成像技术以及在轨建造和光学组装技术等，以实现超大口径的对地观测系统。

此外，提高载荷的智能化也成为光学载荷的重要发展方向。美国在2002年前后提出了未来智能对地观测卫星系统的概念（FIEOS）。该系统是基于空间的架构，实现遥感器、数据处理器和通信系统动态在轨集成，为全球各类用户提供实时有效对地观测数据和满足各领域应用需求的智能对地观测系统。目前，已经实现了常规的图像预处理、智能云判、数据智能压缩以及智能目标识别。

智能探测器是实现智能对地观测卫星的重要途径之一。美国国防高级研究计划局（DARPA）于2016年提出"可重构成像"（ReImagine）项目，该项目开发的可重构成像技术将改进相机的传统成像模式，在引入人工智能技术后，使相机可以根据场景自动优化成像模式，获取更多有价值的信息。

（2）光谱探测技术

美国以ITT公司和威斯康星大学为主要研究机构，在傅里叶干涉式红外高光谱大气垂直探测和数值反演方面取得了深入研究，取得了CrIS仪器的两次在轨应用，围绕仪器的性能评估和国际辐射交叉比对也为各国的空间遥感仪器定量化反演提供了极大支撑。

以提高定量化水平到辐射基准级水平作为长期气候观测的基础，美国、欧洲和中国科学家几乎同时提出了空间辐射测量基准卫星的概念。美国推出的超高精度空间辐射测量卫星（即CLAREEO计划）由于经费和研制难度，目前处于停滞状态；英国提出了TRUTH计划，主要是通过太阳反射波段进行载荷溯源技术研究。

（3）激光主动探测技术

在森林植被探测领域，美国航天局在国际空间站进行了激光多波束线性探测体制全球森林观测试验，获取森林垂直分布、密度信息，为地球碳循环的研究提供了更高密度、更高精度的数据。

在高层大气风场测量领域，欧洲航天局发射了全球首颗实验性载荷，首次实现了星载平台对全球高层大气风廓线的直接探测，弥补了传统地基和高空气球等风场测量的区域空白，对全球大气循环、气候变化研究提供了大尺度数据。

在高程测量领域，作为传统线性探测体制的升级，光子量级灵敏度的光子计数测距技术也在空间载荷中得到应用。美国航天局发射了首颗光子计数全球三维测量卫星，实现了

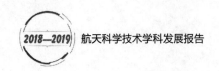

10m 分辨率量级水平的高敏度对地三维高程测量，并具备一定的浅水测量能力，代表了新一代星载激光三维高程测量的发展趋势。

（4）微波遥感技术

1）合成孔径雷达技术。德国宇航中心在高分宽幅合成孔径雷达技术方面开展了研究，利用二维数字波束形成技术取得了 1m/50km 的成果，极大地提升了 SAR 在高分辨率模式下的观测效能。德国宇航中心还在分布式合成孔径雷达技术方面开展了研究，利用双星干涉 SAR 体制取得了优于 2m 测高精度的成果，极大提升了 SAR 在高精度全球测绘方面的应用。

美国宇航局在多频段合成孔径雷达技术方面开展了研究，利用双频共用反射面 SAR 体制取得了双频段 6m/240km 的成果，有效提升了 SAR 在地球科学动态变化的应用。

欧洲航天局在 P 波段合成孔径雷达技术方面开展了研究，利用大口径反射面 SAR 体制取得了优于 20% 的森林生物量测量精度成果，首次将星载 SAR 应用于全球生物量获取。

2）微波散射测量技术。美国宇航局在高分辨率散射测量和风流一体探测方面都开展了研究。在高分辨率散射测量技术方面，采用双频、高分辨率处理技术取得了风速测量范围 2 ~ 50m/s，空间分辨率优于 5km 的成果，极大提升了散射计在近海岸的风场测量能力和高风速的测量能力；在风流一体探测方面，采用了多普勒测量技术探测海面流场分布，实现对海面风场和流场的全球高精度探测。

欧洲航天局在高风速测量方面开展了研究，采用增加交叉极化的方式提高海面高风速探测能力，将风速的探测范围扩展到 2 ~ 50m/s。

3）微波辐射测量技术。美国在对测量海面辐射来反演风场方面开展了研究，利用组合辐射接收机测量得到的 STOCKS 向量获取海洋表面的风矢量信息，首次实现了全极化微波辐射计测量海洋表面风矢量场。

欧洲在二维综合孔径辐射测量技术方面开展了研究，利用小口径的天线阵列实现等效大口径天线的高分辨率的二维辐射量测量，使得星载低频高分辨率测量成为可能。

美国和欧洲在太赫兹辐射测量技术方面开展了研究，利用 200–2.5THz 的测量频率，实现了大气温湿廓线和大气成分探测。

4）雷达高度计技术。在高精度雷达高度计方面，美国 APL 的学者提出了将星下点合成孔径的思想引入传统高度计中，利用多普勒锐化技术提高测量精度和分辨率，理论上的测量精度可比传统高度计提高 1 倍。

在宽刈幅高度计方面，美国宇航局和欧洲航天局进行合作，开展基于双天线干涉技术的宽刈幅测高技术研究。在这项技术中，采用偏离天底点的干涉测量方式，实现的刈幅宽度达到百公里量级，同时实现三维成像。

（5）数据处理和应用技术

遥感应用中人工智能、大数据和云计算等新技术发挥的作用日益凸显，在目标发现、识别、变化检测以及分类聚类中的应用日益普及，支持智能化、自动化、定制化遥感服务，使遥感的应用领域不断拓展和深入。

利用遥感技术进行目标定位和几何参数获取取得很大进展，利用遥感技术获取城市环境等更加复杂的数据并与场景再现技术相互融合，使得遥感技术出现很多新型应用。

利用高光谱、偏振、微光、荧光、激光等新型遥感技术对观测对象物理、化学与生物学指标的探测达到新的高度，以获得观测对象综合、立体观测结果。

利用遥感技术不仅能够挖掘地球各种尺度的变化规律，而且能用于发现未知的，甚至与遥感本身不相关的知识。其中一个典型的应用是美国宇航局用夜光遥感技术发现城市夜光和经济、战争等之间的关系。

3. 技术研究与应用

（1）高分辨率成像载荷

五年来，高分辨率成像载荷蓬勃发展，尤其是商业高分辨率光学载荷发展迅速，国外高分辨率商业卫星的空间分辨已经达到 0.3m。近五年，国外发射的高分辨率光学载荷及主要指标见表 4。

表 4 国外高分辨率光学载荷及主要指标

序号	名称	发射时间	光学载荷类别	光谱谱段	空间分辨率（m）	国家
1	SPOT-7	2014 年 6 月 30 日	线阵推扫	全色 / 多光谱（1/4）	2/8	法国
2	WorldView-3	2014 年 8 月 13 日	线阵推扫	全色 / 多光谱（1/16）	0.31/1.24	美国
3	Skysat	2013—2017 年（合计发射 17 颗）	视频	全色 / 多光谱（1/4）	0.91/2	美国
4	Resurs-P2 & Koronas-Nuklon	2014 年 12 月 26 日	线阵推扫	全色 / 多光谱（1/6）	1/4	俄罗斯
5	KOMPSat-3A	2015 年 3 月 25 日	线阵推扫	全色 / 多光谱（1/4）	0.5/2	韩国
6	Resurs-P3	2016 年 3 月 13 日	线阵推扫	全色 / 多光谱（1/4）	1/4	俄罗斯
7	NewSat-1	2016 年 5 月 30 日	线阵推扫	全色	1	阿根廷
8	NewSat-2	2016 年 5 月 30 日	线阵推扫	全色	1	阿根廷
9	Cartosat-2C	2016 年 6 月 22 日	线阵推扫	全色 / 多光谱（1/4）	0.64/2	印度

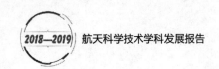

续表

序号	名称	发射时间	光学载荷类别	光谱谱段	空间分辨率（m）	国家
10	WorldView-4	2016 年 11 月 11 日	线阵推扫	全色 / 多光谱（1/4）	0.31/1.24	美国
11	Göktürk-1 土耳其	2016 年 12 月 5 日	线阵推扫	全色 / 多光谱（1/4）	0.7/2.8	土耳其
12	Cartosat-2D	2017 年 2 月 15 日	线阵推扫	全色 / 多光谱（1/4）	0.64/2	印度
13	Cartosat-2E	2017 年 6 月 23 日	线阵推扫	全色 / 多光谱（1/4）	0.64/2	印度
14	Cartosat-2F 印度	2018 年 11 月 2 日	线阵推扫	全色 / 多光谱（1/4）	0.64/2	印度
15	ÑuSat-4	2018 年 2 月 2 日	线阵推扫	全色 / 多光谱（1/5）	1	阿根廷
16	ÑuSat-5	2018 年 2 月 2 日	线阵推扫	全色 / 多光谱（1/5）	1	阿根廷

高分辨率成像载荷的典型代表是美国研制的 WorldView 系列卫星载荷。WorldView-3 卫星是世界首颗多载荷甚高分辨率商用光学成像卫星，它不仅搭载了世界观测 -3（WV-3）成像仪，还搭载了云、气溶胶、水汽及冰雪（CAVIS）载荷。WV-3 光学载荷由 ITT 埃克塞勒斯（Exelis）公司研制，具有 1 个全色谱段、8 个多光谱谱段和 8 个短波红外谱段。相机全色分辨率 0.31m、多光谱分辨率高达 1.24m，短波红外分辨率为 3.7m，幅宽 13.2km，CAVIS 载荷由 BATC 公司研制，空间分辨率为 30m，具有 12 个可见光和短波红外谱段，主要用于成像时的大气校正，从而进一步提升成像质量。

（2）光谱类载荷

光谱探测技术发展围绕提高光谱分辨率（干涉仪体制和光栅分光体制）、辐射分辨率和光谱探测精度等方面开展了定量化探测的技术突破。目前，光谱定位精度 3ppm 和辐射定标精度 0.3K 是国际主流的在轨技术能力。

在大气温度湿度廓线探测方面（表 5），美国 NOAA 在 SNPP 的 CrIS 研制基础上，取得了 CrIS 在 JPSS 卫星上的在轨应用，光谱探测精度优于 3ppm，辐射定标精度优于 0.3K；欧洲 MetOp-B 卫星实现了 IASI-B 的在轨应用，光谱探测精度优于 3ppm。

在温室气体探测方面，美国 OCO-2 于 2014 年 7 月发射并在轨应用，实现全球月度、季度的二氧化碳的观测，探测精度优于 2ppm（表 6）。

表 5　大气垂直探测类仪器

序号	名称	发射时间	光学载荷类别	光谱分辨率	辐射定标精度	光谱精度	国家
1	MetOp-B/IASI-B	2012 年 9 月 17 日	傅里叶干涉	$0.35cm^{-1}$	0.3K	3ppm	法国
2	J1/CrIS	2017 年 11 月 18 日	傅里叶干涉	$0.625cm^{-1}$	0.3K-0.7K	3ppm	美国

表 6　温室气体探测仪器

序号	名称	发射时间	光学载荷类别	空间分辨率（km）	反演精度	光谱分辨率	国家
1	OCO-2	2014 年 7 月 2 日	三通道光栅	1.29*2.25	2ppm	/	美国

（3）激光类载荷

2015 年，美国航天局发射首个采用单光子探测体制的气溶胶与云探测载荷，将其安装在国际空间站上，成功获取到了气溶胶和云的垂直分布特征，该载荷同时验证了高光谱分辨率激光雷达技术应用于气溶胶探测的可行性，提高了气溶胶光学参数的定量化水平。

2018 年 8 月，欧洲航天局在经过长达 20 年的研制后，成功发射了世界首颗应用于大气水平风场探测的实验卫星"风神"，它采用高能量单频紫外脉冲激光作为光源，通过对大气分子和气溶胶的散射回波进行超高光谱分辨率的探测，分辨不同高度由风速导致的多普勒频移，实现可应用于气象分析与业务运行的风廓线数据获取。该载荷可同时分析气溶胶与大气分子不同展宽的后向散射信号，实现近地面到 20km 全范围的大气风廓线探测。

2018 年 9 月，美国宇航局发射了世界首颗应用于地球三维地形探测的单光子激光雷达 ATLAS，搭载于 ICESAT-2 卫星上，作为 ICESAT-1 的后续星，它利用高重频高单脉冲能量激光，实现连续的星下点高程获取，数据获取率远高于 ICESAT-1，且由于采用可穿透水体的工作波段，可实现一定深度的水下地形探测。

2018 年 12 月，GEDI 发射升空，它搭载在国际空间站上，采用 6 波束线性探测体制，实现对地球森林三维结构的精准探测，为地球碳循环的研究提供了更高密度、更高精度的数据。

（4）微波遥感载荷

1）合成孔径雷达载荷。五年来，合成孔径雷达载荷蓬勃发展，尤其是中高分辨率 SAR 载荷发展迅速，国外高分辨率 SAR 载荷的空间分辨已经达到 0.25m。近五年，国外发射的中高分辨率 SAR 载荷及主要指标见表 7。

表 7   国外中高分辨率 SAR 载荷及主要指标

序号	名称	发射时间	体制	频段	空间分辨率（km）	幅宽（km）	国家
1	FIA	2010—2018 年	反射面	X	0.3		美国
2	Sentinel-1	2014 年 /2016 年	相控阵	C	5	80	欧洲航天局
3	SEOSAR	2018 年	相控阵	X	1/3/16	10/30/100	美国
4	NovaSAR	2018 年	相控阵	S	6/20	20/100	英国
5	SAOCOM	2018 年	相控阵	L	7/100	30/400	阿根廷
6	ASNARO-2	2018 年	反射面	X	1/2/16	10/12/50	日本

高分辨率成像载荷的典型代表是美国研制的 FIA 系列卫星载荷。FIA 星座将由多颗较小型新卫星组成，该星座最终将取代以"长曲棍球"卫星为代表的大型成像侦察卫星。美国 2010—2018 年共发射五颗。该 SAR 载荷采用抛物面天线，最高分辨率为 0.3km。与"长曲棍球"卫星相比，"未来成像体系"卫星改用逆行轨道，轨道高度提升了约 450km，雷达功率也得到大幅提高。

2）微波散射计载荷。近五年，国外发射的微波散射计载荷及主要指标见表 8。

表 8   国外微波散射计载荷及主要指标

序号	名称	发射时间	体制	频段	空间分辨率（km）	幅宽（km）	风速范围（m/s）	风速测量精度	风向测量精度
1	MetOp-C	2018 年	固定扇形波束	C	25/12.5	2 × 550	4-24	2m/s	± 20°
2	印度散射计星	2016 年	笔形波束圆锥扫描	Ku	50	1800	2-24	2m/s	± 20°

美国规划的下一代微波散射计载荷分别 DFS（双频散射计）和 XOVW（扩展海洋风场任务），主要目的是提高海面风场的分辨率并扩展风速的测量范围，但以上两项规划由于经费等原因一直没有按计划发射。规划的风流散射计（WaCM）采用 Ka 和 Ku 双频段实现对全球风场和流场的探测，预计 2020 年之后发射。

欧洲航天局方面规划了 MetOp 二代卫星，将在 2019—2020 年发射。在其中搭载的散射计系统主要用于提供所观测海洋表面的风矢量，并作为 NWP 的重要输入信息和为追踪极端天气事件提供有价值的信息。MetOp 二代卫星上的散射计将比搭载在 MetOp 一代卫星上的 ASCAT 具有更高的空间分辨率和辐射测量精度。ASCAT 采用 VV 极化测量风场可以达到 25m/s 的风速，考虑添加 HH 极化和 VH 极化获取更高的风场测量范围（风速测量达到 50m/s 以上），同时考虑增加流场探测模型。

3）雷达高度计载荷。近五年采用传统脉冲压缩技术的雷达高度计的测高精度有所提高，测量精度达到 2 ~ 3cm，采用合成孔径技术的高精度雷达高度计 Sentinel-3A/B 的测高精度达到了 1cm，由美国宇航局和欧洲航天局合作的装载宽刈幅高度计的 SWOT 卫星计划于 2021 年发射。

表 9　国外雷达高度计载荷及主要指标

卫星名称	国家和地区	发射日期	轨道高度（km）	工作寿命（年）	测高精度（cm）
Jason-3	美国 / 法国	2016 年	1340	5	2
Sentinel-3A/B	欧洲	2016 年 /2018 年	814	7	<1

（5）数据处理和应用

目前，国际上遥感与云计算、人工智能等新型技术结合，推动多星综合应用，降低用户应用门槛已成为趋势。

地球观测卫星委员会（CEOS）设立了分析即用数据（Analysis Ready Data，ARD）工作小组，研究如何减少用户在应用中繁琐重复的预处理工作。在这一倡导下，美国地质调查局（USGS）开展了陆地卫星（Landsat）与哨兵 2 号卫星（Sentinel-2）协同数据工作，形成了可以直接应用的反射率、植被指数等中分辨率数据，进一步提高了 Landsat 以及 Sentinel 数据应用的市场竞争力。

亚马逊以及谷歌等云服务提供商将海量的遥感数据存放在云上，并向用户提供相应的云计算以及专业软件服务，设立了 Earth on AWS（Amazon Web Services）以及 Google Earth Engine 等平台，使用户可以实现快速海量数据处理、分析与应用。这一方式消除了数据下载的时间，并降低了大数据应用对用户端硬件分析以及存储的要求，降低了应用门槛。

地球观测组织（GEO）推动建设全球综合地球观测系统（GEOSS），充分利用全球地球观测资源，为决策提供从初始观测数据到专业应用产品的信息服务。同时，推动地球观测服务用于可持续发展、防灾减灾、气候变化，融合原地测量、遥感数据与云计算等领域。在此基础上建立信息、知识、算法的工具集（Knowledge Hub），进一步推动数据共享，加强领域专家与决策者合作，推动遥感应用业务化运行。

4. 学科发展与建设

（1）对地观测卫星企业迎来并购热潮，打造全产业链对地观测能力。

（2）以运营低价、高性价比小卫星星座的商业遥感公司发展迅速，全面抢夺新兴用户市场。

（二）国内研究进展

1. 国内航天科学技术空间遥感学科总体发展态势

（1）紧跟世界技术发展潮流，在新体制遥感载荷技术、超大口径光学系统、新型探测器技术、星上智能数据处理技术、新材料和新加工工艺等方面开展前沿技术研究，并积极探索人工智能、大数据等技术在遥感上的应用。

（2）资源、气象、海洋、环境、减灾等遥感卫星和产品体系不断完善，高分辨率对地观测体系基本建设完成。商业遥感卫星和载荷蓬勃发展。

（3）逐步形成集高空间、高光谱、高时间分辨率和宽地面覆盖于一体的综合观测网，为地球空间信息应用提供坚实保证。

2. 基础与前沿探索

（1）高分辨率成像技术

我国在高分辨率成像方面开展了前沿技术研究。以静止轨道高分辨率轻型成像相机为需求背景，开展了超大口径可展开光学系统、薄膜衍射成像光学系统的研究以及超大口径在轨建造技术的研究；为实现载荷的轻小型和智能化，开展了计算光学技术的研究；在探测器方面，开展了大面阵 CMOS 探测器、TDICMOS 探测器以及垂直电荷转移成像器件（VPS）的研发；为提高数据的时效性，开展了遥感数据星上智能化处理技术的研发；开展了 3D 打印光学元件等前沿技术研发。

（2）光谱探测技术

我国以北京空间机电研究所、中国科学院上海技术物理研究所、安徽光机所、西安光机所等单位为代表，均在大气高光谱探测领域开展了前沿研究。同时在傅里叶干涉体制、光栅分光体制、空间外差体制等方面取得较大的进展，为我国的空间高光谱遥感探测进行技术储备。

2017 年，科技部布局"大气辐射超光谱探测技术研究"，瞄准红外波段 0.015cm^{-1} 光谱分辨率，为未来大气环境监测和痕量气体探测开展技术攻关。中国在 863 空间辐射基准核心关键技术研究的基础上，于 2018 年启动了重点研发计划空间辐射基准载荷技术研究，为我国后续的辐射基准卫星开展前期的关键技术攻关。

（3）激光主动探测技术

传统激光雷达具有"单点测量"的特点，能够提升城区、滩涂、沙漠等特殊区域的地理空间信息获取能力和处理效率，但是存在激光波束少、光子利用率低、测绘效率低下的特点。目前，国外和国内的激光雷达发展态势是从单一波束逐渐过渡到多波束甚至千波束，探测体制由线性探测逐步过渡到光子探测体制。

我国在多波束单光子探测领域开展了机载探测研究，于 2015 年成功研制了国内首台 51 波束单光子探测激光雷达，并开展了机载三维地形探测及标校试验，精度达到 1：2000

比例尺测绘要求，为后续国家开展星载多波束单光子三维测绘应用奠定了技术基础。其设计指标与美国 NASA LIST 计划中机载样机 MABEL 相当，在波束数量、平面精度方面优于 MABEL。

（4）微波遥感载荷技术

1）合成孔径雷达技术。在星载 SAR 详查方面开展了研究，利用反射面天线体制取得了星载 SAR 优于 0.1m 分辨率的成果，并通过机载校飞试验进行了验证，有效服务于高分辨率目标识别应用。完成了地球同步轨道 SAR（GeoSAR）的关键技术攻关，已进入工程型号研制阶段，将成为世界上首颗研制的同步轨道 SAR。

2）微波散射测量技术。在民用航天背景预研课题的支持下，对双频高分辨率全极化散射测量方面开展了研究，利用大口径天线、高分辨率处理等技术取得了分辨率优于 5km、风速测量范围 2~50m/s 的成果，并研制了一套工程样机，有效解决了近海岸风场观测、高风速测量等需求。同时，对散射计全极化测量技术和流场探测技术进行了研究，并进行了机载试验验证。

3）探测雷达测量技术。中国空间技术研究院西安分院在太空高速弱小目标方面开展了研究，实现了 $0.0001m^2$ 雷达散射截面积、2km/s 速度太空目标的跨单元积累检测和高精度跟踪测量技术。突破了凝视阵列雷达系统设计技术、高速目标跨单元积累技术、弱小目标高灵敏度探测技术、系统低副瓣实现技术等关键技术，支撑毫米级碎片目标天基监视的应用目的。

4）微波辐射测量技术。近期我国研制的全极化微波辐射计成功在轨应用，是世界上首台直接相关体制的全极化微波辐射计，实现了海面风场、海面温度等海洋环境要素的高精度探测。

在民用航天背景预研课题的支持下，开展了综合孔径微波辐射计技术的研究，完成了 L 频段和 X 频段二维综合孔径微波成像仪的原理样机研制工作，完成 V 频段圆形阵综合孔径微波辐射计的原理样机，突破了综合孔径微波辐射测量技术。

在国家民用航天项目的支持下，开展了星载太赫兹被动遥感器原理样机的研制，主要包括太赫兹临边探测仪和太赫兹冰云探测仪等。预计到"十三五"末期，将实现太赫兹射频前端研制等关键技术的突破。

5）雷达高度测量技术。在合成孔径雷达高度计方面，已突破关键技术，完成了背景型号工程样机研制，具备上星条件；在宽刈幅高度计方面，在天宫二号上实现了宽刈幅雷达高度计的功能体制验证，实现了海面高度的三维成像（在国际上首次实现）。目前，正在进行业务化卫星的背景型号预研方面的工作。

（5）数据处理和应用技术

在科技部"地球观测与导航"重点专项、民用航天预先研究、高分辨率对地观测系统专项以及国家空间基础设施持续支持下，在遥感应急、遥感典型要素提取、资源动态监测、协同精密定位等方面开展了研究，在天空地一体化协同观测、国产卫星数据信息提取、卫星精密轨道定位等领域取得了很好的成果。在星载 SAR 综合环境监测、大气海洋载荷星上处理、高精载荷数据融合反演等方面开展了研究，在微波遥感对地观测、星上处理及快速反演、微纳卫星组网等领域取得了多项成果。在激光雷达大气污染监测、空间辐射基准传递定标及地基验证、国产多系列遥感卫星历史资料再定标技术等方面开展了研究，在激光雷达数据应用、遥感卫星定标等领域取得了成果。同时，围绕我国遥感卫星体系构建开展了标准化研究，形成中国标准、中国数据、中国工具与中国服务的新格局。

3. 技术研究与应用

（1）高分辨率成像载荷

五年来，在高分辨率对地观测重大专项的支持下，我国的高分辨率对地观测光学遥感取得了长足的进步（表 10）。此外，我国的商业遥感载荷也取得巨大的进步，先后发射了高景系列、吉林一号系列以及"北京二号"系列高分辨率商业遥感卫星，卫星的分辨率在可见光谱段已经达到 0.5m。

表 10　国内近五年发射的高分辨率光学遥感卫星载荷

序号	名称	发射时间	遥感载荷类别	光谱谱段	空间分辨率（km）	幅宽（km）
1	GF-2	2014 年 8 月 19 日	线阵推扫	全色 / 多光谱（1/4）	1/4	
2	BJ-2A	2015 年 7 月 11 日	线阵推扫	全色 / 多光谱（1/4）	0.8/3.2	
3	BJ-2B	2015 年 7 月 11 日	线阵推扫	全色 / 多光谱（1/4）	0.8/3.2	
4	BJ-2C	2015 年 7 月 11 日	线阵推扫	全色 / 多光谱（1/4）	0.5/2	
5	JL-1-01	2015 年 10 月 7 日	线阵推扫	全色 / 多光谱（1/4）	0.7/2.8	
6	ZY-03-02	2016 年 5 月 30 日	线阵推扫	全色 / 多光谱（1/4）	2.1	
7	GJ-1A	2016 年 12 月 28 日	线阵推扫	全色 / 多光谱（1/4）	0.5/2	
8	GJ-1B	2016 年 12 月 28 日	线阵推扫	全色 / 多光谱（1/4）	0.5/2	
9	JL-1-03	2017 年 1 月 9 日	视频 + 推扫	全色 / 多光谱（1/4）	0.92	
10	JL-1-04	2017 年 11 月 21 日	视频 + 推扫	全色 / 多光谱（1/4）	1	
11	JL-1-05	2017 年 11 月 21 日	视频 + 推扫	全色 / 多光谱（1/4）	1	
12	JL-1-06	2017 年 11 月 21 日	视频 + 推扫	全色 / 多光谱（1/4）	1	
13	GJ-1C	2018 年 1 月 9 日	线阵推扫	全色 / 多光谱（1/4）	0.5/2	11.7
14	GJ-1D	2018 年 1 月 9 日	线阵推扫	全色 / 多光谱（1/4）	0.5/2	11.7

序号	名称	发射时间	遥感载荷 类别	光谱谱段	空间分辨率 （m）	幅宽 （km）
15	JL-1-07	2018年1月19日	视频+推扫	全色/多光谱（1/4）	1	
16	JL-1-08	2018年1月19日	视频+推扫	全色/多光谱（1/4）	1	
17	GF-1B	2018年3月31日	线阵推扫	全色/多光谱（1/4）	2/8	
18	GF-1C	2018年3月31日	线阵推扫	全色/多光谱（1/）	2/8	
19	GF-1D	2018年3月31日	线阵推扫	全色/多光谱（1/4）	2/8	
20	GF-6	2018年6月2日	线阵推扫	全色/多光谱（1/4）	2/8	90

国内高分辨率光学载荷的典型代表是北京空间机电研究所研制的高景（GJ）系列卫星（图80）的光学载荷，在500km轨道高度可以实现0.5m分辨率的对地观测。该光学载荷具有1个全色和4个多光谱谱段，幅宽11.7km。相机采用天地一体化设计、卫星/载荷一体化设计以及高稳定性光机结构设计等，实现了相机的轻小型和高稳定性。

图80　高景一号卫星模拟图

（2）光谱类载荷

近五年，我国紧跟国际大气探测技术趋势，先后在风云气象卫星、高分卫星等卫星上实现了高光谱分辨率探测和高定量化探测的在轨应用。

在大气垂直探测方面（表11），中国FY-3D上的红外高光谱大气探测仪（HIRAS，图81）实现了在轨应用。该类仪器通过温度和湿度廓线探测，为数值预报提供了基础数据，同时其高光谱分辨率和高辐射精度成为目前国际上通用的红外遥感仪器的辐射基准。中国在FY-4A上搭载了国际上第一台静止轨道应用的干涉式大气垂直探测仪（GIIS），实现了区域高频次温湿度廓线观测。

表 11　大气垂直探测类仪器

序号	名称	发射时间	光学载荷类别	光谱分辨率（cm⁻¹）	辐射定标精度（k）	光谱精度（ppm）	国家
1	FY-3D/HIRAS	2017 年 11 月 15 日	傅里叶干涉	0.625	0.3	3	中国
2	FY-4A/GIIS	2016 年 12 月 11 日	傅里叶干涉	0.625	0.5	10	中国

图 81　FY-3D 红外高光谱大气探测仪头部

在温室气体探测方面（表 12），我国科技部支持的碳卫星于 2016 年 12 月实现 1~4ppm 的二氧化碳全球观测；我国 FY-3D 上搭载的近红外高光谱温室气体监测仪 2017 年 11 月实现在轨试验验证，GF-5 搭载的空间外差干涉体制温室气体探测仪实现在轨应用。

表 12　温室气体探测仪器

序号	名称	发射时间	光学载荷类别	空间分辨率（km）	反演精度（ppm）	光谱分辨率（cm⁻¹）	国家
1	TanSat	2016 年 12 月 12 日	三通道光栅	1*2	1-4	待补充	中国
2	FY-3D/近红外温室气体监测仪	2017 年 11 月 15 日	傅里叶干涉	/	/	待补充	中国
3	GF-5/大气主要温室气体监测仪	2018 年 5 月 9 日	空间外差干涉	/	/	0.6/0.27	中国

大气环境监测和痕量气体探测方面（表13），我国2018年5月发射的GF-5上搭载的光谱分辨率0.03cm^{-1}大气环境红外甚高光谱分辨率探测仪和大气痕量气体差分吸收光谱仪实现了在轨应用（图82）。

表13　大气环境和痕量气体探测仪器

序号	名称	发射时间	光学载荷类别	空间分辨率（km）	反演精度（ppm）	光谱分辨率	国家
1	GF-5/大气环境红外甚高光谱分辨率探测仪	2018年5月9日	傅里叶干涉	/	/	0.03cm^{-1}	中国
2	GF-5/大气痕量气体差分吸收光谱仪	2018年5月9日	差分光谱	48*13	/	0.3～0.5nm	中国

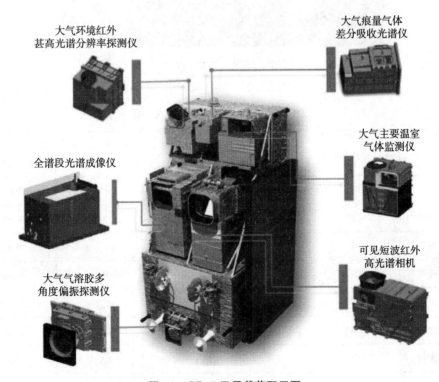

图82　GF-5卫星载荷配置图

（3）激光类载荷

我国在对地观测激光雷达载荷技术起步较晚，还没有类似美国ICESAT卫星的专项对地观测星载激光雷达的发射经验。中国科学院上海技术物理研究所、中国科学院光电院、中国科学院上海光机所、中电集团 27 所、北京空间机电研究所、武汉大学、哈尔滨工业大学等单位都开展了激光雷达技术研究。目前国内已发射或在研的星载激光设备主要是嫦娥系列（图 83）的深空激光高度计和对地激光高度计等。国内主要星载激光雷达载荷指标如表 14 所示。

图 83　嫦娥一号激光高度计

表 14　国内部分星载激光雷达系统

激光载荷	CE-1 激光高度计	CE-2 激光高度计	CE-3/CE-4 激光测距仪	CE-3/CE-4 激光三维成像雷达	资源三号 02 星激光测距仪
发射日期	2007 年	2010 年	2013 年 /2018 年	2013 年 /2018 年	2016 年
观察对象	月球	月球	月球	月球	地球
任务时间	1 年	半年	30 分钟	15 分钟	8 年
轨道高度	200km	100km	30km	100m	505km
探测方式	单波束	单波束	3 波束	16 波束	单波束
激光能量	150mJ	150mJ	40mJ	单束 0.005mJ	200mJ
激光重频	1Hz	5Hz	2Hz	50kHz	2Hz
脉冲宽度	30ns	10ns	8ns	8ns	5~7ns
有效接收口径	134mm	134mm	X 轴 55mm，Y 轴 30mm，Z 轴 20mm	33mm	210mm

续表

激光载荷	CE-1 激光高度计	CE-2 激光高度计	CE-3/CE-4 激光测距仪	CE-3/CE-4 激光三维成像雷达	资源三号 02 星激光测距仪
激光发散角	0.6mrad	0.6mrad	1mrad	1mrad	1.5mrad
接收视场	3mrad	3mrad	3mrad	2mrad	0.3mrad
激光足印直径	200m	40m	30m	0.1m	50m
测距精度	5m	5m	0.15m	0.15m	1m

（4）微波遥感载荷

1）合成孔径雷达载荷。五年来，我国的高分辨率对地观测微波遥感取得了长足的进步（表15），分辨率最高达到0.5m，达到世界先进水平；同时观测频段从S频段，扩展到了 X、C 和 S 频段；从单极化扩展到多极化，GF-3 卫星（图84）SAR 具有多极化观测能力，实现了从目标监测到定量遥感的发展。星载 SAR 的整体水平达到国际先进水平。

表 15 我国近五年发射的高分辨率微波遥感卫星载荷

序号	名称	发射时间	体制	频段	空间分辨率（km）	幅宽（km）
1	GF-3	2016 年	相控阵	C	1	10
2	XX-13	2016 年	相控阵	X	0.5	10
3	XX-B	2018 年	反射面	X	0.5/2	10

图 84 GF-3 卫星图

2）微波散射计载荷。五年来，我国的海面风场探测技术取得了长足的进步，风场反演精度最高达到 1.5m（±15°），达到世界先进水平（图 85，表 16）。

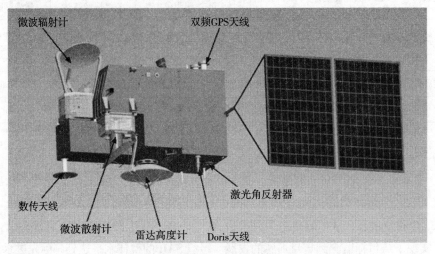

图 85　HY-2 卫星图

表 16　我国近五年发射的散射计遥感卫星载荷

序号	名称	发射时间	体制	频段	空间分辨率（km）	幅宽（km）	风速范围（m/s）	风速测量精度（m/s）	风向测量精度
1	HY-2B	2018 年	笔形波束圆锥扫描	Ku	优于 50	优于 1600	2 ~ 24	1.5	±15°
2	中法海洋卫星	2018 年	扇形波束圆锥扫描	Ku	优于 50	优于 1000	2 ~ 24	2	±20°

3）探测雷达载荷。CE-4 月背复杂地形着陆雷达（表 17）针对我国探月工程月面软着陆的应用，在着陆下降段为 GNC 分系统提供着陆器（图 86）相对于月面的三维距离和速度信息。突破了小型轻量化一体化设计技术、连续波雷达高隔离技术、连续波雷达抗震设计技术等关键技术。首次采用国产化毫米波 Ka 频段发射接收技术，实现系统轻量化，推动了毫米波 Ka 频段 MMIC 设计及国产化技术。

表 17　国内探测雷达载荷

序号	名称	发射时间	遥感载荷类别	微波频段	测距精度（m）	测速精度（m/s）
1	CE-4 着陆雷达	2018 年 12 月 8 日	多波束测速测距	Ka	0.4（面目标）	0.05（面目标）

图 86　嫦娥四号着陆器

4）微波辐射测量载荷（图 87，表 18）。五年来，我国的微波辐射测量技术取得了长足的进步，在气象和海洋应用上实现了业务应用，在全极化探测方面取得了突破，达到了世界先进水平。

5）雷达高度计（表 19）。五年来，我国的雷达测高技术取得了显著的进步，在海洋观测上实现了业务应用，测量精度得到提高，并在宽幅测量方面取得了技术突破，达到了国际先进水平。

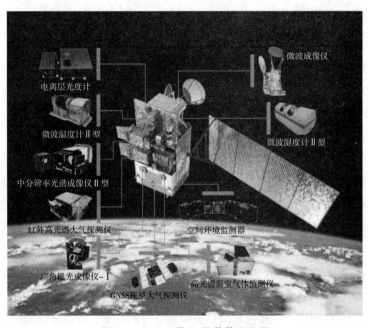

图 87　风云三号 D 星载荷配置图

表 18　国内微波辐射测量载荷

序号	名称	发射时间	遥感载荷类别	微波频段及通道数目（GHz）	空间分辨率（km）	幅宽（km）	测温灵敏度（K）	定标精度（K）
1	风云三号微波温度计、微波湿度计	2017 年 11 月	圆周扫描	50 ~ 183	15 ~ 35	2600	0.3 ~ 2.5	≤ 1.5
2	风云三号微波成像仪	2017 年 11 月	圆锥扫描	10 ~ 89	20 ~ 60	1600	0.3 ~ 1.2	≤ 1.5
3	海洋二号微波辐射计	2018 年 10 月	圆锥扫描	6 ~ 37	30 ~ 100	1600	≤ 0.5	≤ 1.0
4	XX 一号全极化微波辐射计	2016 年 11 月	圆锥扫描全极化	6 ~ 89	5 ~ 50	1600	≤ 0.5	≤ 0.25/0.75

表 19　国内雷达高度计

序号	名称	发射时间	测量频段	极化方式	测量精度	测高精度	有效波高测量精度
1	海洋二号雷达高度计	2018 年 10 月	C、Ku	VV	≤ 0.5dB	≤ 4cm	≤ 0.5m 或 10%

（5）遥感应用

随着国力的增强和遥感技术在我国国民经济各行业中应用需求的持续增长，我国先后联合或自主发射了众多的遥感卫星，并构成了相应的遥感卫星星座系列，大大提高了我国遥感空间信息技术产业的成熟度以及用户的广泛性。高分专项和空间基础设施已经基本建设完成，我国陆地、海洋、气象等各类在轨卫星数量已有 50 余颗，多星综合应用结合大数据、互联网与云服务平台技术，逐步形成集高空间、高光谱、高时间分辨率和宽地面覆盖于一体的综合观测系统，为地球空间信息应用提供了坚实保证。

如何对海量的遥感卫星数据进行规模化处理应用，并把数据与产品及时便利地提供各类用户使用，是我国空间基础设施遥感应用和产业化发展的核心。

"一带一路"倡议已经进入全面推进建设阶段，实现"互联互通"是推进"一带一路"倡议构想的基本条件，这离不开信息化手段与空间信息技术的支持。通过高新技术手段，建成安全高效的通信网络，实现区域内"天 + 地"互联互通，促进各国间的投资贸易便利化是遥感应用发展的重要方向。

4. 学科发展与建设

国内已经形成了以航天科技集团有限公司和中国科学院系列光机所等单位为代表的遥

感载荷研制和数据处理单位。同时，商业遥感公司发展迅速，遥感数据的开放获取取得了重要进展。

三、国内外研究进展比较

（一）空间遥感学科国内外研究进展总体比较

在基础与前沿探索方面，我国仍然处于跟跑阶段，缺少原始创新。在载荷研制方面，单个载荷的指标水平和国外相当，但是在载荷的品质和定量化应用水平方面和国外尚存在差距。在应用方面，要素探测的创新手段与开发不足，应用效率亦偏低，大量的卫星数据未能发挥其应有的效果

（二）重点学科具体进展比较

1. 基础与前沿探索

光学遥感技术方面：在大口径光学系统技术（口径＞3m）、主动光学技术、大面阵和长线列探测器技术、星上智能化信息处理技术以及计算光学等前沿技术方面与国外存在差距。探测的创新手段与开发不足。

微波遥感技术方面：在大功率发射技术、宽带信号处理技术、亚毫米波接收技术、准光学天线技术等方面与国外存在差距。

2. 技术研制

单个载荷的指标水平和国外相当，但是在载荷的品质和定量化应用方面与国外存在差距。

光学遥感载荷：载荷的分辨率指标和国外基本相当，但是在载荷的集成化水平、智能化水平以及定量化方面和国外存在差距。

微波遥感载荷：成像类载荷的分辨率、探测类载荷的垂直分辨率和测量精度指标与国外存在差距，云结构、雨结构、海流等探测要素与国外存在差距。

商业遥感载荷方面：仪器的专业化、小型化和低成本方面与国外存在差距。

3. 应用方面

在遥感数据应用方面，与国外相比，在以下方面存在差距：遥感数据标准化程度不高，分发机制不畅；遥感数据开放程度低，民用受到严格限制；卫星资源多头管理，重复建设问题突出。

商业遥感数据应用离不开数据质量的提升，我国空间遥感建设以往重基础设施建设、轻软科学投入的现象较为严重，也导致了大量的卫星数据未能发挥其应有的效果。

四、发展方向与展望

（一）未来发展的战略需求

未来五年，空间遥感需求主要体现在三个方面：

一是传统行业用户在空间、时间、光谱分辨率等方面提出了更高的要求。如应急管理部等提出了 0.25m 甚至更高的分辨率需求，自然资源部提出了 1∶5000 比例尺高精度立体测绘需求，农业农村部提出要增加红边、荧光、高光谱、超光谱等监测新手段，国家气象局提出了高精度风场、云、大气成分精细化探测需求。

二是非传统遥感应用行业用户的需求涌现，主要体现为：国家安全需求、核设施监控需求（未来我国将成为全球核电站最多的国家，民用核设施安全监控成为重要问题）、智慧社会建设需求等。

三是国家战略和国际化应用需求迫切。主要包括航天强国战略、海洋强国战略、乡村振兴战略、"一带一路"倡议、"全球气候变化"等方面的需求。

（二）发展趋势和重点方向

随着应用需求的不断发展，新的探测目标、探测要素不断出现，对载荷性能要求越来越高，对卫星组网及体系观测能力提出更高要求。探索新的探测体制、寻找新的探测机理和探测方法、发展新的探测技术成为必由之路。空间光学遥感技术的发展趋势和重点发展方向如下：

成像类载荷的工作谱段不断扩展，动态范围、空间分辨率、定位精度等性能指标不断提升，成像时效性不断增强，功能集成化水平不断提高。轻小型载荷逐渐向模块化标准化方向发展，使载荷研制周期不断缩短，在轨数据处理技术逐渐获得应用并且水平不断提升。

光谱应用范围不断向紫外、长波红外两段拓展，光谱分辨率不断提升，目标特征识别能力更强；辐射定标与光谱定标水平逐渐提高，使定量化应用水平越来越高；大气成分廓线及含量协同反演、温室气体反演技术、荧光模拟与反演技术等数据反演与应用越来越成熟；随着应用需求的不断发展，面阵凝视型光谱成像技术、计算光学技术等解决时效性问题和空间分辨率与光谱分辨率矛盾问题的新型技术必将获得快速发展。

激光测距载荷测距、测高精度越来越高，光子信号处理、在轨收发匹配监测处理和指向调整、在轨波长监测和调整等基础支撑技术将逐渐推动激光测风、激光三维成像等主动载荷实现在轨应用，全波形激光雷达数据自动分解、大比例尺地图高精度定位、主被动多源数据处理等数据处理能力将随着载荷技术的发展而不断得到提升。

微波遥感载荷的频谱应用范围不断向高频扩展，频谱分辨率不断提高，获得更高的目标特性的探测能力。持续提高测量准确度，满足定量遥感的需求；持续提升水平分辨率和垂直分辨率，提高大气三维结构探测能力；微波辐射计从毫米波向亚毫米波发展，微波散射计从单频向多频发展，合成孔径雷达从平面向立体干涉发展，雷达高度计从星下点测量向宽幅成像发展，并持续拓展探测要素，发展云结构、雨结构、海流等探测能力，以及多要素探测数据的融合处理能力，扩展微波遥感的应用领域和应用水平。

云计算、大数据、人工智能等新兴技术也将逐渐应用到遥感技术中，推动遥感技术向自主化、智能化、协同化方向发展。随着国家公益性和商业性遥感卫星星座的发展，遥感服务从专业化向大众化发展。

参考文献

［1］胡芬，金淑英. 高分辨率光学遥感卫星宽幅成像技术发展浅析［J］. 地理信息世界，2017（5）：45-50.

［2］焦建超，苏云，陈晓丽. 深空探测智能遥感技术展望［J］. 航天返回与遥感，2012（5）：33-38.

［3］李德仁，张良培，夏桂松. 遥感大数据自动分析与数据挖掘［J］. 测绘学报，2014（12）：1211-1216.

［4］刘韬. 美国世界观测-3卫星探析［J］. 国际太空，2014（12）：21-23.

［5］李高峰，宋博. 国外雷达成像侦察卫星发展研究［J］. 国际太空，2012（9）：44-47.

［6］胡国军，方勇，张丽. 星载激光雷达的发展与测绘应用前景分析［J］. 测绘技术装备，2015（2）：34-37.

［7］邓永涛，李辰. 星载成像激光雷达成像扫描系统研究［J］. 信息系统工程，2015（5）：124-125.

［8］潘文武，陈现春，窦延娟，等. 超小型机载激光雷达测量系统的研制与应用［J］. 测绘，2014（6）：263-267.

［9］国防科技工编辑部. 中国进入卫星微波遥感应用时代［J］. 国防科技工业，2016（9）：12-13.

［10］万贝. GNSS-R海面风场探测关键技术研究［D］. 中国航天科技集团公司第五研究院西安分院，2017.

［11］张淳民，穆廷魁，颜廷昱，等. 高光谱遥感技术发展与展望［J］. 航天返回与遥感，2018（3）：104-114.

［12］孙允珠，蒋光伟，李云端，等. 高分五号卫星概况及应用前景展望［J］. 航天返回与遥感，2018（3）：1-13.

［13］王旭. 高景一号市场创新拓展：让1+1＞2［J］. 太空探索，2018（2）：16-17.

［14］赵聪. 嫦娥首登月背玉兔二巡广寒［J］. 太空探索，2019（2）：11.

［15］风云三号D星. 国家卫星气象中心（国家空间天气监测预警中心）［DB/OL］. 2019-12-23. http://fy4.nsmc.org.cn

撰稿人：王小勇　陈晓丽　陈文新　顾明剑　黄庚华
　　　　余　涛　李　悦　陈艳霞　郑国宪
审稿人：褚君浩　徐之海　马　骏　张庆君

大事记

2013 年 4 月 26 日，多光谱高分辨率宽幅成像对地观测卫星高分一号成功发射。

2013 年 6 月 25 日，俄罗斯发射首颗新型对地光学遥感卫星"资源 –P1"（Resurs–P1）。

2013 年 11 月 21 日，美国"天空一号"（Skysat–1）卫星成功发射。

2013 年 12 月 12 日，嫦娥三号探测器成功发射。

2014 年 4 月 3 日，欧洲首颗哥白尼环境卫星"哨兵 –1A"（Sentinel–1A）成功发射。

2014 年 6 月 30 日，法国地球观测系统"斯波特 –7"（SOPT–7）卫星成功发射。

2014 年 7 月 2 日，美国 NASA 发射碳监测卫星 OCO–2。

2014 年 8 月 13 日，美国数字全球公司发射高分辨率多光谱对地观测卫星"WorldView–3"。

2014 年 8 月 19 日，亚米级陆地观测卫星高分二号成功发射。

2014 年 12 月 26 日，俄罗斯发射"资源 –P2"（Resurs–P1）。

2015 年 3 月 26 日，韩国发射"多用途卫星 –3A"（Kompsat–3A）。

2015 年 7 月 11 日，我国与英国合作研制的"北京二号"民用商业遥感卫星成功发射。

2015 年 10 月 7 日，吉林一号商业卫星成功发射，包括 1 颗光学 A 星、2 颗灵巧视频星以及 1 颗灵巧验证星。

2015 年 12 月 29 日，首颗地球同步轨道高分辨率对地观测卫星高分四号成功发射。

2016 年 3 月 13 日，俄罗斯发射高分辨率对地观测卫星"资源 –P3"（Resurs–P3）。

2016 年 3 月 24 日，俄罗斯发射高分辨率对地观测卫星"猎豹 –M2"（Bar–M2）。

2016 年 6 月 13 日，首颗地球同步轨道高分辨率对地观测卫星高分四号正式投入使用。

2016 年 8 月 4 日，嫦娥三号正式退役。

2016 年 8 月 10 日，C 波段合成孔径雷达成像卫星高分三号成功发射。

2016 年 9 月 15 日，美国成功发射"天空四号、五号、六号、七号"（SkySat–4，5，6，7）四颗天空系列卫星。

2016 年 5 月 30 日，阿根廷发射两颗低成本对地观测小卫星"NuSat–1&2"，又名 Fresco 和 Batata。

2016 年 5 月 30 日，高分辨率光学传输型立体测图卫星"资源三号"成功发射。

2016 年 6 月 22 日，印度成功发射地球观测卫星"制图 –2"（Cartosat–2）。

2016 年 9 月 15 日，秘鲁首颗对地观测卫星"PeruSAT–1"发射升空。

2016 年 9 月 26 日，印度发射"散射计星"1 遥感卫星。

2016 年 11 月 11 日，美国成功发射商用高分辨率遥感卫星"WorldView–4"。

2016 年 12 月 5 日，欧洲航天局发射土耳其陆军侦查卫星"蓝突厥 –1 号"（Göktürk–1）。

2016 年 12 月 11 日，新一代静止轨道气象卫星风云四号成功发射。

2016 年 12 月 12 日，首颗二氧化碳观测科学实验卫星"TANSAT"成功发射。

2016 年 12 月 28 日，商业遥感卫星高景一号 01、02 星成功发射。

2017 年 1 月 9 日，吉林一号视频 03 星（林业一号卫星）成功发射。

2017 年 2 月 15 日，印度成功发射"Cartosat-2D"地球观测卫星。

2017 年 6 月 23 日，印度成功发射"Cartosat-2E"地球观测卫星。

2017 年 11 月 15 日，风云三号 D 气象卫星成功发射。

2017 年 11 月 18 日，美国成功发射极轨卫星系统 JPSS-1 气象卫星。

2017 年 11 月 21 日，吉林一号视频 04、05、06 星成功发射。

2018 年 1 月 9 日，高分辨率商业遥感卫星高景一号 03、04 星成功发射。

2018 年 1 月 12 日，印度成功发射"Cartosat-2F"地球观测卫星。

2018 年 1 月 19 日，吉林一号视频 07、08 星成功发射。

2018 年 1 月 18 日，日本成功发射合成孔径雷达观测卫星"ASNARO-2A"。

2018 年 5 月 9 日，全谱段高光谱卫星高分五号成功发射。

2018 年 6 月 2 日，低轨光学遥感卫星高分六号成功发射。

2018 年 9 月 16 日，英国成功发射小型合成孔径雷达卫星"NovaSAR-1"。

2018 年 10 月 8 日，阿根廷 L 波段雷达卫星"SAOCOM-1A"成功发射。

2018 年 10 月 25 日，海洋动力环境探测卫星"海洋二号 B"成功发射。

2018 年 10 月 29 日，中法两国合作研制的首颗卫星"中法海洋卫星"成功发射。

2018 年 11 月 7 日，欧洲成功发射极轨气象卫星"Metop-C"。

2018 年 12 月 8 日，嫦娥四号探测器成功发射。

空间能源领域专业发展报告

一、引言

空间能源系统是卫星、导弹、火箭、飞船、空间站、太阳能无人机、临近空间飞艇等空间飞行器等重要的分系统之一，需要在空间飞行器全寿命周期内为所有平台和有效载荷供电，并在某些出现故障情况下为所有部件提供保护。因此，基于空间能源系统的重要性以及多个国家加紧布局深空探测领域、加速布局太空经济的背景下，对国内外空间能源领域学科研究进展进行全面、系统的分析显得十分必要。

二、近五年的主要进展

（一）国际研究进展

1. 国际总体发展态势

当前，随着人类发展的不断进步，包括中国在内的多个国家加紧布局深空探测领域，加速布局太空经济（军民）。最近两年，全球航天产业处于能力和市场快速发展的鼎盛时期，商业航天以其特有的创新发展模式，为助推航天产业经济发展带来强劲动力。2019年5月24日，美国商业航天公司SpaceX将首批60颗227kg级通信卫星顺利送入太空，意味着国外商业航天已经从探索阶段正式进入工程阶段，也开启了商业航天制造的工业流水线式新模式。空间电源系统作为宇航飞行器四个核心关键系统之一，在航天飞行器飞行阶段为有效载荷和各服务分系统提供电能。因此，具有质轻、高比能、稳定性好等特点的空间能源产品深受全球各国航空航天企业的垂青。

空间能源产品主要包括发电单元、储能单元、能源控制单元三个方面。

随着信息化技术的迅猛发展，各种手持式电子装备、电子芯片、微型机器人以及智能网络等军用装备和民用领域被广泛应用，以微电子技术、射频和无线电技术、光电技术、微机电技术（MEMS）等为核心技术实现具备信号感知、信号处理、信令执行和赋能等多功能集成的微型电子系统（简称微系统）得以迅猛发展。

（1）发电单元

作为航天器的发电单元，对于太阳电池阵的要求均是高效、质轻、低成木、收拢体积小、环境适应能力强，且寿命长。因此，太阳电池阵从传统的刚性太阳电池阵，逐步发展为半刚性太阳电池阵、柔性太阳电池阵、全柔性太阳电池阵。其中，全柔性太阳电池阵基于柔性电池的出现应运而生，可实现高效、质轻、收拢体积小等优点，以 THALES 为主的国外厂商，已确定 GEO 大功率和特定科学任务将逐步引入柔性太阳电池阵。同时针对商业组网项目研制周期短、布局动作快的特点，太阳翼系统化、模块化、平台化等成为商业卫星能源系统的发展趋势，对发电单元与相关结构与机构之间的系统技术提出了高集成度需求。

温差电技术是利用温差电材料特有的塞贝克效应将热能直接转化为电能的能量转换技术，有着无运动部件、可靠性高、不受环境及光照条件影响等诸多优势，在空间、水下及极地等领域均具有广阔的应用前景。由于温差电自身的独特技术优势，国际上针对温差电技术的研究从未间断。美国、俄罗斯是国际上温差电技术最发达的国家，从 20 世纪 60 年代至今，美国已经在空间成功应用了 50 余个同位素温差电池（RTG），所到之处遍及月球、火星以及外层行星际；相对而言，俄罗斯空间应用核反应堆温差电池较多，仅在火星探测器应用过毫瓦级的微型同位素温差电池 Angel。

燃料电池是典型的含能化学物质发电技术，燃料来源可以是氢气、烃类、醇，甚至燃油和生物质。德国以氢氧燃料电池为动力的 212 潜艇于 2005 年起开始服役，美国航空环境公司与美国海军研究实验室研发的"离子虎"氢氧燃料电池无人机 2013 年创造了连续飞行 48h 的电动无人机世界纪录；德国 Smart Fellcell 和美国 Oorja 研制的甲醇燃料电池代表了国外先进水平，功率范围分别为 25～200W 和 1.5kW，比能量达到 335Wh/kg，运行寿命达到 3000h，工作温度达到 –20～50℃。Spirocell 的便携式 SOFC，燃料为丙烷，电堆具有较高的功率密度（接近 1kW/L）和比功率（接近 1kW/kg）。日本丰田 2015 年推出的燃料电池车 Mirai 是民用燃料电池的最高水平，电堆达到 2.1kW/kg，3kw/L。国外军用金属/空气电池的应用方向主要包括小型电动车辆、舰船卫星定位系统、航海及水下作业系统等。以色列 Electric Fuel Inc. 研制的金属/空气电池为一次性使用，功率范围为 15～30W，能量密度为 320Wh/kg，工作温度为 –20～55℃。

（2）储能单元

在航天储能电源领域，近年来，锂离子蓄电池在高比能量技术方面取得了快速发展。在工程应用层面，锂离子蓄电池的比能量已从 120Wh/kg，提高到 210 Wh/kg；在基础与前沿储能技术的研究中，已研制开发出比能量超过 600Wh/kg 的新型储能电池。

近些年美军也致力于推进高比能一次锂电池的发展，预计未来 3—10 年内锂氟化碳电池将成为军用原电池市场的领导技术。中电十八所在国内率先开展了锂氟化碳电池关键技术的研究，开发了 CFx 材料改性、电极涂布、电池成组等新技术；创建了氟化碳电池热模拟仿真分析、试验验证的新方法，提出了评估氟化碳电池安全性能的新理论。目前国内空间用锂氟化碳方形软包单体电池比能量可以达到 700Wh/kg，电池组的比能量达到390Wh/kg；氟化碳混合体系方形软包单体电池比能量可达 530Wh/kg，单元电池比能量为420Wh/kg。美国 Eagle-Picher 公司生产的氟化碳混合体系 LCF-134 型号的方形软包电池比能量可达到 458Wh/kg，电池产品主要用作单兵电源，应用于指挥、控制、通信、计算机、情报、监视和侦察等领域。

（3）能源控制单元

能源控制设备主要功能是在卫星全寿命周期内调节与控制太阳电池阵和蓄电池组的能量传输和功率平衡，向卫星平台及有效载荷提供一条稳定可靠的供电母线。电池管理设备主要功能是完成电池组关键参数的监测及管理，保证蓄电池组寿命期间的供电能力及各个单体性能的一致性。国外针对小功率空间飞行器相对于国内常规能源控制器、均衡器、配电器、适配器、火工品管理器，进行功能集合形成功率调节与配电单元（PCDU）产品。

能源控制设备典型产品有法国阿尔卡特公司的 SB4000 卫星平台产品，具有可扩展性，9kW 功率配置产品重量 42.3kg，扩展至 21kW 产品重量 63.9kg，功率质量比 213～328W/kg。其下一代能源控制设备产品功率质量比达到 386W/kg。

功率调节与配电单元（PCDU）产品典型产品有 GLOBALSTAR 2 卫星平台产品，1700W 输出，重量 12.8kg，功率质量比 132W/kg。811 所研制的嫦娥五号功率调节与配电单元产品，集成了功率调节单元（PCU）、配电单元（PDU）、火工品配电和智能接口单元（PIU），功率输出 1600W，重量 12.2kg，功率质量比 131W/kg。

（4）微钠电源

微电源主要用于微系统的能量供给，是确保微系统正常运转的必不可少的能源保障。其尺度一般在毫米级、微米级，功率范围在微瓦级，具有与微电子芯片、微电子机械系统（MEMS）集成的相容性。

微电源按其工作原理分为微型物理电源和微型化学电源。微型物理电源主要包括微纳结构太阳电池、微温差电池、微电容、微压电器件、微电机等；微化学电源主要包括微型固态锂电池、微型超级电容、微液流电池和微燃料电池等。多种微电源各有特点，适用场合也各不相同。

2. 基础与前沿探索

（1）发电单元

随着对外层空间资源的探索和认知，国际上已经开始对外层空间立法，逐渐加大外层空间资源的开采和使用，这就使航天器主题及零部件具有了空间原位建造的可能，国际相关机构和厂商均已开展相关技术的探索。而太阳电池阵由于材料种类相对较少、技术难度相对较小，因此又是各厂商研究的重中之重。

为大幅提升空间应用核温差电池的热电能量转换效率，美国制定了先进温差电发电单元的研发计划：通过"级联"的方式，实现高温 – 中温两级器件设计集成，高温系材料主选 Zintl 和 LaTe，中温系材料主选 SKD 和先进 PbTe 基材料。计划 2020 年实现热电转换效率突破 15%，为 2028 年完成火星实验室构建及外层行星际飞行做好充分的技术准备和数据积累。

（2）储能单元

在基础与前沿储能技术的研究中，一直在致力于研制开发更高比能量的储能电池。近年来，在高镍三元正极材料、硅碳负极材料的研究中取得了突破性进展，将锂离子蓄电池的比能量提高到了 230Wh/kg 以上；在锂硫电池、全固态电池等新体系储能电池的研制中也取得了可喜进展，已研制开发出比能量超过 400Wh/kg 的电池产品。

针对锂氟化碳电池随着反应的进行，发生膨胀、产热效应明显的问题，最近美国能源部橡树岭国家实验室的研究人员正极使用氟化碳、纳米多孔材料 β–Li3PS4（锂硫代磷酸盐 –LPS）及导电材料的复配新材料，电解液采用含 LPS 成分的固体电解液，制备出了一种新型的氟化碳电池，从而解决了氟化碳电池放电膨胀以及发热的问题。美国西北太平洋实验室开发了 Li/CFx/Ag2V4O11（SVO）复合电极体系并采用石墨烯作为导电剂，解决了氟化碳电池电压滞后明显的问题，并且保持了高比能的特点。

（3）能源控制单元

能源控制器按照航天器功率需求水平，可以划分数十千瓦、千瓦及千瓦以下 3 个量级，对应卫星一次母线电压为 100V、42V、70V、28V。欧美 20kW 级的卫星平台已经发展成熟，数十千瓦量级卫星主要应用在通信领域和 SAR 遥感领域；千瓦量级卫星主要应用在导航领域、气象遥感领域、高分遥感领域等；千瓦以下量级卫星主要应用在一般遥感领域。卫星电源系统能够可靠地为光学遥感、SAR 等不同种类载荷供电。

随着器件水平、工艺水平的不断提高，能源控制器正朝着数字化、集成化、高效率、低成本的方向发展。美国 2018 年发射成功的帕克号太阳探测器采用了全数字的能源控制器，控制器功率密度比传统控制器提高了约 30%；日本 JAXA 正在研制基于新型 GaN 功率器件的能源控制器，预计功率密度比目前产品提高 50% 以上；欧洲空客公司正在为 OneWeb 低轨星座研制的高效率、低成本能源控制器变换效率达到 98%，单机重量仅为 2.5kg。

（4）微钠电源

微型物理电源研究主要集中在光电、热电、压电及摩擦发电等转换方式。

在光电能量转换技术领域，Sandia 国家实验室 1999 年研制了微型太阳电池，提供 75V 电压，驱动具有保险功能的两种 MEMS 组件。伯克利大学、路易斯安那大学研制了用于静电 MEMS 器件的高压太阳电池，在 $1cm^2$ 面积上串联了 100 个单元，电压为 150V。

对于热电能量转换技术，当属温差电技术最为成熟。美国喷气推进实验室（JPL）用电化学沉积工艺在硅衬底上制作 Bi-Te 基温差电材料，用 2300 对高度 50μm 微型元件制作微温差电池，温差 8.5K，负载电压 4.1V 时产生电功率 22mW，比功率约 1.3W/cm³。2006年，美国率先提出研制应用于平流层飞艇，利用太阳光辐射热量进行发电的 SiGe-PbTe-BiTe 三级薄膜温差电池。据理论预计，若薄膜材料的热电优值均超过 1，薄膜温差电池的热电转换效率将超过 6%。

Cornell 大学设计了一种微型核电池，其 PN 结的面积是 4mm×4mm，当采用 1mCi/cm² 的 Ni-63 放射源进行测试时，短路电流、开路电压、最大输出功率分别为 2.41nA、115mV、0.24nW。

除了上述光电、热电能量转换方式，压电、摩擦发电等前沿能量获取技术也逐渐向小型化、微型化发展。

美籍华人王忠林教授所带领的团队通过阵列氧化锌纳米线制备出纳米尺寸的压电发电机，转换效率高达 17%～30%，可作为纳米级驱动器的电源；法国学者 Marzencki 利用精密加工技术将压电发电机与控制管理电路集成在一个微型压电换能系统中，当压电系统的激振频率为 1495Hz，激振力幅值为 2N 时，压电系统的体积只需要达到 5mm³ 就可以持续驱动无线传感器网络节点工作；荷兰学者 Elfrink 于 2010 年设计了一种压电换能装置，该装置具有多层堆叠结构，其中压电换能部分采用真空封装，其输出功率是标准大气压下输出功率的 100～200 倍，当装置工作周期为 15s 时，换能装置的平均功耗为 10μW，可为无线传感器网络节点供能。

2012 年，美国乔治亚理工学院以摩擦发电原理为基础，设计了纳米摩擦发电机（TENG）。经测试，该 TENG 能产生高达 230V 的输出电压，表面积能量密度可达 15.5μA/cm²，体积能量密度可达 128mW/cm³，能量转换效率为 10%～39%。

微化学电源技术研究热电多集中在锌镍电池、锂离子电池和燃料电池。

Brightham Young 大学和 Bipolar Technologies 公司联合开发用于 MEMS 和其他微电路的锌镍微电池。电池薄如人发，可制成各种形状、尺寸，具有与广阔应用范围相适应的电压、容量和功率。最小电池的边长 5μm，最大 5mm，典型微电池容量为 500μAh/cm²。

1998 年，美国橡树岭国家实验室研制的锂可充电微电池，其正极材料为 $LiCoO_2$，用 LiPON 作为电解质，负极材料用 SiTON。电池厚度为 15μm。比能量达到 250mAh/g，电池经过 40000 次循环后容量损失小于 5%。

瑞典 Uppsala 大学于 2014 年设计了微型三维结构锂离子电池，在该电池中负极材料为 Al，正极材料为 $LiFePO_4$，用表面积较大的碳基体支撑 $LiFePO_4$，通过增加基体与 $LiFePO_4$ 的接触面积可提高电池正极材料的能量密度，使之与电池负极材料的能量密度几乎相同，大幅改善了电池的品质。

最近，BYU 成立了一个跨学科的研究小组，研究将微电池和微电子学电路、MEMS 集成方法以构成微系统。该研究小组设计了将太阳电池和微化学储能电池集成一起的微电源系统，研制一种 MEMS 开关。初期实验微电池完成了 2300 次以上充放电循环。分析表明，太阳电池和充电控制电路一起，底面积小于 $1mm^2$ 时即能满足许多自治系统待机和短期工作的需要。

3. 技术研究与应用

（1）发电技术研究与应用

1）光伏电池发电技术研究与应用。国际上光伏电池技术发展较快、技术水平较高的是美国和德国。目前应用的太阳电池阵类型包括刚性太阳电池阵、半刚性太阳电池阵、柔性太阳电池阵和全柔性太阳电池阵。

• 刚性太阳电池阵

刚性太阳电池阵技术相对成熟，为适应航天器的功率需求，采用二维或三维展开方式增加太阳电池板的数量。但对于太阳电池阵的研究主要致力于降低成本、减轻重量、提升其耐环境能力，同时为适应星座系列卫星，开发建立接口简单、快速组装的产品化产品。

• 半刚性太阳电池阵

半刚性太阳电池阵德国和法国早期开展了相应的研究，但未形成大量应用，只有俄罗斯在其国内飞行器上实现了大量应用，典型产品包括"和平"号空间站、快讯系列卫星太阳阵（图 88）。

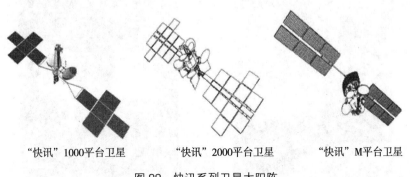

"快讯"1000平台卫星　　　　"快讯"2000平台卫星　　　　"快讯"M平台卫星

图 88　快讯系列卫星太阳阵

• 柔性太阳电池阵

柔性太阳电池阵是目前国外各大公司研制和主推的产品，美国、英国、日本、加拿大等均有运行的在轨产品。产品类型有卷式复合薄膜太阳电池阵、折叠式复合薄膜太阳电池阵、扇形展开柔性太阳电池阵、滚卷式柔性太阳阵。其折叠展开方式各有不同，但均是采用的刚性电池和柔性基板构成单个模块。同时，国外研发了扇形展开柔性太阳电池阵技术，相关产品已应用于火星探测器系列，包括"凤凰号""探路者""洞察号"等项目（图 89~图 91）。

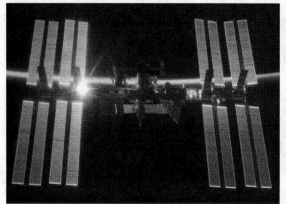

图 89　ISS 柔性太阳电池阵典型产品

低轨卫星　　高轨卫星　　　　　行星着陆器　　电推进星际探测器

图 90　UltraFlex-175 柔性太阳电池阵（具有高刚度、高功率质量比）

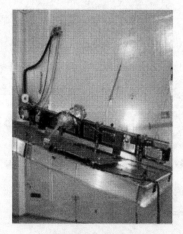

图 91　LM 公司柔性太阳电池阵（收拢体积小、重量轻）

　　2014 年 7 月，美国 DSS 公司研制了新型的滚卷式柔性太阳电池阵 ROSA，样机尺寸为 6.3m×13.6m，面积约为 85m^2，采用水平滚动的展开方式。Mega-ROSA 是一种整翼模块化的太阳电池阵，采用弹性自展开复合材料杆驱动太阳毯滚卷展开，系统简单、可靠性高。该方案在收纳比、功率-重量比指标方面有明显优势，但其展开过程类似地毯卷在一起后铺开的过程，在有一定引力的场合下实施展开较为困难（图 92、图 93）。

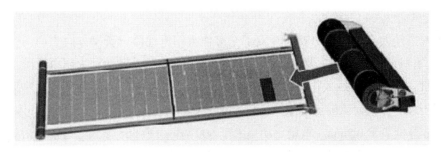

图 92　ROSA 太阳电池阵展开状态和收拢状态示意图

图 93　20kW ROSA 太阳电池阵工程研发样机展开过程

同时，国外研发了扇形展开柔性太阳电池阵技术，相关产品已应用于火星探测器系列，包括"凤凰号""探路者""洞察号"等项目，展开直径 2.1～6m 不等（图 94）。扇形展开柔性太阳翼采用类似雨伞"伞骨"的分布式支撑结构，材料性能利用率较高，可利用较小重量代价实现高展开刚度与高抗冲击、抗引力环境能力。另外，圆形的构型状态也使其在避让飞行器发动机羽流、展开状态惯量方面具有明显优势。"凤凰号"表面安装了效率为 17% 的硅太阳电池，其重量比功率达到 103W/kg，寿命初期能够提供超过 900W 的输出功率。"洞察号"采用"凤凰号"探测器平台，安装了效率达到 29.5% 的砷化镓太阳电池，太阳电池板 2.2m，寿命初期能够提供 600～700W 功率。

图 94　扇形展开柔性太阳电池阵

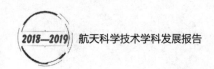

● 全柔性太阳电池阵

随着柔性太阳电池的出现，开发了全柔性太阳电池阵，研发方向为两类，分别是 F-SSS（有机薄膜封装型）及 G-SSS（柔性玻璃封装型），且两种太阳电池阵均已通过地面测试，其中 G-SSS 太阳电池阵搭载 NESSIE 小卫星进行了在轨飞行试验且已正常工作 1 年以上，该太阳电池阵采用 50um 厚的大面积超薄柔性玻璃进行了一体化封装，组件整体厚度小于 0.2mm，重量比功率大于 600W/kg。F-SSS 型太阳电池阵搭载日本的空间站 6 号运输车进行了演示验证，由 6 个 F-SSS 组成，电池效率达 32%（图 95、图 96）。

图 95 左侧为 G-SSS、右侧为 F-SSS

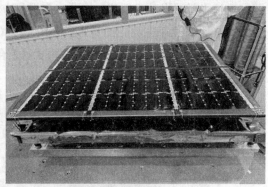

图 96 NESSIE 卫星及 G-SSS 太阳电池阵、SFINKS

2）温差电技术研究与应用。国际上，距离现今最近的温差电池空间应用产品为美国 2011 年 11 月发射的"好奇号"火星探测器携带的多任务同位素温差电池（MMRTG）。

多任务同位素温差电池的发电器内部充满氩气，其热电转换能力不受真空或行星大气条件限制，可执行星际航行和行星表面漫游等多种任务；电池自设携带 4.8 千克钚 -238，整个任务期间输出功率保持在 106～117W；采用模块化设计，集成了 8 个多用途热源模块和 16 个温差电转换模块。

"好奇号"火星探索任务以其精确的着陆方式、优异的性能、强大的综合探测能力，开创了人类深空探索的新纪元。

（2）储能电池技术研究与应用

储能技术包括化学方式、物理方式和机械方式。其中，化学电池储能包括一次电池和二次电池两种形式，高能锂系列电池是军民两个领域关注的重点。

目前一次电池锂氟化碳电池应用于航天领域在国内属于起步阶段，所查询到的国外锂氟化碳电池应用于航空航天领域的资料相对较少。法国 SAFT 公司生产的 Li/SO_2 电池已经应用在火星探测器（MARS Exploration Rover）、火星着陆器（Mars Lander）和深空探测等领域，该公司目前也生产锂氟化碳复合正极体系的电池，但是具体应用于航空航天领域还未见报道。

在二次电池工程技术研究与应用验证层面，近年来储能电源在向大功率和小型化方向发展。国际上，SAFT 公司是航天储能电源领域的领跑者，为满足航天器功率不断增加的需要，其研制开发出的 VL51 电池与 VES140 电池相比，电池容量从 38Ah 提高到 51Ah，电池的比能量从 124Wh/kg 提高到 170Wh/kg，采用不同数量的单体电池，通过先并后串的拓扑结构，可以组合成 100～500Ah 的蓄电池组，满足卫星 20kW 以上的功率需求；为满足小型航天器对储能电源的需要，研制开发了长寿命的 VES16 电池，电池容量只有 5Ah，电池上设计有安全装置，通过先串后并的组合方式，结合自主均衡装置，可以实现电池组的自主管理。

日本 NEDO 在提升计划中探索新型高效电化学储能体系，计划到 2030 年二次电池比能量达到 500Wh/kg，其后向 700Wh/kg 发展，其技术方案是采用多电子和金属燃料电池体系。日本 Panasonic 公司开发的以钴、铝掺杂的镍基氧化物 $LiNi_{1-x}M_xO_2$（如 NCA）为正极活性材料，含硅碳复合材料为负极活性材料的 18650 型电池的容量高达 3600mAh。2013 年特斯拉采用松下生产的 NCA 正极 18650 型电池应用于电动车，引起了行业轰动；2018 年比能量将达到 300Wh/kg，并在中国上海建设新基地。

（3）能源控制系统技术研究与应用

按照航天器功率需求水平，可以划分数十千瓦、千瓦及千瓦以下 3 个量级，对应卫星一次母线电压为 100V、42V、28V。欧美 20kW 级的卫星平台已经发展成熟，数十千瓦量级卫星主要应用在通信领域，比如美国劳拉公司的 LS-1300 系列卫星公用平台，包括基本型 LS-1300 和改进型 LS-1300S，自 1993 年开始发射，至今已发射的卫星有 80 多颗。美国波音公司 BSS-702 卫星公用平台，于 1995 年推出，至今该平台及其拓展型已应用的卫星数量超过 22 颗。欧洲阿斯特里姆公司与泰雷兹 – 阿莱尼亚公司的 AlphaBus 卫星公用平台，平台的承载功率为 12～18kW，承载质量可达到 1200kg，发射质量可达到 6000～8100kg。其典型有效载荷配置包括 200 个转发器，等效于 1000 路标清电视通道和

20 万路语音通道。千瓦量级卫星主要应用在导航领域，比如 Galileo 导航系统由 30 颗在轨卫星（包括 3 颗备份卫星）组成，轨道高度为 23222km（MEO），包含 3 个轨道平面，每个卫星寿命大于 12 年，功率 2kW 上下（图 97 ~ 图 99）。千瓦以下量级卫星主要应用在遥感领域，卫星电源系统能够可靠地为光学遥感、SAR 等不同种类载荷供电。比如 LM-900 系列平台是洛马公司面向 1m 以下分辨率光学成像卫星开发的遥感卫星公用平台。该卫星公用平台是一个通用型低地球轨道遥感三轴稳定平台，具有高指向精度和高敏捷度特点，适应多种遥感和科学应用载荷。BCP 平台是美国鲍尔宇航公司为商用遥感开发的系列化遥感卫星公用平台，其中，BCP-2000 是为光学成像遥感开发的平台，BCP-4000 是为 SAR 成像遥感开发的平台。

上述卫星平台采用电源系统设计和配套能源控制设备的主要性能参数见图 97。能源控制设备几乎全部采用模块化设计，利于功率拓展同时简化生产流程。核心技术围绕高精度低阻抗母线、高转换效率、高功率密度几个关键指标展开。

图 97　AlphaBus 平台能源控制器实物及其关键参数

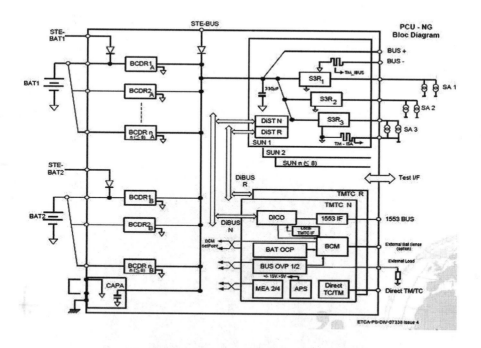

图 98 Spacebus–NEO 电源系统拓扑和能源控制器实物图

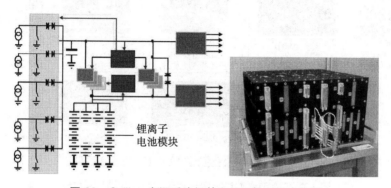

图 99 Galileo 电源系统拓扑和能源控制器实物图

上述卫星平台配套电池管理设备的主要功能如下：ThalesAlenia 公司 SB4000 系列锂离子蓄电池组均衡管理器 BIMU 适合高轨长寿命卫星，对 24 节锂离子单体电池串联组成的蓄电池组进行均衡管理，电源系统母线电压为 100V。其具体功能包括单体电池电压采样、整组电池电压采样、单体电池均衡控制、ByPass 切换控制、电池充电过压保护、与上位机界面通信、内部 DC/DC 供电功能。ThalesAlenia 公司 BMU 产品外形图见图 100。

图 100　ThalesAlenia 公司 24 节均衡管理器产品外形图

Aeroflex 公司锂离子蓄电池组均衡管理器 BIMU 采用非耗散型拓扑，适合高轨长寿命卫星，对 24 节锂离子单体电池串联组成的蓄电池组进行均衡管理，首发星于 2010 年发射已在轨运行 5 年（图 101）。

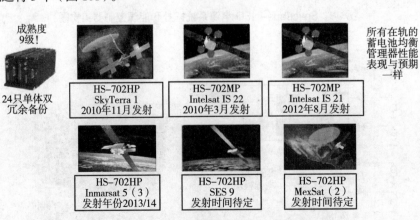

图 101　24 节电池均衡管理器示意图及在轨使用情况

4. 学科发展与建设

综合回顾近五年国际空间能源技术的发展，美国 Spectrolab 公司、波音公司、JX Crystal 公司、德国 Fraunhofer ISE 太阳能研究所均配备多结砷化镓太阳电池完善的开发团队；NASA 旗下的 JPL 和美国能源部（DOE）下属机构、日本 NEDO 公司、美国橡树岭国家实验室 Nancy J.Dudney 课题组、美国西北太平洋实验室 Daniel Deng 的 Hydrology 课题组、美国 Eagle-Picher 公司等公司均对空间能源技术的开发投入了大量的人力物力，具有完善的产品研究与开发团队、质量与产保团队、市场与业务发展团队、营运与保障团队、工程应用团队和航空系统部团队等。

（二）国内研究进展

1. 国内航天科学技术空间能源领域学科总体发展态势

空间能源领域发电技术方面，国内太阳电池阵的发展步伐紧紧跟随国际，实现了太阳电池阵种类的全覆盖，但发展步伐和成果相差较大，目前可达到刚性太阳电池阵的大量应用、半刚性太阳电池阵的在轨应用以及柔性和全柔性太阳电池阵的研制和开发；温差电技术一直处于预先技术研发状态，随着嫦娥四号探测器携带同位素温差电池成功发射和出色任务表现，势必带动温差电技术学科的迅猛发展。

储能技术方面，国内在航天储能电源领域的研制基本与国际先进水平同步，在锂离子蓄电池工程化应用方面，嫦娥五号 200Wh/kg 比能量的锂离子蓄电池已经进入型号工程应用阶段，三元体系 210Wh/kg 锂离子蓄电池已经完成地面验证，并开始进入工程应用阶段。技术水平领先于 SAFT 公司锂离子蓄电池水平。在基础与前沿储能技术的研究中，国内研发的锂硫电池、全固态电池的技术水平也已达到国际同类产品的先进水平。

能源控制技术方面，国内在空间能源系统管理产品的研制基本与国际先进水平同步，针对通信、导航、遥感、微纳卫星等应用领域形成了电源控制器系列化产品，并且得到了广泛的应用。

与此同时，随着微系统技术的不断迅速发展，空间微型装备对微纳电源技术的需求也将日趋迫切。

2. 基础与前沿探索

（1）发电单元

2006 年，811 所在世界首次提出反向生长与半导体直接键合多结太阳电池技术途径，在国家自然科学基金、国家安全重大基础研究、民用航天重大项目的支持下，先后突破了器件结构自主设计、GaAs 基高开路电压双结反向生长、InP 基高开路电压子电池、1.0e 隧穿结、表面活化处理、大面积均匀可重复直接键合、300～1700nm 宽光谱减反射膜等关键技术，实现了整条流程的自主可控，获得了完整的知识产权，在国际顶级期刊上公开报道了世界最高开路电压 1.0VInGaAsP 子电池，在 SCI 期刊上公开报道了 34.55% 的半导体直接键合四结太阳电池，达到美国光谱实验室四结太阳电池水平，该技术途径已经成为世界上实现 >36% 光电转换效率的主流。

近五年来，国内温差电技术领域主要致力于高性能温差电材料及先进换能器件设计集成技术的研究，目前公开报道的北京航空航天大学赵李立教授研制的先进单晶 SnSe 材料的最大 ZT 值已突破 2.6，但尚处于实验室研制阶段；在器件研发方面，中电十八所研制的基于 GeTe–PbTe–BiTe 中低温两级级联器件的最大能量转换效率达到 12.62%。

除了常规高功率电池，国内也积极开展了微型薄膜温差电池的设计研发，通过将微电子光刻蚀技术与先进磁控溅射制膜方法相结合，研制了叠层结构的薄膜电池实验室演示样品，电池整体厚度约 200μm，在 1.35K 工作温差下，输出功率接近 $0.1mW/cm^2$。这些先进的技术成果都将为后续空间应用的宏观及薄膜温差电池累积丰富的技术基础和借鉴。

（2）储能单元

在基础与前沿储能技术的研究中，国内的研究基本与国际的研究水平同步，主要集中在两个方面：一方面通过高镍三元正极材料、硅碳负极材料的研究，提升锂离子蓄电池的比能量，目前的研发水平，锂离子蓄电池的比能量已经达到 230Wh/kg；在锂硫电池、全固态电池等新体系储能电池的研制中，国内也达到了国际同类产品的先进水平。例如，大连化学物理研究所在 2018 年 CIBF 会议上展示的 35Ah 锂硫电池比能量达到了 609Wh/kg；中国电子科技集团公司第十八研究所研制的全固态电池的比能量也达到了 600Wh/L，811 所全固态锂电比能量达到 440Wh/kg 和 900Wh/L。

目前应用于航空航天领域的锂氟化碳电池科学技术学科的发展仍然以氟化碳 – 二氧化锰复合正极以及纯氟化碳正极为主，针对氟化碳电池膨胀、发热、电压滞后等缺点，指明了氟化碳 – 金属氧化物复合正极、新型电解液开发研究等新方向，开发了 CFx-Hybrid 复配电极制备技术，提出了 LiF 晶格空隙 – 孔洞溶剂化分子嵌入理论，解释了氟化碳电池膨胀机理，为解决氟化碳电池膨胀的问题提供了理论指导方向。

（3）能源控制单元

目前国内的能源控制器研发了主要适用于小功率卫星、导航系列卫星、遥感卫星的专用平台，以及适用于大功率通信卫星的专用平台。国内开发的航天用耗散型锂离子蓄电池均衡管理器系列产品，涵盖了大、中、小卫星三个平台，分别对应不同量级的锂离子蓄电池组。典型产品已在卫星型号产品上应用。

（4）微钠电源

我国从"十五"规划开始了微电源动力技术研究。其中，微电源技术主要开展了微镍锌电池、微锂电池、微太阳电池和微薄型温差电池等研究，形成了材料、简单设计和初级样品的制备能力。

中国电子科技集团公司第十八研究所率先开展微型太阳电池的研究工作，其制作的面积 4cm^2 太阳电池的输出功率大于 100mW。天津大学设计了一种与 CMOS 工艺兼容的片上集成太阳能电池阵列，采用 0.18μm 的 CMOS 工艺制备出面积约为 0.2mm^2 的太阳能电池，在 AMI.5、1000W/m^2、25℃ 的测试条件下，最大输出功率为 10.211μW，短路电流和开路电压分别为 28.763μA 和 0.458V。

在国内，多家高校和科研院所开展了微温差电池技术的研究。其中，中国电子科技集团公司第十八研究所研制的由 200 对 p-n 单体构成的薄膜温差电池外形尺寸 10mm×10mm×0.5mm，温差 1.25K，输出功率 0.37mW；西北工业大学利用 4H-SiC 材料制作了一种肖特基同位素电池，当采用 4mCi/cm^2 的 Ni-63 放射源进行测试时，功率密度、开路电压、短路电流密度分别是 31.3nW/cm^2、0.5V、3.13×10-8A/cm^2、1.3%；中国工程物理研究所设计了一种直径为 15mm、厚度为 10mm 的圆柱形同位素电池，其短路电流、开路电压、最大输出功率、转换效率分别为 5.97nA、0.88mV、0255nW、0.561%。

天津大学从 1999 年起就开始了采用电化学镀的方法进行纳米晶薄膜温差电材料的以及微型温差电器件制备的相关技术研究，其研制的微型薄膜温差电器件样品在 1cm^2 的面积上集成了 126 个 P 型和 N 型温差发电单元，每一个发电单元的尺寸为 0.1mm×0.1mm，输出功率为 2μW。

北京大学的张海霞教授团队也正致力于摩擦发电相关理论和装置在生物医学方面的研究，自 2012 年以来发布了许多人体发电研究成果，其研制的纳米摩擦发电机最大电压 465V，电流密度 13.4μA/cm^2，最大功率密度 53.4mW/cm^3。

对于微型储能电源，中国电子科技集团公司第十八研究所研制的固态锂离子电池最大放电容量 166mAh，平均工作电压约为 3.7V，质量比能量（不含封装衬底）286.9Wh/kg，微型固体薄膜锂电池尺寸 1cm×1cm，比能量达到 50μWh/（μm·cm^2）。

厦门大学 2014 年研制出一款平面微型锂离子电池，电池中阳极膜的面积是 500μm×500μm，电池截面积为 1.9mm^2，总体活性物质厚度小于 2μm，在电池顶部和底部都留有负极集流体层。经测试，该电池在 40nA 的电流下放电仍可获得 6.5nAh 的放电容量。复旦大学开展了蜂窝状微型薄膜锂离子电池的研究并获得实验室演示样品。

哈尔滨工业大学张宇峰等人结合 PCB 封装技术，研制了体积为 1.5cm^3 的微型直接甲醇燃料电池，在 4mol/L 的燃料浓度下，最大功率密度达 50mW/cm^2。

3. 技术研究与产品应用

（1）发电技术研究与应用

1）光伏电池发电技术研究与应用。目前国内应用的太阳电池阵类型包括半刚性太阳电池阵、柔性太阳电池阵和全柔性太阳电池阵。

• 半刚性太阳电池阵

国内目前应用在天宫、货运飞船和东五平台的产品可分为网格式和绷弦式。网格式半刚性产品已经过了 3 次飞行验证，绷弦式半刚性产品已完成了全部鉴定试验，技术比较成熟，产品图见图 102。

图 102　半刚性太阳阵产品

- 柔性太阳电池阵

借鉴国外技术，国内也已开展了套筒驱动的可重复展收柔性、桁架式驱动的可重复展收柔性、可重复展收扇形折叠式柔性太阳电池阵的研制。其中空间站核心舱实验舱等采用桁架式驱动的可重复展收柔性太阳电池阵，已完成初样产品研制，转入正样阶段，产品图见图 103。

图 103　空间站柔性太阳电池阵

国内某单位与 501 部合作研发的可重复展收扇形折叠式柔性太阳电池阵完成工程样机研制。样机产品面积 $12m^2$，重量约 37kg，布片面积约 $9.5m^2$，功率为 2kW，收拢体积约为 $0.13m^3$，收纳比达 $92m^2/m^3$，目前已完成多次重复展开和收拢试验、完成空间温度环境试验与力学环境试验（图 104）。

图 104　可重复展收扇形折叠式柔性太阳电池阵

• 全柔性太阳电池阵

国内已报道的柔性太阳电池已达到 33.13%，面密度达到 $200g/m^2$。基于柔性薄膜太阳电池，同期开展了全柔性太阳电池阵的研究，已实现了适用于无人机的试验验证，完成了充气展开式全柔性太阳电池阵样机研制（图 105）。但距应用于航天器还有很大差距，需要攻克很多新技术，如抗辐照、柔性封装技术、展开技术等。

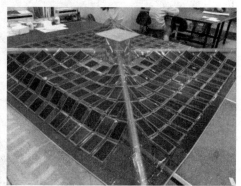

图 105　充气展开式全柔性太阳电池阵

2）温差电技术研究与应用。2018 年 12 月 8 日，嫦娥四号探测器成功发射，我国自主研制的同位素温差电池助力嫦娥四号实现了人类历史上首次月球背面着陆探测。该电池采用钚 238 作为热源，突破了高性能温差电材料、涉核集成等关键技术，能持续产生电能，使探测器具备了在月面"全天候"工作的能力，并获取了我国第一手月表温度遥测数据。嫦娥四号同位素温差电池成功应用，标志着中国航天开启了深空探测的新历程。

（2）储能技术研究与应用

在工程技术研究与应用层面，为了满足我国航天事业快速发展的需要，近年来国内储能电源技术的发展很快，在大容量锂离子蓄电池研制方面，国内锂离子蓄电池的比能量已经达到 190Wh/kg，已经超过了国际上 SAFT 公司的锂离子蓄电池水平（170Wh/kg），200Wh/kg 的锂离子蓄电池也已完成工程应用验证。针对航天器小型化对储能电源的迫切需要，国内研制开发出 5Ah 的 33650 电池，与国际同类产品相比，电池比能量更高，在重量相同的情况下，电池容量更大，输出能量更多。

现阶段国内研发的拟应用于火星着陆巡视器上的锂氟化碳电池组属于国内锂氟化碳电池应用于航空航天领域中的一个重点产品，当前该产品处于正样阶段，产品按项目节点在有序进行着生产、试验等工作。初步拟定于 2020 年发射火星探测器。

（3）能源控制系统技术研究与应用

目前国内针对通信、导航、遥感、深空探测、微纳卫星等应用领域形成了能源控制器系列化 PCU 和 PCDU 产品，并且得到了广泛应用。根据功率大小，能源控制器产品参数及其实物照片见图 106 ~图 108。

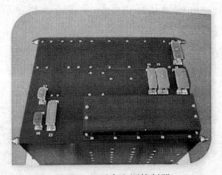 

CAST2000 平台电源控制器　　　　　　　　CAST3000 平台电源控制器

图 106　小功率能源控制器及其实物照片

图 107　中功率能源控制器及其实物照片

系列 1 电源控制器　　　　　　　　　系列 2 电源控制器

图 108　大功率能源控制器及其实物照片

• 小功率平台典型产品（表 20、表 21）

表 20　电源控制器（PCU）产品系列

指标参数		CAST2000 平台	CAST2000 平台增强型	CAST3000 平台
输出电压（V）		28.5 ± 1	30 ± 1	31 ± 1
输出功率（W）		1200	1200	1500
母线纹波（Vpp）		≤ 0.35	≤ 0.35	≤ 0.35
分流调节器	工作电流（A）	≤ 7	≤ 7	≤ 7
	分流级数	8	8	12
放电调节器	输出功率（W）	1000	1000	1000
	放电效率（%）	92	92	92
充电调节器	充电电流（A）	0 ~ 18	0 ~ 24	0 ~ 40
	充电效率（%）	90	90	95
总线通讯		CAN	CAN	CAN
寿命（年）		5	5	5
重量（kg）		≤ 17.5	≤ 18.5	≤ 19
外形尺寸（mm）		357 × 262 × 220	380 × 262 × 220	400 × 350 × 180
工作温度范围（℃）		−20 ~ +60	−20 ~ +60	−20 ~ +60

表 21　小功率 PCDU 产品系列

指标参数	CAST100	CAST3000B	深空探测系列
输出电压（V）	23 ~ 30.5	① 33 ~ 46.2 ② 28 ± 1	29.5 ± 0.5
输出功率（W）	800	1600W@46V 900W@28V	800

续表

指标参数		CAST100	CAST3000B	深空探测系列
母线纹波（mV）		≤ 350	≤ 350	≤ 200
分流调节	工作电流（A）	≤ 8	≤ 8	≤ 6
	工作级数	4	8	10
放电调节	输出功率（W）	/	900	800
	放电效率（%）	/	92	94
充电调节	充电电流（A）	0 ~ 15	0 ~ 30	0 ~ 60
	充电效率（%）	96	97	96
均衡采样 / 均衡电流		100mV/0.15A	100mV/0.3A	100mV
配电		1 路 10A，2 路 5A 6 路 5A（火工品）	1 路 15A，2 路 5A 6 路 10A（火工品）	3 路 25A，3 路 5A 23 路 20A（火工品）
总线通讯		CAN	CAN	1553B
寿命（年）		5	5	3
重量（kg）		≤ 7	≤ 17	12.2
外形尺寸（mm）		196 × 250 × 222	427 × 250 × 222	435 × 270 × 180
工作温度范围（℃）		−20 ~ +60	−20 ~ +60	−35 ~ +70

- 中功率及拓展平台典型产品（表 22、表 23）

表 22　电源控制器（PCU）产品系列

指标参数		系列 1	系列 2			系列 3
			MEO	IGSO/GEO	MEO/IGSO	
输出电压（V）		26.5 ~ 42.5	42.2	100.3	42.2	42
输出功率（W）		2000 ~ 3000	3000	6000	1600	4000
母线纹波（Vpp）		/	分流调节模式 ≤ 0.60， 放电调节模式 ≤ 0.25	分流调节模式 ≤ 0.60， 放电调节模式 ≤ 0.25	≤ 0.25	分流调节模式 ≤ 0.60， 放电调节模式 ≤ 0.25
分流调节器	工作电流（A）	1.5 ~ 2	≤ 7	≤ 7	≤ 7	≤ 7
	最大电流限制（A）	/	14 ± 2	14 ± 2	16.8 ± 1	21 ± 3

指标参数		系列 1	系列 2			系列 3
			MEO	IGSO/GEO	MEO/IGSO	
放电调节器	输出功率（W）	DET	≥ 600	1500	≥ 600	600
	放电效率（%）		94.0	≥ 95.0	≥ 94.0	94.0
充电调节器	充电电流（A）	限流式	0 ~ 8	0 ~ 8	0 ~ 8	0 ~ 15
	充电效率（%）		93	95	93	93
总线通讯		/	1553B	1553B	1553B	ML–DS
寿命（年）		8	12	12	12	8
重量（kg）		5.7/6.3	≤ 27.2	≤ 35.2	≤ 24	≤ 35.7
外形尺寸（mm）		260 × 190 × 180/ 250 × 180 × 167	484 × 420 × 203	484 × 480 × 205	364.5 × 420.48 × 203	468 × 584 × 180
工作温度范围（℃）		–20 ~ +60	–20 ~ +60	–20 ~ +60	–20 ~ +60	–20 ~ +60

表 23 中功率 PCDU 产品系列

指标参数		遥感平台	SAST5000
输出电压（V）		42 ± 0.2	42 ± 0.2
输出功率（W）		4000	3600
母线纹波（mV）		分流调节模式 ≤ 600， 放电调节模式 ≤ 250	分流调节模式 ≤ 600， 放电调节模式 ≤ 250
分流调节	工作电流（A）	≤ 8	≤ 8
	电大电流限制（A）	≤ 21	≤ 15
放电调节	输出功率（W）	600（单路）	600（单路）
	放电效率（%）	94	94
充电调节	充电电流（A）	0 ~ 80	0 ~ 40
	充电效率（%）	95	93
均衡采样 / 均衡电流		/	100mV/0.3A
总线通讯		1553B	1553B/ML–DS
寿命（年）		8	12
重量（kg）		≤ 31	≤ 32
外形尺寸（mm）		480 × 400 × 197	508 × 420 × 197
工作温度范围（℃）		–20 ~ +60	–20 ~ +60

● 大功率及超大功率平台典型产品（表 24、表 25）

表 24　电源控制器（PCU）产品系列

指标参数		系列 1	系列 2
输出电压（V）		100.3 ± 0.29	100.3 ± 0.29
输出功率（kW）		6 ~ 12	5.4 ~ 21.6
母线纹波（Vpp）		分流调节模式 ≤ 0.60 放电调节模式 ≤ 0.25	分流调节模式 ≤ 0.60 放电调节模式 ≤ 0.25
分流调节器	工作电流（A）	≤ 7	16
	最大电流限制（A）	21 ± 3	45 ± 9
放电调节器	输出功率（W）	1500	1800
	放电效率（%）	95.5	≥ 96
充电调节器	充电电流（A）	0 ~ 15	0 ~ 3
	充电效率（%）	93	≥ 96
总线通讯		ML–DS	1553B
寿命（年）		15	15
重量（kg）		≤ 41	≤ 55.9（21.6kW 配置）
外形尺寸（mm）		576 × 620 × 180	757 × 425 × 195（21.6kW 配置）
工作温度范围（℃）		–20 ~ +60	–20 ~ +60

表 25　大功率 PCDU 产品系列

指标参数		SAST3000	系列 3
输出电压（V）		① 50 ~ 70 ② 30 ± 1	① 75 ~ 100 ② 42 ± 0.2（隔离）
输出功率		12KW@70V 2000KW@30V	15KW@100V 2500KW@42V
母线纹波（mV）		≤ 400	≤ 400
分流调节	工作电流（A）	≤ 8	≤ 8
	最大电流限制（A）	≤ 21	≤ 21
放电调节	输出功率（W）	300（单路）	600（单路）
	放电效率（%）	93	93
充电调节	充电电流（A）	0 ~ 96	0 ~ 120
	充电效率（%）	97	98
均衡采样 / 电流		10mV/0.3A	/
总线通讯		1553B	1553B
寿命（年）		8	8
重量（kg）		≤ 21	≤ 38
外形尺寸（mm）		214 × 300 × 440	450 × 400 × 197
工作温度范围（℃）		–20 ~ +60	–20 ~ +60

目前国内的能源控制器平台 CAST2000 平台、CAST3000 平台主要适用于小功率卫星，BD-2A 平台应用于导航系列卫星，遥感卫星平台适用于遥感系列卫星，DFH-4、DFH-5 平台适用于大功率通信卫星。

国内已开发出了航天用耗散型锂离子蓄电池均衡管理器系列产品，涵盖了 28V、42V、100V 大、中、小卫星三个平台，分别对应锂离子蓄电池组节数：7 节、9 节、22 节。典型产品已在 SJ-9A 卫星、AS-1 卫星、GF-1 卫星、DFH-3B 卫星平台、DFH-4E 卫星平台等一系列卫星型号产品上应用。

目前国内卫星型号用锂离子蓄电池组均衡管理器典型产品见表 26，部分产品实物照片见图 109 ~图 111。

表 26　锂离子蓄电池产品在卫星工程型号上应用

序号	型号	母线电压	配套数量
1	DFH-3B 卫星平台 SJ-2 BIMU	100V（22 节）	2 台
2	BD-2AI GEO/IGSO 卫星 BMU	100V（22 节）	2 台
3	DFH-4E 卫星平台 APSTAR-9/BEL-1 ISIS	100V（20 节）	4 台 SC+40 台 SE
4	BD-2AM MEO 卫星 BMU	42V（9 节）	1 台
5	IS-1（上海微小）BMU	42V（9 节）	1 台
6	GF-7 卫星平台 ISIS	28V（7 节）	1 套
7	GF-1 卫星 PCU 均衡模块	28V（7 节）	1 套
8	AS-2 卫星 PCU 均衡模块	28V（7 节）	1 套
9	CAST100 平台均衡模块	30V（7 节）	1 套 / 星
10	CAST3000B 平台均衡模块	48V（11 节）	1 套 / 星
11	深空探测平台均衡模块	30V（7 节）	1 套 / 星
12	遥感平台 BMU	42V（9 节）	2 台 / 星
13	SAST3000 平台均衡模块	30V（7 节）、70V（16 节）	1 套 / 星
14	SAST5000 平台均衡模块	42V（9 节）	1 套 / 星
15	大功率遥感平台 BMU（含 ISIS）	100V（24 节）	1 套（1 台 BMU、1 台 SC、24 台 SE）/ 星

DFH-3B 卫星平台 BIMU

BD-2AI GEO/IGSO 卫星 BMU

ARSTAR-9 ISIS（SC+SE）

图 109　100V 母线均衡器型谱产品

BD-2A MEO 卫星 BMU

IS-1 卫星 BMU（上海微小）

图 110　42V 母线均衡器型谱产品

GF-1 卫星 PCU 均衡模块

AS-2 卫星 PCU 均衡模块

GF-7 ISIS（SC+SE）

图 111　28V 母线均衡器型谱产品

4. 学科发展与建设

近年来，国内研究生产空间能源系统产品的主要公司有中国电子科技集团公司第十八研究所、贵州梅岭电源有限公司、上海航天八院 811 所等，以中国科学院、武汉理工大学、北京航空航天大学、天津大学、厦门大学等为代表的诸多的空间能源技术研发团队，许多该领域的年轻教授进入国家科技百人、千人计划，为温差电材料及器件的性能提升和电池设计创新发展注入了新鲜的能量和活力。

三、国内外研究进展比较

1. 空间能源领域学科国内外研究进展总体比较

空间能源领域中，发电技术整体已达到国际水平，因起步较晚，整体应用时间靠后，成熟度较国外水平有一定差距。储能电源技术方面，我国依托国家新能源发展计划的强力支持和航天事业快速发展的牵引，无论是工程应用技术还是基础与前沿探索技术均与国际先进水平取得了同步发展。能源控制系统与配电技术基本达到国际先进水平，但因国内能源控制产品集成度较低，未来性能提升还有很大的上升空间。

2. 重点学科具体进展比较

总体差距主要体现在以下几个方面：

（1）技术水平与差距

国内电能源领域在世界范围内属于专业最全，产品系列最为完整，技术发展较好，但基本现状是以跟踪国外研仿为主，"预研水平高、产品水平低"。发展较好的是空间用三结砷化镓太阳电池技术、通讯锂离子电池技术等领域达到国际先进水平，动力电池技术处于行业先进行列。在前沿技术方面，如微纳电源技术、量子光学技术、全固态技术、3D打印技术、复合器件技术、电磁储能技术等新技术方面技术跟进与探索存在差距。在生产工艺方面，尚在"试错法"试制和小规模自动化关键设备＋手工操作层次，一次产品合格率低，产品系列化与货架化储备不足，军工产品属于项目型或"任务型"设计与生产；民品技术储备较弱，智能制造能力亟待提高。在质量方面，由于工艺水平、在线测试能力等方面的差距，造成电能源产品的成品率较低、一致性较差的问题。

（2）与国防需求的差距

未来武器装备对军用电能源产品的总体需求归纳为"四高""一长""一小"，即高效化、高功率化、高比能化、高安全可靠性、长寿命、微小型化。要求产品批次一致性好、环境适应性强、智能化水平高、产品互换性好。

在空天应用方面，飞行器对电源的需求是高效率、高比特性、长寿命、高可靠。同时，商用卫星的低成本化越来越高。

在战略威慑等新兴武器装备应用方面，包括定向能武器、电磁弹射、电磁炮等武器装备对大功率电源要求越来越多，我们的技术水平尚存在较大差距。

而在面向未来的军用物联网等应用，对于包括感应快速充电、激光传能和微波传能的远程无线传能等新兴技术领域，我们技术储备基本是空白。

3. 发电技术国内外进展比较

（1）太阳能电池发电技术国内外进展比较

详细比较见表27。

表27　太阳能电池发电技术国内外进展比较

项目	国内技术水平	国外技术水平	国内外的差距
刚性太阳电池阵	寿命：LEO：8 年 GEO：15 年	寿命：LEO：10 ~ 15 年 GEO：15 ~ 20 年	整体技术相对成熟，应用广泛，受困于元器件、原材料基础及空间环境综合效应防护能力等因素，导致整体使用寿命低于国外
半刚性太阳电池阵	寿命：LEO：3 年 GEO：15 年	寿命：LEO：8 年	通过技术引进，整体掌握了国外技术，因整星不具备长寿命能力，太阳电池阵未进行长寿命设计和考核，导致整体寿命指标低于国外
柔性太阳电池阵	已拥有研制能力，如空间站已完成初样样机、材料级组件级和翼级验证	多种柔性阵完成地面鉴定并实现在轨应用	整体技术已达到国际水平，因起步较晚，整体应用时间靠后，成熟度较国外水平有一定差距
全柔性太阳电池阵	处于研究阶段，实现了适用于无人机的研制技术，进行了试验验证。空间应用仍处于研究阶段	已实现在轨的演示验证和搭载	虽起步较晚，但由于耐空间环境技术特别是针对高轨的辐照防护技术均还未突破，在加大投入力度的前提下，还是具备追上国际先进水平，甚至达到国际领先的可能的

（2）温差发电技术国内外进展比较

温差发电技术空间应用主要为深空探测，因为只有自带热源的核温差电池可以不受光照条件的影响。从总体技术水平看，在宏观电池和微型薄膜电池研发方面，国内技术明显落后于美国、俄罗斯等技术强国。但随着国内深空探测任务的逐步启动和微系统技术研究的不断升温，越来越多的高校、科研院所组建了专业的温差电技术研发团队，国内的温差电技术研究也在不断进步和发展。

纵观国内外温差电技术现状和发展趋势，国内温差电技术在基础研究方面已接近国际先进技术水平，个别先进体系材料性能甚至有赶超的趋势。但在产品应用方面，差距还比较明显，空间应用经验严重不足，应用领域也有待进一步拓展和开发。

4. 储能电池技术国内外进展比较

在基础与前沿储能技术的研究中，国际上，技术水平最高的 SAFT 公司下一代锂离子蓄电池的研制目标是比能量达到 230Wh/kg，国内采用高镍三元正极材料、硅碳负极材料研制开发的锂离子蓄电池的比能量已经达到 230Wh/kg；在锂硫电池、全固态电池等新体系储能电池的研制中，国内大连物理化学研究所研制的 35Ah 锂硫电池的比能量达到了 609Wh/kg，也达到了国际上的先进水平。目前存在的技术瓶颈是，高比能量电池的循环寿命性能均不能满足工程应用的需要。

梅岭电源研制的大容量锂亚硫酰氯电池，700Ah 电池比能量达到 460Wh/kg，并在短周期飞行器中多次获得成功应用。

目前国内生产的锂氟化碳软包电池的比能量已经达到国际领先水平，铝壳 D 型圆柱形锂氟化碳电池（$\Phi 33 \times 60mm$）的比能量可以做到 610Wh/kg，国外 Eagle-Picher 公司生产的铁镀镍壳 LCF-130 型号圆柱形锂氟化碳电池（$\Phi 30.66 \times 52.2mm$）的比能量为 445Wh/kg，体积比能量为 843Wh/L；不锈钢壳 LCF-131 型号圆柱形锂氟化碳电池（$\Phi 33.8 \times 118mm$）的比能量为 508Wh/kg，体积比能量为 784.5Wh/L。该公司生产的锂氟化碳电池已经成功应用在单兵电源、地面传感器、救生应急设备以及其他军事设备上。现阶段国内圆柱形锂氟化碳电池的密封性能与国外产品仍有差距，这一点限制了圆柱形锂氟化碳电池的应用。

5. 能源控制技术国内外进展比较

与国外同类产品相比，国内能源控制与电池管理产品集成化程度不够高，分立器件还占较大比重。需要开发电源专用集成控制电路，并开展数字化电源技术研究，从而提高能源管理单元的比功率，提升管理性能。且国内能源控制和电池管理产品与国外同类产品相比不够智能化，能流管理较粗，导致能流利用率低，无法最大限度地发挥能源系统最佳性能。

6. 微钠电源技术国内外进展比较

我国的微电源及系统技术与美国、欧洲等国家存在一定的差距。这不仅体现在电池的性能方面，更重要的是在电池尺度以及系统设计和集成，从而导致我国微型电源系统及装备整机的体积、质量、性能及批产等方面还没有达到国际先进水平，这是制约我国微小型、信息化武器装备性能提升的瓶颈之一。

四、发展方向与展望

（一）未来发展的战略需求

随着空间飞行器载荷的多样化、高电压和大功率需求的日益增加，特别是未来空间激光或微波等定向能武器卫星及其他天基攻防卫星其功率达到 MW 级，而新型电推进使用电压从约 300V（霍尔推进器）到约 1000V（离子推进器），特别是空间太阳能电站更是达到 GW 级、上万伏，这就对能源系统提出了更高的要求。

1）航天器用太阳电池阵需采用效率更高、重量更轻、抗辐射性能更好的太阳电池，以获得更高的面积比功率和质量比功率。因此，采用全柔性封装的高性能薄膜电池作为发电单元的太阳电池阵供电系统成为未来空间飞行器供电选择的趋势。

2）随着我国以月球探测为起步的深空探测计划的不断开展，越来越弱的光照条件使得核温差电池成为探测系统主电源的最理想选择，基于反应堆和同位素热源的高效、高可靠大功率温差电池的应用需求也将日趋迫切。与此同时，以美国关注的柔性薄膜温差电池应用研究为契机，以微电子技术及微系统的迅猛发展为牵引，微温差发电技术的需求也将

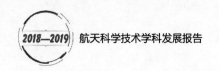

日趋明朗，自主收集环境热能进行热电转换的微型柔性温差电池将成为微电源技术主流。

3）锂离子电池技术的发展是以材料的进步为基础的。高比能化、双高设计、宽温适应、快充、安全技术等是近未来技术发展的重点。

4）锂氟化碳电池作为一次电源具有质轻、高比能的优点，但不具有反复充放电的能力，锂氟化碳电池单一产品并不能满足航空航天器的用电需求，未来航空航天领域所需求的应是以一次电源和二次电源组成的电源系统。

5）能源控制系统需更加的集成化、智能化，提高比功率，在传统电源管理系统中引入以太网络、人工智能、大数据技术等，增加传统电源设备所不能提供的智能管理控制模块和控制芯片构成可远程控制和计划管理的电源分配单元。通过电源智能化可以实现用户单元在任何时间任何地点直接接入相应的网络，可以直接或通过计划任务控制设备的电源情况，形成最精细的管理力度和最理性化的控制方法，满足不同用户单元对各种电力分配节点的灵活控制。与此同时，通过将大量智能化电源与电源中枢管理控制系统的网络互联，实现电源管理的无人化和自主化。

6）无论化学还是物理电池，均将以纳米材料技术为研究突破口，在性能和稳定性方面寻求一个最优提升；建立新型微电源设计与工艺方法，突破一体化集成技术，大幅提高电源微小型化、高比能量和高环境适应性。

（二）发展趋势和重点方向

空间能源技术发展趋势可以概括为高效化、致密化、能量与功率兼顾、低成本可再生。

1. 发电技术

太阳电池技术的发展将是以提高效率和比功率为主线，32%～34% 高效 3-5 结砷化镓太阳电池将是近期发展的重点，新一代 36% 以上高效太阳电池的新概念、新体系、新材料与新工艺的研究已经开始。

针对空间超大功率飞行器、空间太阳能电站等高性能太阳电池阵的应用需求，深入开展高效率、高重量比功率全柔性一体化太阳电池阵技术总体设计技术研究，突破全柔性太阳电池系统总体设计技术、高效柔性薄膜砷化镓太阳电池制备及集成内联技术、全柔性一体化封装技术、空间环境防护设计、大面积组阵及展收、功率传输等关键技术研究，以提高效率和比功率为主线，研制出能够进行飞行试验验证的全柔性太阳电池阵。以最终实现集自主知识产权的高性能、高重量比功率、高电压、高可靠性的全柔性一体化太阳电池阵在未来航天任务中的应用为目标。

未来五年，温差电技术将出现趋于"一大一小"两极化的发展趋势："一大"即基于核反应堆及同位素热源的百瓦级到千瓦级温差电池；"一小"即基于微系统应用的微瓦到毫瓦级微型温差电池。因此，高功率核温差电池及微温差电池也将是未来五年的重点发展方向。

燃料电池技术发展方向是高效化、模块化，通过技术突破，重点解决可靠性、低温适应性等问题，提升装备长时间野外作战使用性能。电堆本身的工作温度提升，氢源的广谱化是其大规模普及的必由之路。

2. 储能技术

锂离子电池技术的发展是以材料的进步为基础的，未来发展方向主要有两个：①高比能量。随着新型航天器的发展，对能源的需求越来越大，因此，要求储能电源在相同重量的情况下，输出更多的能量。②高比功率。新型航天武器需要储能电源瞬时提供超大功率，为适应航天武器的发展，需要研制开发高比功率储能电源。

在环境适应性方面，–40℃乃至更低温度下能够大倍率、高效率放电的体系研究是重点方向；在安全性方面，对新型阻燃剂、副反应抑制组分、热稳定隔膜等技术的研究以及固态电解质技术将快速发展。特别是锂系列电池的固态化为主要研究方向之一，朝着提高能量密度、控制成本的方向发展。

未来五年锂氟化碳电池产品以开发新型的 CFx-Hybrid 正极复配体系，采用新型的固体电解液，开创新型的氟化碳电池为重点发展方向。在电源系统方面以氟化碳电池与二次电源（如锂离子电池）或者氢燃料电池组合为发展趋势，才能扩宽锂氟化碳电池在航空航天领域的应用。

3. 能源控制技术

能源控制技术发展趋势为标准化、模块化、软硬结合及高密度集成。在产品实现智能化的基础上，通过感知自身及应用条件的变化，自主调节和控制各部分的运行，实现发电、储能和负荷的协调，必要时还能切除自身失效的部分，实现智能化管理。而现阶段部分产品在轨应用数据较少或无在轨应用经历，需开展地面寿命试验，尽早尽快完成在轨应用及数据分析；国内能源控制与电池管理产品在体积、重量、工艺等方面与国外先进水平也有一定差距，需进一步开展机电热一体化设计技术研究；在超大功率超高压能源控制方面，国内研究较少，尚无相应产品，需要开展大功率分布式供电及并网技术研究，并进行空间飞行验证。

4. 微钠电源技术

对于微物理电源技术，光电、温差电技术已较成熟，未来的研究重点是如何进一步减小电源尺度和提升电池性能稳定性；新兴的压电振动微能源装置在无线传感器网络供能方面优势凸显，未来研究重点在于压电材料的改性以及多层堆叠技术研究；摩擦发电微能源技术现仅处于理论研究阶段，发展前景有待观望。在微型化学电池研究方面，高性能锂离子电池的研究迫在眉睫，其研究重点集中在电池化学成分的调整和制作工艺的改进，以加快性能提升的进度；微型燃料电池在实际应用上除了降低成本，还存在性能衰减性问题、封装结构稳定性等难点需要攻关。多源一体化集成的微电源系统是未来的研究热点，急需

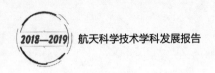

解决的技术难题是实现多种电源一体管理的微型电源管理系统的研发。

参考文献

［1］ Carpenter B，Lyons J，Day J. Validation Report for the EO-1 Lightweight Flexible Solar Array Experiment［R］. 2001:1-7.

［2］ Chen J P，Cheng W，Ming L I. Modeling, measurement and simulation of the disturbance torque generated via solar array drive assembly［J］. Science China Technological Sciences, 2017, 61（4）: 1-17.

［3］ Cherchas D B，Hughes P C. Attitude Stability of a Dual-Spin Satellite with a Large Flexible Solar Array［J］. Journal of Spacecraft & Rockets, 2015, 10（2）: 126.

［4］ Kojima Y，Taniwaki S，Okami Y. Dynamic simulation of stick‐slip motion of a flexible solar array［J］. Control Engineering Practice, 2008, 16（6）: 724-735.

［5］ Li D X，Liu W，Sun X Y. Dynamic Modeling and Experimental Validating of Large Semi-Rigid Structures［J］. Journal of Mechanics, 2014, 30（2）: 193-198.

［6］ Li H Q，Duan L C，Liu X F，et al. Deployment and control of flexible solar array system considering joint friction［J］. Multibody System Dynamics, 2017, 39（3）: 249-265.

［7］ Li H Q，Yu Z W，Guo S J，et al. Investigation of joint clearances in a large-scale flexible solar array system［J］. Multibody System Dynamics, 2018, 44（3）: 277-292.

［8］ Stephane B，Nicolas B，Andreas D，et al. Solar Trees: First Large‐Scale Demonstration of Fully Solution Coated, Semitransparent, Flexible Organic Photovoltaic Modules［J］. Advanced Science, 2016, 3（5）: 1500342.

［9］ Trautz K，Jenkins P，Walters R，et al. High efficiency flexible solar panels［C］. 2014: 115-119.

［10］ Wallrapp O，Wiedemann S. Simulation of Deployment of a Flexible Solar Array［J］. Multibody System Dynamics, 2002, 7（1）: 101-125.

［11］ Yang Q L，Guo Q W，Tang G A. Analysis of air flow of the semi-rigid solar array in ground vibration test［J］. Journal of Hydrodynamics, 2009, 24（3）: 381-386.

［12］ Zhao Z，Xiao Y Z，San-Hu D U，et al. Reaction moment of a flexible solar cell array in large overall motions［J］. Journal of Vibration & Shock, 2010, 29（7）: 116-120.

［13］ 王铮. 商业航天——航天行业能涨么？［EB/OL］. 2017-11-13/2020-4-7.

［14］ Stéphane Remy，Serge Lawson，Stéphane Lefeuvre，et al. Qualification and Life Testing of Li-Ion Ves16 Batteries［J］. E3S Web of Conferences. 2017, 16: 17009.

［15］ Fernandez. 11th European Space Power Conference 3-7 October 2016［C］. Proto Palace，Thessaloniki Greece: EDP Sciences, 2016: 781.

［16］ 罗萍，谭玲生，王捷，等. 锂离子蓄电池组在 GEO 卫星上的应用［J］. 电源技术. 2018，（1）: 1.

撰稿人：朱立宏　陈洪涛　赵　超　谭玲生　张丽丽

　　　　呼文韬　解晓莉　米　娟　薛伟顺　许　薇

审稿人：朱　凯　王保平　程保义　石　斌

大事记

1971 年 3 月 3 日，实践一号科学实验卫星发射成功，首次采用硅太阳电池阵作为发电单元。

1988 年 9 月，风云一号卫星发射成功，首次采用了基于刚性帆板的硅太阳电池阵。

2000 年 4 月，资源二号卫星发射成功，首次采用双母线和开关分流技术作为能源控制。

2007 年 5 月 14 日，尼日利亚 1 号通信卫星发射成功，首次采用单结砷化镓太阳电池阵作为发电单元。

2008 年 9 月 25 日，神舟七号飞船发射成功，搭载的伴星实现分离及在轨飞行，实现了三结砷化镓太阳电池阵和锂离子蓄电池组的首次空间应用。

2009 年 4 月，遥感六号卫星发射成功，实现了高压氢镍蓄电池组在低轨卫星上的首次应用。

2009 年 11 月 12 日，实践十一号卫星发射成功，实现了三结砷化镓太阳电池首次批量应用，单星装机 3585 片。

2011 年 6 月 21 日，鑫诺 5 号发射成功，实现三结砷化镓太阳电池大批量应用，单星装机 34408 片。

2011 年 9 月 29 日，天宫一号发射成功，实现了 100V 高压母线技术在低轨道空间飞行器的首次应用，并开始网格式半刚性太阳电池阵的空间应用。

2011 年 10 月，空间站柔性太阳电池阵开始关键技术攻关。

2011 年 11 月 26 日，美国"好奇号"火星探测器携带多任务同位素温差电池（MMRTG）成功发射。

2012 年 8 月 6 日，美国"好奇号"火星探测器成功着陆火星表面。

2012 年 10 月，实践九 A 卫星成功发射，实现了超级电容器作为储能单元的首次应用。

2013 年 1—12 月，面向探月三期 CE-5 返回器应用研制高比能锂氟化碳电池组工程样机。

2013 年 11 月 20 日，长征四号丙火箭成功发射，实现锂离子蓄电池技术在运载火箭领域的首次应用。

2013 年 12 月，探月二期工程成功实现落月，电源系统休眠唤醒技术和空间多器电源系统技术作为能源控制技术首次应用于玉兔月球探测器和探月二期飞行器上。

2014 年 10 月，完成 30% 薄型高效太阳电池批产鉴定。

2015 年 4 月，空间站柔性太阳电池阵完成分系统级核心舱电池电路部分初样设计评

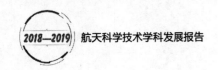

审，开始初样阶段研制工作。

2015 年 7 月，北斗二号二期 MEO 试验星成功发射，实现了 42V 全调节 S3R 单母线技术和大容量锂离子蓄电池组首次在高轨卫星应用。2016 年 5 月 15 日，遥感三十号卫星发射成功，30% 的高效三结砷化镓太阳电池实现在轨应用。

2016 年 8 月 16 日，力学星发射成功，32% 的高效三结砷化镓太阳电池开始在轨验证。

2016 年 11 月，云海一号 01 星发射成功，首次实现了单片 32cm^2 大面积高效三结砷化镓太阳电池的大批量应用。

2016 年 11 月，新技术试验卫星发射成功，首次实现了 34% 的高效三结砷化镓太阳电池在轨验证。

2017 年 7 月 2 日，实践十八号卫星采用的绷线式半刚性太阳电池阵的飞行产品完成所有的地面验证实验，具备飞行状态。

2017 年 8 月，空间柔性太阳电池阵完成核心舱柔性基板原子氧防护涂层初样设计评审，开始初样阶段研制工作。

2017 年 8 月 1 日，立方星在轨部署发射器锂氟化碳电池组随天舟货运飞船成功发射，在轨运行 150 天，性能良好。

2018 年 2 月 2 日，张衡卫星发射成功，超高磁洁净度太阳电池阵投入应用。

2018 年 6 月，嫦娥中继星（鹊桥）成功定点于地月拉格朗日 L2 点的 Halo 轨道，首次实现在该轨道应用的电源系统，保证了嫦娥四号任务的圆满完成。

2018 年 7 月，高分十一号卫星发射成功，实现了 42V 全调节 S4R 单母线技术的首次应用。

2018 年 12 月，空间柔性太阳电池阵完成初样产品的研制及试验验证，完成核心舱电池电路初样转正样阶段研制总结评审。

2018 年 12 月 8 日，嫦娥四号探测器成功发射，我国同位素温差电池实现首次月球应用。

2019 年 1 月 3 日，嫦娥四号探测器实现人类首次月球背面软着陆。2019 年 1 月 12 日，同位素温差电池作为唯一工作电源，为月夜温度采集器供电。

2019 年 1 月 3 日，巡视器玉兔二号到达月面开始巡视探测。

2019 年 1 月 11 日，着陆器与巡视器玉兔二号完成两器互拍。

2019 年 5 月，实践二十号卫星采用的绷线式半刚性太阳电池阵完成地面测试、验证和复查，具备出厂条件。

ABSTRACTS

Comprehensive Report

Development Status and Prospects of Aerospace Science and Technology Discipline

The report summarizes and evaluates the new progress of China's Aerospace science and technology disciplines and the gaps at home and abroad from the latest research progress, domestic and international comparisons and future development trends and prospects, and analyzes the strategic needs of China's Aerospace technology discipline development, and puts forward the priority development fields and key directions in the next five years.

Significant progress. China's Long March rockets have the ability to launch satellites of various types and manned spacecraft to low, medium, and high-Earth orbits. The orbit injection accuracy has reached the advanced international level, which can meet various needs of different users. The space infrastructure, including High-resolution Earth Observation System (CHEOS) and Beidou Navigation Satellite System, has been constantly improved. The size of on-orbit spacecraft is already the second largest in the world. The small satellites have been increasing year by year, and the technical level has been continuously improved. China has successfully carried out human spaceflight missions of Tiangong 2, Shenzhou 11 and Tianzhou 1, the re-entry test of Chang'e 1, Chang'e 2, Chang'e 3 and Chang'e 5, and the five missions of Chang'e 4. China has mastered the key technologies of lunar probe, soft-landing on the lunar surface and re-entry into the Earth's atmosphere. China has made important progress in the

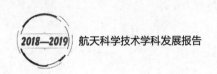

processing and precision forming technology of aerospace lightweight high-strength materials, and has made remarkable achievements in human spaceflight, deep space exploration, and guidance, navigation and control technology in on-orbit servicing. The key technologies such as spacecraft orbit determination and ultra long range measurement, control and communication have accumulated a lot of achievements, which has improved the reliability, modularization and generalization of the launch technology. China has mastered lunar soft landing technologies such as propulsive deceleration and descent, landing and obstacle avoidance, and made breakthroughs in key technologies such as Mar parachute. China has formed new and diversified launch vehicle test capabilities, and made important progress in such technologies as multi-beam photon detectors and earth observation LiDAR payloads. The full coverage of the solar array is realized. The lithium ion battery with 190Wh/kg specific energy has been applied in satellite engineering, and the 200Wh/kg lithium ion battery has also been verified by engineering application. The overall performance of the general drone is close to the world's advanced level, and some high-speed stealth drones have completed their maiden flight. Significant progress has been made in technologies such as Terahertz radar, microwave photonic-based radar, and quantum radar. The application of satellite systems has effectively promoted the development of various industries.

Domestic and international gaps. The key indicators of some of Chinese launch vehicles still lag behind the United States and Russia. The rapid launch is still in its infancy, with gaps in launch cycles and launch forms, and the technical basis for reusable launch vehicles is backward. The satellite remote sensing service has not formed support capability, the high efficiency and high quality data support capability is insufficient, innovation and development of payload technology of communication satellites are slow, and integration capacity of communication satellite system is poor. There are deep gaps in navigation satellite positioning, timing, and accuracy of global speed measurement. As a whole, small satellites still have problems such as imperfect satellite platform spectrum and thin product system. China is basically in a blank state in the large-scale manned deep space exploration technology, and has not yet achieved long-term manned space flight. There is a big gap between China and other countries in Mars, Jupiter and Saturn exploration. In terms of aerospace thermal processing and precision forming technology, there are gaps in processing precision, equipment integration capability and intelligence level compared with foreign countries. China does not yet have the GNC verification means for manned soft landing and lunar takeoff and ascent rendezvous. Compared with foreign countries, there is still a gap in heavy-lift launch technology, smart launch technology, unattended launch technology and fast launch technology. The means of launch is single, and the transportation equipment for moving in and out of space and orbital transfer is also relatively simple. China's photoelectric technology core key materials and devices, system integration capabilities, environmental simulation test capabilities are insufficient. There is a gap between China and foreign countries in the time resolution and quantitative application of space remote sensing technology payloads. The maturity of space power generation technology is lower than that of foreign countries, and the integration of energy control products is lower. At present, most of Chinese space SoC cannot achieve complete system-level functions, and there is still a big gap compared with foreign SoC chips. The high performance, low cost and multi-purpose detection and guidance technology is insufficient in anti-interference design, verification and evaluation under complex electromagnetic environment. There are still many problems and deficiencies in the transformation and application of space technology, and the market response is slow.

Development direction and focus. Improve the intelligence level of the launch vehicle, focus on building smart rockets, accelerate the development of heavy-lift launch vehicles and upgrade them to a new generation, and reduce launch costs. The three major satellite series of terrestrial observation, ocean observation and atmospheric observation will be constructed to further enhance the carrying capacity of the enhanced DFH-4 platform and improve the efficiency of navigation satellites. Promote the integration of small satellites with the "Internet". Breakthroughs have been made in long-term manned space flight technology, space service technology and other key technologies in human spaceflight. China will launch the Chang'e 5 probe and return it with samples to complete the third phase of the Chinese Lunar Exploration Program, and start the fourth phase of the Chinese Lunar Exploration Program, set up an unmanned scientific research station on the moon, and continue to advance Mars and other exploration missions. Accelerate the optimization and intelligence of process technologies such as hot working and precision forming technology. China will develop the platform control technology for large-scale combined spacecraft of the km-level, make breakthroughs in autonomous guidance, navigation and control technology for deep-space probes, and make breakthroughs in key technologies such as large-capacity and high-rate space information transmission and intelligent control of spacecraft. The rocket transition adopts the overall "three-vertical" or "three-horizontal" test-launch mode, which uses the high-flow gas supply and high-flow cryogenic propellant to increase the reliability, safety, flexibility and rapid response capability of the rocket launch. Achieve the entry deceleration and non-destructive landing of large-load spacecraft, and

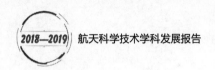

break through pneumatic deceleration and heat protection technology of hypersonic re-entry of spacecraft. To ensure the successful development of the multi-functional optical facility with a diameter of 2m and give full play to the expected benefits, and to carry out the development of high-resolution Earth observation load for geostationary orbit. Focus on the development of photon counting multi-beam three-dimensional terrain detection technology, in-depth research on the overall design of high-efficiency, high-weight-ratio, fully flexible integrated solar array technology, and break through the key technologies of high specific capacity positive electrode and metal negative cycle stability. The detection frequency band extends to the terahertz and develops toward multi-mode and multi-system detection. The space technology application strengthens the ability construction from the management system mechanism innovation and the technology innovation system construction.

Development strategy. The first is to strengthen the centralized and unified leadership of aerospace. To establish a mechanism for coordinating and making decisions on space activities at corresponding levels, to be responsible for formulating national space policies, reviewing the national space budget and making decisions on major issues concerning space development. Accelerate the formulation and promulgation of the national space power development strategy. The second is to continue to implement major aerospace projects. On the basis of completing National Science and Technology Major Projects, such as lunar exploration, human spaceflight and High-resolution Earth Observation System (CHEOS), China will cultivate and implement a number of new major projects or major programs such as deep space exploration and heavy-lift launch vehicles to comprehensively enhance the overall level of space science and technology. The third is to strengthen research on cutting-edge basic technologies. Promote the transformation of investment structure from mainly engineering to engineering and basic research are equally important, further increase R&D investment in frontier theory, basic technology and basic raw materials and components, and deploy strategic, basic, forward-looking scientific research and technological breakthroughs, and actively carry out frontier technology exploration and application research, comprehensively enhance the original innovation ability and the ability of independent control. The fourth is to strengthen the construction of scientific and technological innovation talents. Promote the construction of a number of innovative teams across industries, interdisciplinary, cross-technical areas and inter-organizations, and cultivate a group of leading talents with high quality, strong ability and strong sense of innovation. Fifth, a new system of integrated and open space research and production should be established. Give full play to the decisive role of market resources, better play the role of the government, continuously promote the integration of the aerospace industry base and the national industrial base, and build an open and cooperative space scientific research and production system rooted in the national economy and based on system integrators, professional contractors, market suppliers and government public service agencies. The sixth is to accelerate the commercialization of aerospace industrialization. We will accelerate the introduction of relevant special policies to support the construction and operation of commercial satellite systems, and the development of value-added products for satellite applications and business model innovation, so as to form a product and service system that complements basic public services, diversified professional services and mass consumer services. We will accelerate the integrated development of aerospace, the Internet, big data, the Internet of Things and other new industries, foster and strengthen the "Space+" industry, and create new products, technologies, and businesses. While serving the development of the national economy at a higher level, in a broader range, and to a greater extent, we will enhance our capacity for self-development and sustainable development.

Written by Chen Jie, Zhang Chao, Guan Xiaohong, Zhu Bin

Report on Special Topics

Advances in Space Launch Vehicle

Space launch vehicle technology has obtained great progress in the past five years in China. The report focuses on aerospace launch services, newly developed launch vehicles, upper stages and so on.

In the past five years, Long March launch vehicles has fulfilled 109 launch missions. In 2018, the number of launch missions reached 37, which makes China got the champion of launch number in the world for the first time. The high success rate of launch missions is supported by the increasingly reliability of launch vehicles. China's new generation launch vehicles have become members of Long March launch vehicle families: LM-5 was firstly launched in 2016, LM-6 was firstly launched in 2015, LM-7 was firstly launched in 2016, LM-11 was firstly launched in 2015. Besides, several Yuan Zheng upper stages, YZ-1, YZ-1A, YZ-2, YZ-3, also join the launch missions. Those launch vehicles and upper stages increase China's aerospace strength greatly. For example, the payload ability of GTO is up to 14t when LM-5 launch vehicle proved its power in Wenchang satellite launch centre in 2016, while the payload ability of GTO before 2014 is 5.5t. Progresses of heavy launch vehicle, reusable launch vehicle and commercial launch vehicle in the past five years are also introduced in the report.

Based on the review of achievements of China's space launch vehicles in the past five years, the report compares and analyzes the development of space launch vehicles in China and foreign countries. Objectively speaking, there are many aspects for China's space launch vehicles to improve to catch up other main aerospace countries.

The development trend and prospect of China's space launch vehicles are also presented in the report.

Written by Chang Wuquan, Xu Lijie, Qin Xudong, Mou Yu, Qin Tong

Advances in Spacecraft Design

China's spacecraft design technology has obtained eye-catching achievements during the past five years. This report focuses on four types of satellites, i.e., remote sensing satellites, communication satellites, navigation satellites, and space science and technology test satellites.

Firstly, the achievements in these four fields during the past five years have been exhibited. In the field of remote sensing satellites, the present states and technology achievements of landsats, oceansats, meteorological satellites have been introduced respectively. In the field of communication satellites, the China's first high-throughput communication satellite, Shijian-13, with a transfer capacity of 20Gbps was launched. In the field of navigation satellite, BeiDou Navigation Satellite System has been independently constructed and has the ability to provide global service. In the field of space science and technology test satellite, dozens of satellites have been successfully lauched during the past five years. They are mainly used for in-board examinations to various new space technologies, devices, materials, etc.

Based on the review of past-five-year achievement in China's satellites, the developments in China and foreign countries have been compared and analyzed. It is obvious that there exists gaps in the four fields. Concretely speaking, in the field of remote sensing satellites, the gap exists in the observation architecture, observation methods and performance, and satellite platform. In the field of communication satellites, the system design and performance, technology, and satellite platform are deficient. In the field of navigation satellites, the gap exists in performance and technology. In the field of space science and technology test satellites, China lacks major

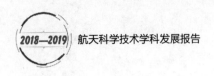

primitive innovation projects at present. Moreover, the insufficiency in development planning is not advantage to space technology sustainable development.

Finally, the development trend and prospect in China's spacecraft have been presented.

Written by Wang Yongfu, Liang Xiaoheng, Liang Xiujuan,
Wang Humei, Wu Xiangjun, Hu Zhao, Zhang Long

Advances in Manned Spacecraft

China is in the critical stage which the Chinese toward the goal of rejuvenation the nation. Manned space engineering is an important field which represents technological innovation and progress and the vital symbol of the national scientific and technological level as well as ability.

In the past 5 years, manned space technology in our country achieved many major breakthroughs based on mission planning, steady development, self-reliance and independent innovation. The second stage of manned spaceflight engineering project is also successfully completed.

The report, based on the development needs of manned spacecraft discipline and space power strategy, summarized the development situation and research results of manned spacecraft field in recent years, investigated the hotspot and development trends of foreign manned spacecraft field as well as analysis of the manned spacecraft development status at home and abroad which were compared with each other too. Based on the actual development situation of China's manned spacecraft, the report put forward the future development direction and strategy for the disciplinary development of manned spacecraft.

Written by Zhang Bainan, Liu Yang, Sun Xingliang

Advances in Deep Space Exploration Probes

Man-made earth satellite, manned space flight and deep space exploration are three major fields of space exploration in China. Deep space exploration is one of the world's aerospace cutting-edge science and technology innovation activities, as well as an important symbol of comprehensive national strength and ability to innovate, to safeguard national security, to promote international influence, to promote scientific and technological progress and to improve the national soft power, which is of great significance. Deep space probe can improve human knowledge of unknown space, solar system, and the understanding of the origin of life. It can also promote the development of space science and technology and the development and utilization of space resources. Therefore, deep space exploration has become one of the main directions of the future development of the space field in the world.

Deep space exploration activities in China started in lunar exploration, has successfully implemented five tasks of the Chang'e 1, Chang'e 2, Chang'e 3, Chang'e 5 Flight Test Vehicle and Chang'e 4 mastering lunar exploration, moon landing and return, and key technologies such as with the launch, measurement and control, communications and recycling space infrastructure and ability, established a relatively perfect system of engineering, which won a large number of scientific achievements. The ongoing "Chang'e 5" lunar sampling and return mission, part of the third lunar exploration phase, will be completed by 2020. On the basis of the Lunar exploration project, China is carrying out its first Mars exploration mission by making full use of the existing foundation. In 2017, under the organization of the state administration of science, technology and industry for national defense, China carried out demonstration work for the follow-up deep-space exploration missions, including the fourth phase of the lunar exploration project, asteroid exploration, Mars sampling and return, Jupiter system and interplanetary exploration mission, and achieved phased results.

The United States, Russia, Europe and Japan have carried out deep space exploration to varying degrees. Among them, the United States is the first country to carry out deep space exploration. It is the only country that has explored the sun and the eight planets in the solar system, leading

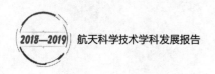

the world. Many "firsts" were created in the early years of Russia/Soviet union. Influenced by the political environment, its development is once stagnated but gradually recovered in recent years. The European space agency (ESA) started relatively late. Although the number of launches is small, the probability of success is high. Japan has achieved great success in asteroid detection and has found a unique path of development. India successfully launched Asia's first Mars mission in 2013. Entering the 21st century, the space powers and organizations have made deep space exploration plans. Without exception, the development of deep space probe as an important traction drives the development of the space technology in China. At the same time, looking for "the mystery of the solar system, the origin of the planet, the existence of life" are always important goals for the space organizations to pursue with continuous developments of deep space exploration activity.

This report introduces the research in the field of deep space exploration in recent five years, including the development situation and trend of deep space exploration research abroad in recent years, the development of deep space exploration research in China, the comparative analysis of domestic and foreign research progress and gap, and the development prospect in the next five years.

Written by Sun Zezhou, Ma Jinan, Wang Qiang, Li Fei, Meng Zhanfeng, Wang Chuang

Advances in Small Satellite Technology and Applications

Compared to large spacecraft, small satellites have the advantages of short development time, low development and launch cost, flexibility, and strong networking capabilities. In the past seven years, small satellite technology has developed rapidly, and the small satellite application industry has also formed a certain pattern. This report mainly introduces the research progress of small satellite technology and application at home and abroad, and then proposes the future development trend and prospect of small satellite through comparison of domestic and foreign situations.

First of all, in terms of the development status of small satellites in foreign countries, countries abroad attach great importance to the top-level planning of aerospace science and technology innovation. The United States, Russia, India and other countries have proposed their own small satellite technology development strategy. The upgrade of small satellite products in the fields of communication, remote sensing and space exploration has been accelerated such as constructing the satellite mobile communication systems, i.e., O3b, OneWeb, and Starlink. The new commercial aerospace industry has formed a certain scale by constantly proposing new systems and new concepts.

Secondly, in terms of domestic small satellite development, the state attaches great importance to the construction of the aerospace system and incorporates the development of small satellites into the outline of the National 13th Five-Year Development Plan. With the continuous improvement of the level of small satellite technology in the fields of remote sensing, communication, and space exploration, China's satellite application system has entered the phase of practical use. Through the continuous breakthroughs of new concept and innovative application of the new system, the Queqiao relay satellite has been successfully launched, which provides relay communication between the land and the moon for Chang'e 4's soft landing detection mission on the back of the moon.

Based on the review of past-seven-year achievement in China's small satellites, the developments in China and foreign countries have been compared and analyzed. From the perspective of the number of small satellites, the United States ranks first. The gap between the number of small satellites in China and the international trend is significant. With the continuous improvement of small satellite technology, a good technical foundation has been formed after long-term development of our country. However, compared with the advanced foreign manufacturers, there are still a series of problems, such as imperfect spectrum of small satellite platforms, thin product systems, insufficient autonomy of core component, etc.

Finally, the strategic direction, the development trend and the key development directions of the small satellite technology have been proposed.

Written by Bai Zhaoguang, Yang Zhi, Wang Dandan, Ma Qixiu

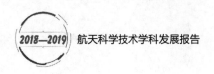

Advances in Aerospace Manufacturing Technology

As a national high-tech industry, aerospace science and technology industry shoulders the major responsibility of safeguarding national security, promoting scientific and technological progress, promoting scientific and technological progress and promoting economic and social development, and plays a pivotal role in China's socialist modernization and national security.

The 13th Five-Year Plan is a key period for the development of China's aerospace industry. The development of the new generation of aerospace products pays more attention to refinement, integration, light weight, low cost and high reliability. A large number of new materials, new technologies and new structures are adopted. It is urgent to break through a number of core technologies in the forming and processing of light weight and high strength materials and precision forming technologies. On the other hand, many kinds of aerospace products will enter the stage of mass production, putting forward higher requirements on the rationality, standardization, stability and reliability of the existing technology.

This report aims at the key manufacturing fields of China's space industry. It analyzes the current situation of hot processing and precision forming, special processing, advanced welding, additive manufacturing, surface engineering, electronic components and electrical interconnection, advanced composite technology, assembly, integrated manufacturing and precision ultra-precision processing. It compares the comprehensive capabilities of related manufacturing fields at China and abroad, analyzes the existing problems and deficiencies in current China space manufacturing, and puts forward the development ideas.

Written by Zhou Shijiie, Ao Hongfeng, Chen Tiying

Advances in Space Guidance, Navigation and Control

In recent years, great achievements have been made in China's Space Guidance, Navigation and Control (GNC) technology, especially in the fields of manned space flight, deep space exploration, in-orbit service, remote sensing satellites, as well as the launch vehicle. In this report, we firstly provide the state-of-the art of domestic space GNC technology during the last five years, and then show the comparison with that of foreign development; based on which, we further present development trend and proposals of space GNC in china.

As two aspects of critical technique in China's manned space project, the fast rendezvous and docking GNC technology as well as the space station control technology are introduced. Also, the GNC Technology for soft Landing of Lunar Lander and Jump re-entry flight, and the Control of L2 Point orbit of Earth and Moon are demonstrated, which are taken as the typical development in the deep space exploration field. Moreover, in the field of in-orbit service, the relative measurement technology of non-cooperative target and the on-orbit injection GNC are provided. After that, several advanced control technology of satellites are introduced, such as: control for the multi-polarization SAR satellite with long-span and slender body, attitude control of remote sensing satellite with synchronous orbital array, high agile maneuvering control, ultra-stable, ultra-fast, ultra-accurate platform control, etc. Finally, we present the launch vehicle GNC technology including the advanced navigation and guidance technology, long-time accurate in-orbit navigation technology, and reusable delivery technology.

Based on the above development of past five-year in China's space GNC technology, we further compare that at home and abroad. As a whole, several space GNC techniques, containing the fast rendezvous and docking GNC technology, soft Landing GNC technology of Lunar Lander and Jump reentry flight, has reached the leading level in the worldwide. Nevertheless, there exists a certain gap in most space GNC technologies, for example, NASA has mastered the autonomous rendezvous and docking technology of space cooperative targets, carried out the application research and flight demonstration verification of non-cooperative target acquisition, identification, tracking, proximity and rendezvous and docking technology, low-orbit target

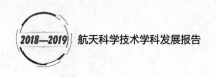

around observation, independent approach, fuel filling and component replacement technology.

Finally, the development trend together with prospect in China's spacecraft has been presented.

Written by Xie Yongchun, Jiang Tiantian, Hu Shaochun, Zhang Huiping

Advances in Aerospace Propulsion

Since 2015, in the field of liquid rocket engine, two types of liquid oxygen/kerosene engines and two types of liquid oxygen/liquid hydrogen engines developed in China have successively promoted the first flight of CZ-6、CZ-7、CZ-5. The key technologies of heavy-lift 4800kN liquid oxygen/kerosene and 2200kN liquid oxygen/liquid hydrogen engines have been researched. The high performance 7500N variable thrust space engine has realized the soft landing of Chang'e 3 and 4 on the lunar surface, and the third generation 490N engine for satellite has completed the engineering development. In the field of solid rocket motor, China's 2000kN large thrust integrated and diameter 3m segmented solid rocket motors have realized engineering applications and broken through key technologies respectively. Much progress has been made in the research of key technologies in the air-breathing field. In the field of electric propulsion, which has accomplished space flight demonstration and has been initially applied on GEO satellite.

Since 2015, SpaceX's Raptor full-flow liquid oxygen/methane staged combustion cycle engine and Blue Origin's BE-4 oxygen-rich staged combustion liquid oxygen/methane engine have accomplished static test-firing. Russia has set up new RD-171M and RD-191 engine production lines. Europe and Japan have also made progress in the main power of space. The United States, Russia and Europe have made great progress in the field of special propulsion, such as space electric propulsion, nuclear propulsion, solar sailing propulsion, and so on.

Generally speaking, China's aerospace power has made remarkable achievements in the first three years of the 13th Five-Year Plan, but there are still some shortcomings compared with the world's space powers. It will take about 10 years to complete the development of primary liquid engine and solid booster engine for heavy and medium-sized launch vehicles, improve the performance of upper-stage engines and spacecraft main engines, and promote the engineering application of air-breathing engines and special propulsion technologies.

Written by Tan Yonghua, Zhang Guitian, Chen Honglin, Wang Jianshe,
Wang Shuanhu, Liu Zhanguo, Chen Zukui, Han Xianwei, Yang Juan,
Hou Xiao, Ren Quanbin, Gong Xiaohong

Advances in Space Remote Sensing

This report focuses on the past five years development of space remote sensing in the basic and frontier technology research, payload development and application, and disciplinary development. It also analyzes the gaps between domestic and foreign countries. At last, it indicates the future development trend.

In the past five years, China has closely followed the world technic development and carried out cutting-edge technology research in the new system and technology of space remote sensing. Large aperture optical system, new detector technology, space-borne intelligent data processing, new materials and processing technology have been researched. In the past 5 years, the China High-resolution Earth Observation System have been basically completed. The commercial remote sensing satellites and payloads are booming. The remote sensing data have been widely used in the field of meteorology, oceans, environment and etc.

Based on the review of achievement in China's space remote sensing in the past five years, the development of China and foreign countries have been compared and analyzed. It is obvious that there are gaps between china and the international advanced level in the field of functional integration and intelligence of the payload and application. The application efficiency is low, and a large amount of satellite data fails to perform its due effect.

Finally, the development trend and prospect are presented. In the future, the range of the detection spectrum is continuously extended to ultraviolet and long-wave infrared, the spatial

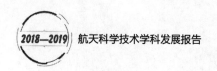

resolution and spectral resolution are continuously improved, the spatial resolution will reach 0.25m, radiation calibration and spectral calibration levels are gradually improved, active payloads such as wind LiDAR and 3D imaging LiDAR will be implemented in orbit; emerging technologies such as cloud computing, big data technology, and artificial intelligence technology will also be gradually applied to remote sensing area. Remote sensing application are developing from specialization to popularization.

Written by Wang Xiaoyong, Chen Xiaoli, Chen Wenxin, Gu Mingjian,
Huang Genghua, Yu Tao, Li Yue, Chen Yanxia, Zheng Guoxian

Advances in Space Energy

With the continuous development of science and technology, the space market economy has been increasing year by year. Several countries have stepped up efforts in deep space exploration and accelerated the deployment of the space economy. Space power products are developing towards light weight, high specific energy, good stability and other aspects. This paper mainly reviews three aspects: power generation unit, energy storage unit and energy control unit.

Firstly, as the power generation unit of spacecraft, the requirements for solar cell array are high efficiency, light weight, small volume, wide environmental adaptability and long lifetime. Therefore, solar cell array has been developed from traditional rigid solar cell array to semi-rigid solar cell array, semi-flexible solar cell array and flexible solar cell array gradually. Among of them, the flexible solar cell array comes into being based on the emergence of flexible battery, which contains the advantages such as high efficiency, light weight, small volume and so on.

With the gradual development of deep space exploration projects around the world in recent years, thermoelectric technology has attracted more and more attention, China has also made considerable progress and rapid progress. This report introduced the current situation of thermoelectric technology at home and abroad in basic & frontier technology research, fabrication and application. Through the analysis of the overall momentum of the technology at home and abroad and the comparison of gaps, and combining with the future strategic needs, it puts forward the development tendency and important research direction of thermoelectric technology.

Secondly, this paper introduces the research statue and future development trend of the power for space storage energy. Lithium ion battery become the third generation power of space storage energy after Cadmium-Nickel battery and Ni-H2 battery, Which has been widely used in the power supplies of LEO satellites, GEO Satellites and deep space probe. The specific energy density of lithium ion battery could be 200wh/kg currently, and the life of lithium ion battery meet the requirement of on-orbit 8-10 year of LEO satellites, on-orbit 15 year of GEO satellites. The research and development of space storage energy with higher specific energy density such as lithium-fluorocarbon battery, lithium-sulfur battery and all-solid battery will be the development direction of storage energy field in the future.

Finally, energy control equipment and battery management equipment are the basic blocks of satellite (spacecraft) energy systems. The existing domestic technology and products basically cover the satellite (spacecraft) demand of different application fields and different power levels, but there are problems that the degree of products integration is not high enough and the cumulative application life in the orbit is insufficient. Compared with foreign products, there are disadvantages in technology and process. In the future, energy control and battery management technologies need to further research on integrated design technology, digital power technology, ultra-high power, ultra-high voltage technology and high-power distributed power supply and grid-connected technology. In the design and manufacture of products, we adhere to the design concept of standardization, modularization, and combination of software and hardware.

Written by Zhu Lihong, Chen Hongtao, Zhao Chao, Tan Lingsheng,
Zhang Lili, Hu Wentao, Xie Xiaoli, Mi Juan, Xue Weishun, Xu Wei

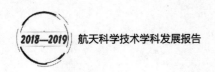